吉林大学本科“十三五”规划教材

吉林大学本科教材出版资助项目

工科近代物理实验

主　编　王志军　张金宝

副主编　朱坤博　李　玉　何　越

科学出版社

北　京

内 容 简 介

本书是在吉林大学“近代物理及实验”课程实验教学实践的基础上编写的，包括近代物理实验和创新实验两部分，内容涉及核探测技术、原子分子物理、光学、微波、薄膜制备与测试技术等领域共38个实验，其中近代物理实验24个，创新实验14个. 本书着重介绍近代物理实验的物理思想和实验方法，注重培养学生的创新思维和实验动手能力. 本书还配制有配套电子教案，以备选用.

本书适合作为高等学校工科本科生近代物理实验课程的教材或参考书，也可供其他专业和社会读者阅读与参考.

图书在版编目（CIP）数据

工科近代物理实验/王志军，张金宝主编. —北京：科学出版社，2021.1
吉林大学本科“十三五”规划教材
ISBN 978-7-03-067443-2

Ⅰ. ①工… Ⅱ. ①王… ②张… Ⅲ. ①物理学-实验-高等学校-教材 Ⅳ. ①O41-33

中国版本图书馆CIP数据核字（2020）第269722号

责任编辑：罗 吉 杨 探 / 责任校对：邹慧卿
责任印制：张 伟 / 封面设计：蓝正设计

科学出版社 出版
北京东黄城根北街16号
邮政编码：100717
http://www.sciencep.com
北京中科印刷有限公司 印刷
科学出版社发行 各地新华书店经销
*
2021年1月第 一 版 开本：720×1000 B5
2022年1月第三次印刷 印张：16
字数：323 000

定价：49.00元
（如有印装质量问题，我社负责调换）

前　言

工科近代物理实验是大学物理实验的后继课程，是一门综合性较强的专业基础实验课程，具有多种理论、多种技术、多种学科交叉的特点，主要内容包括核探测技术、原子分子物理、光学、微波、薄膜制备和测试技术等领域. 随着科学技术的飞速发展，不同学科之间相互交叉和衍生，例如，生物电子学、生物物理学以及最近发展起来的人工智能等专业.

近代物理学的内容与非理学(工学、农学、地学、医学)专业知识内容体系的结合日趋紧密，吉林大学工学、农学、地学等部分学院和专业已将近代物理及实验纳入课程培养计划之中. 编者在近代物理实验题目的基础上，与我校开放性、创新实验项目相结合，融合授课教师科研方向，以小项目的形式为学生开设了纳米材料、纳米刻蚀、气体传感器的制作、激光测量气体成分、温差热电效应以及各种传感器的实际应用等方面共 14 个开放性、创新性与研究性实验题目. 近代物理实验反映了近 120 年来物理学科技进步的发展史，众多科学家因对近代物理实验方面的贡献获得了诺贝尔物理学奖，集中呈现了物理学家的物理哲学思维和创新实验方法，以及其为了科技进步而付出的努力和奉献精神. 通过对近代物理实验的学习以及对开放性、创新实验的研究，极大地拓宽了学生的物理视野；通过学习近代物理实验内在的哲学思维、创新思维及各种巧妙的物理实验方法，提高了学生分析问题、解决问题以及相互沟通与协作的能力，培养了实验操作技巧与能力，对学生树立正确的人生观、价值观、世界观也有很大的影响. 通过规范的创新实验报告，使学生学习和掌握如何将自己的研究结果以更科学、更严谨、更正确的方式表现出来.

本教材的部分实验题目是在王廷兴教授、郭山河教授合编的《大学物理实验》中部分近代物理实验题目的基础上进行了增减与修改，与近 10 年来新开设的近代物理实验题目相结合，并融入教师设计、研制的实验仪器装置. 王志军老师负责实验 1.4～1.6、1.11.1、1.11.2、1.15、2.9.1～2.9.4、附录 3 的编写以及教材的组织与统编工作. 张金宝老师负责实验 1.1～1.3、1.9、1.12、2.2、附录 2 的编写以及近代物理实验部分的统稿工作. 朱坤博老师负责实验 1.16.1、1.16.2、2.1、2.3、2.4、2.6、2.8 的编写以及开放性、创新性研究实验部分的统稿工作. 李玉老师负责编写了实验 1.17.1、1.17.2、1.18.1、1.18.2、2.7 以及负责教材相关 PPT 的制作、编辑工作. 何越老师负责编写了实验 1.7.1、1.7.2 以及负责教材相关实验的视频录制、编辑工作. 孙超老师负责编写了实验 1.8、1.13、2.9.5 以及教材中部分图的绘制工作. 李硕老师负责编写了实验 1.10、1.14.1、1.14.2. 刘震老师负责编写了实验 2.5.1、2.5.2、附录 4. 王俊星老师编写了附录 1. 孙超、李硕、刘震和王俊星老师还协助进行了 PPT、视频的制作与编辑工作.

本教材得到了李守春老师、郭欣老师、刘丽老师的支持和帮助，在此表示深深的感谢. 同时，本教材还得到了吉林大学本科“十三五”规划教材项目、吉林大学本科教材出版资助项目的支持，在此表示感谢. 由于编者水平与学识有限，教材中难免有疏漏与不足之处，希望同行专家、读者提出宝贵意见(请联系：wzj@jlu.edu.cn)，我们会逐一纠正并日臻完善.

编 者

2020 年 6 月 19 日

目　录

第1章

近代物理实验

1.1 核磁共振

1964年，美国哈佛大学的珀塞尔和斯坦福大学的布洛赫发现，将具有奇数质量数的原子核置于磁场中，再施加以特定频率的射频场，就会发生原子核吸收射频场能量的现象，即核磁共振现象. 质量数为奇数的原子核具有不为零的磁矩，可见核磁共振现象来源于原子核的磁矩在外磁场作用下的运动. 迄今为止，只有自旋量子数为1/2的原子核，例如，^{1}H、^{11}B、^{13}C、^{17}O、^{19}F、^{31}P，其核磁共振信号才能被人们利用，这是核磁共振研究的主要对象. 目前，核磁共振技术已经应用到许多科学领域，成为分析测试领域不可缺少的技术手段.

核磁共振

【实验目的】

(1) 了解核磁共振的基本原理.

(2) 熟悉核磁共振谱仪，观察核磁共振现象.

(3) 学习利用核磁共振校准磁场和朗德(Landé)因子 g_N 因子的方法.

【实验原理】

下面我们以氢核为例介绍核磁共振的基本原理和测量方法. 氢核虽然是最简单的原子核，但同时也是目前在核磁共振应用中最常见和最有用的核.

1. 单个核的磁共振

按照量子力学，原子核的角动量大小由下式决定：

$$P = \sqrt{I(I+1)}\hbar \tag{1.1.1}$$

式中，$\hbar = \dfrac{h}{2\pi}$，h 为普朗克(Planck)常量；I 为核的自旋量子数，$I = 0, \dfrac{1}{2}, 1, \dfrac{3}{2}, \cdots$，

对氢核来说，$I=\dfrac{1}{2}$.

通常将原子核的总磁矩在其角动量 $\boldsymbol{P}$ 方向上的投影 $\boldsymbol{\mu}$ 称为核磁矩，它们之间的关系写成

$$\boldsymbol{\mu}=\gamma\cdot\boldsymbol{P} \tag{1.1.2}$$

式中，$\gamma=g_{\mathrm{N}}\cdot\dfrac{e}{2m_{\mathrm{p}}}$ 称为旋磁比，e 为电子电荷，m_{p} 为质子质量，g_{N} 为朗德因子.

把氢核放入外磁场 $\boldsymbol{B}$ 中，可以取坐标轴 z 方向为 $\boldsymbol{B}$ 的方向. 核的角动量在 $\boldsymbol{B}$ 方向上的投影值由下式决定：

$$P_B=m\cdot\hbar \tag{1.1.3}$$

式中，m 称为磁量子数，可以取 $m=I,I-1,\cdots,-(I-1),-I$. 核磁矩在 $\boldsymbol{B}$ 方向上的投影值为

$$\mu_B=g_{\mathrm{N}}\frac{e}{2m_{\mathrm{p}}}P_B=g_{\mathrm{N}}\left(\frac{e\hbar}{2m_{\mathrm{p}}}\right)m=g_{\mathrm{N}}\mu_{\mathrm{N}}m \tag{1.1.4}$$

式中，$\mu_{\mathrm{N}}=5.050787\times10^{-27}$ J/T 称为核磁子，是核磁矩的单位.

磁矩为 μ 的原子核在恒定磁场 $\boldsymbol{B}$ 中具有的势能为

$$E=-\boldsymbol{\mu}\cdot\boldsymbol{B}=-\mu_B\cdot B=-g_{\mathrm{N}}\cdot\mu_{\mathrm{N}}\cdot m\cdot B$$

任何两个能级之间的能量差则为

$$\Delta E=E_{m1}-E_{m2}=-g_{\mathrm{N}}\cdot\mu_{\mathrm{N}}\cdot B\cdot(m_1-m_2) \tag{1.1.5}$$

对氢核而言，自旋量子数 $I=\dfrac{1}{2}$，所以磁量子数 m 只能取两个值，即 $m=\dfrac{1}{2}$ 和 $m=-\dfrac{1}{2}$. 磁矩在外场方向上的投影也只能取两个值，与此相对应的能级如图 1.1.1 所示.

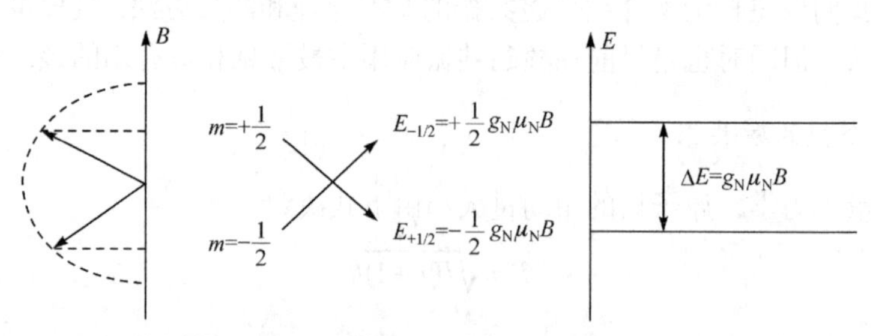

图 1.1.1 氢核能级在磁场中的分裂

根据量子力学中的选择定则，只有 $\Delta m=\pm1$ 的两个能级之间才能发生跃迁，

这两个跃迁能级之间的能量差为

$$\Delta E = g_{\mathrm{N}} \cdot \mu_{\mathrm{N}} \cdot B \tag{1.1.6}$$

由式(1.1.6)可知：相邻两个能级之间的能量差 ΔE 与外磁场 $\boldsymbol{B}$ 的大小成正比，磁场越强，则两个能级分裂越大.

如果实验时外磁场为 $\boldsymbol{B}_0$，在该稳恒磁场区域又叠加一个电磁波作用于氢核，如果电磁波的能量 $h\nu_0$ 恰好等于这时氢核两能级的能量差 $g_{\mathrm{N}}\mu_{\mathrm{N}}B_0$，即

$$h\nu_0 = g_{\mathrm{N}}\mu_{\mathrm{N}}B_0 \tag{1.1.7}$$

则氢核就会吸收电磁波的能量，由 $m=\frac{1}{2}$ 的能级跃迁到 $m=-\frac{1}{2}$ 的能级，这就是核磁共振吸收现象. 式(1.1.7)就是核磁共振条件，为了使用方便，常写成

$$\nu_0 = \left(\frac{g_{\mathrm{N}} \cdot \mu_{\mathrm{N}}}{h}\right) B_0$$

即

$$\omega_0 = \gamma \cdot B_0 \tag{1.1.8}$$

2. *核磁共振信号的强度*

上面讨论的是单个的核放在外磁场中的核磁共振理论. 但实验中所用的样品是大量同类核的集合. 如果处于高能级上的核数目与处于低能级上的核数目没有差别，则在电磁波的激发下，上下能级上的核都要发生跃迁，并且跃迁概率是相等的，吸收能量等于辐射能量，我们将观察不到任何核磁共振信号. 只有当低能级上的原子核数目大于高能级上的核数目，吸收能量比辐射能量多时，才能观察到核磁共振信号. 在热平衡状态下，核数目在两个能级上的相对分布由玻尔兹曼(Boltzmann)因子决定

$$\frac{N_2}{N_1} = \mathrm{e}^{-\frac{\Delta E}{kT}} = \mathrm{e}^{-\frac{g_{\mathrm{N}}\mu_{\mathrm{N}}B_0}{kT}} \tag{1.1.9}$$

式中，N_1 为低能级上的核数目，N_2 为高能级上的核数目，ΔE 为上下能级间的能量差，k 为玻尔兹曼常量，T 为热力学温度. 当 $g_{\mathrm{N}}\mu_{\mathrm{N}}B_0 \ll kT$ 时，式(1.1.9)可以近似写成

$$\frac{N_2}{N_1} = 1 - \frac{g_{\mathrm{N}}\mu_{\mathrm{N}}B_0}{kT} \tag{1.1.10}$$

式(1.1.10)说明，低能级上的核数目比高能级上的核数目略微多一点. 对氢核来说，如果实验温度 $T = 300\mathrm{K}$，外磁场 $B_0 = 1\mathrm{T}$，则

$$\frac{N_2}{N_1}=1-6.75\times10^{-6} \quad \text{或} \quad \frac{N_1-N_2}{N_1}\approx7\times10^{-6}$$

这说明，在室温下，每百万个低能级上的核比高能级上的核大约只多出 7 个，这就是说，在低能级上参与核磁共振吸收的每一百万个核中只有 7 个核的核磁共振吸收未被共振辐射所抵消，所以核磁共振信号非常微弱，检测如此微弱的信号，需要高质量的接收器.

由式(1.1.10)可以看出，温度越高，粒子差数越小，对观察核磁共振信号越不利. 外磁场 B_0 越强，粒子差数越大，越有利于观察核磁共振信号. 一般核磁共振实验要求磁场强一些，其原因就在这里.

另外，要想观察到核磁共振信号，仅磁场强一些还不够，磁场在样品范围内还应高度均匀，否则无论磁场多强也观察不到核磁共振信号，原因之一是，核磁共振信号由式(1.1.7)决定，如果磁场不均匀，则样品内各部分的共振频率不同. 对于某个频率的电磁波，将只有少数核参与共振，结果信号被噪声所淹没，难以观察到核磁共振信号.

3. 弛豫过程

一方面，原子核系统吸收了射频场能量之后，处于高能态的原子核数目增多，当两个能级的原子核数趋于相等时，共振信号将减少甚至消失，这种现象称为饱和现象；另一方面，处于高能级的原子核以非辐射跃迁的方式回到低能态的现象称作弛豫过程. 弛豫过程的存在可以使原子核数目从按能级分布又自动恢复到平衡态下的玻尔兹曼分布，这样就能出现连续不断的共振吸收现象. 可见弛豫过程进行得越快越有利于我们观察到稳定的核共振吸收信号. 弛豫过程有两种方式：自旋-晶格弛豫和自旋-自旋弛豫. 自旋-晶格弛豫是指原子核体系与周围晶格相互作用，晶格将吸收核的能量，使部分原子核跃迁回到低能态的过程. 表示这个过渡的特征时间称为纵向弛豫时间，用 T_1 表示. 此外，自旋与自旋之间也存在相互作用，称为自旋-自旋弛豫. 表征这个过程的特征时间为横向弛豫时间，用 T_2 表示. T_1 和 T_2 都与物质的结构、物质内部的相互作用有关.

实际的核磁共振吸收不是只发生在由式(1.1.8)所决定的单一频率上，而是发生在一定的频率范围内，即谱线有一定的宽度. 通常把吸收曲线半高度的宽度所对应的频率间隔称为共振线宽. 弛豫过程造成的线宽称为本征线宽. 外磁场 $\boldsymbol{B}_0$ 不均匀也会使吸收谱线加宽.

【实验仪器】

核磁共振实验仪主要包括永磁体及扫场线圈、探头与样品、边限振荡器、磁场扫描电源、频率计及示波器，实验装置图如图 1.1.2 所示.

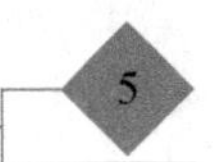

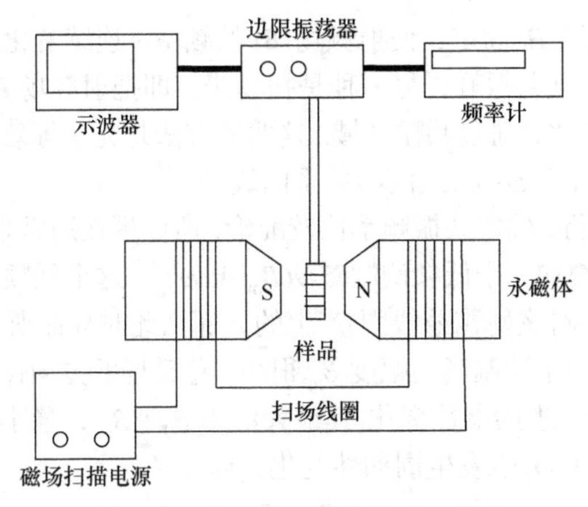

图 1.1.2　核磁共振实验装置示意图

1. 永磁体

永磁体的作用是产生稳恒磁场 $\boldsymbol{B}_0$，它是核磁共振实验仪的核心，要求永磁体能够产生尽量强的、非常稳定的、非常均匀的磁场. 首先，强磁场有利于更好地观察核磁共振信号；其次，磁场空间分布的均匀性和稳定性越好，核磁共振实验仪的分辨率越高.

2. 边限振荡器

边限振荡器具有与一般振荡器不同的输出特性，其输出幅度随外界吸收能量的轻微增加而明显下降，当吸收能量大于某一阈值时即停振，因此，通常被调整在振荡和不振荡的边缘状态，故称为边限振荡器.

如图 1.1.2 所示，样品放在边限振荡器的振荡线圈中，振荡线圈放在固定磁场 $\boldsymbol{B}_0$ 中，边限振荡器是处于振荡与不振荡的边缘，当样品吸收的能量不同(即线圈的 Q 值发生变化)时，振荡器的振幅将有较大的变化. 当发生共振时，样品吸收增强，振荡变弱，经过二极管的倍压检波，就可以把反映振荡器振幅大小变化的共振吸收信号检测出来，进而用示波器显示. 由于采用边限振荡器，所以射频场 $\boldsymbol{B}_1$ 很弱(但并不是无限弱)，饱和的影响很小. 但如果电路调节得不好，偏离边限振荡器状态很远，一方面射频场 $\boldsymbol{B}_1$ 很强，出现饱和效应；另一方面，样品中少量的能量吸收对振幅的影响很小，这时就有可能观察不到共振吸收信号. 这种把发射线圈兼做接收线圈的探测方法称为单线圈法.

3. 扫场单元

观察核磁共振信号最好的手段是使用示波器，但是示波器只能观察交变信号，所以必须想办法使核磁共振信号交替出现. 有两种方法可以达到这一目的：一种是扫频法，即让磁场 $\boldsymbol{B}_0$ 固定，使射频场 $\boldsymbol{B}_1$ 的频率ω连续变化，通过共振区域，当$\omega=\omega_0=\gamma\cdot B_0$时出现共振峰；另一种是扫场法，即把射频场 $\boldsymbol{B}_1$ 的频率 ω 固定，而让磁场 $\boldsymbol{B}_0$ 连续变化，通过共振区域. 这两种方法是完全等效的，显示的都是共振吸收信号 v 与频率差$\omega-\omega_0$之间的关系曲线.

扫场法简单易行，确定共振频率比较准确，所以现在通常采用大调制场技术；在稳恒磁场 B_0 上叠加一个低频调制磁场 $B_{\mathrm{m}}\sin\omega' t$，这个低频调制磁场就是由扫场单元(实际上是一对亥姆霍兹线圈)产生的，那么此时样品所在区域的实际磁场为 $B_0+B_{\mathrm{m}}\sin\omega' t$. 由于调制场的幅度 B_{m} 很小，总磁场的方向保持不变，只是磁场的幅值按调制频率发生周期性变化(其最大值为 B_0+B_{m}，最小值为 B_0-B_{m})，相应的拉莫尔进动频率 ω_0 也发生周期性变化，即

$$\omega_0=\gamma\cdot(B_0+B_{\mathrm{m}}\sin\omega' t) \tag{1.1.11}$$

这时只要射频场的角频率 ω 调在 ω_0 变化范围之内，同时调制磁场扫过共振区域，即 $B_0-B_{\mathrm{m}}\leqslant B_0\leqslant B_0+B_{\mathrm{m}}$，则共振条件在调制场的一个周期内被满足两次，所以在示波器上观察到如图 1.1.3(a)所示的共振吸收信号. 此时若调节射频场的频率，则吸收曲线上的吸收峰将左右移动. 当这些吸收峰间距相等时，如图 1.1.3(b)所示，则说明在这个频率下的共振磁场为 B_0.

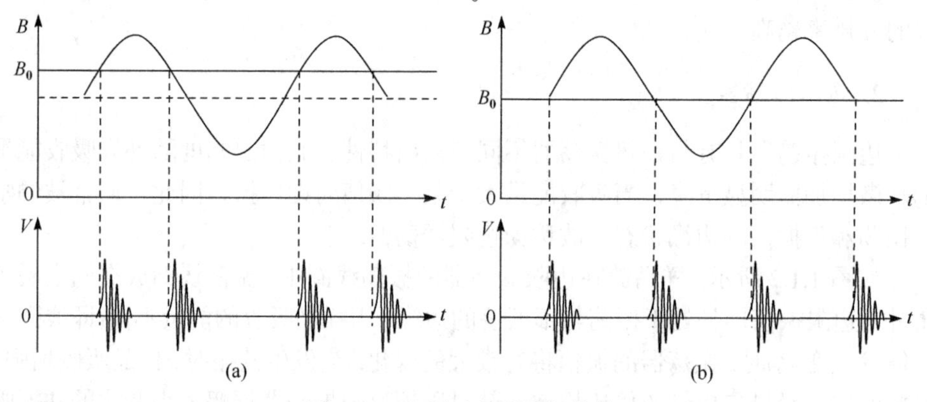

图 1.1.3 扫场法检测共振信号

值得指出的是，如果扫场速度很快，也就是通过共振点的时间比弛豫时间小得多，这时共振吸收信号的形状会发生很大的变化. 在通过共振点之后，会出现衰减振荡. 这个衰减的振荡称为“尾波”，这种尾波非常有用，因为磁场越均匀，尾波越大，所以应调节振荡线圈在磁场中的位置使尾波达到最大.

【实验内容】

1. 熟悉各仪器的性能并用相关线连接

本实验主要仪器为 FD-CNMR-Ⅰ型核磁共振仪，主要分为五部分：永磁体、

磁场扫描电源、边限振荡器(其上装有探头，探头内装样品)、频率计和示波器.

(1) 将磁场扫描电源上“扫描输出”的两个输出端接永磁体面板中的一组接线柱(永磁体面板上共有两组，是等同的，实验中可以任选一组)，并将磁场扫描电源机箱后面板上的接头与边限振荡器后面板上的接头用相关线连接.

(2) 将边限振荡器的“共振信号输出”用 Q9 线接示波器“CH1 通道”或者“CH2 通道”，“频率输出”用 Q9 线接频率计的“A 通道”(频率计的通道选择：A 通道，即1Hz～100MHz；FUNCTION 选择：FA；GATE TIME 选择：1S).

(3) 移动边限振荡器，将探头放入磁场中，并且使探头内部线圈产生的磁场方向与永磁体产生的磁场方向垂直，进一步调节边限振荡器机箱底部四个调节螺丝，使探头处于磁场的均匀区域中.

2. 观察氢核 ${}_{1}^{1}\mathrm{H}$ 的核磁共振吸收现象

(1) 将测量样品盒(三氯化铁水溶液)插入探头内.

(2) 打开磁场扫描电源、边限振荡器、频率计和示波器的电源.

(3) 将磁场扫描电源的“扫描输出”旋钮顺时针调节至接近最大(旋至最大后，再往回旋半圈，因为最大时电势器电阻为零，输出短路，因而对仪器有一定的损伤)，这样可以加大捕捉信号的范围.

(4) 调节边限振荡器的频率“粗调”电势器，将频率调节至磁铁标志的 H 共振频率附近，然后旋动频率调节“细调”旋钮，在此附近捕捉信号，当满足共振条件 $\omega=\gamma\cdot B_0$ 时，可以观察到共振信号. 调节旋钮时要尽量慢，因为共振范围非常小，很容易跳过. 注意，因为磁铁的磁感应强度随温度的变化而变化(呈反比关系)，所以应在标志频率附近 ±1MHz 的范围内进行信号的捕捉!

(5) 调出大致共振信号后，降低扫描幅度，调节频率“微调”至信号等宽均匀，同时调节样品在磁铁中的空间位置以得到尾波最多的共振信号.

(6) 测出共振频率，代入共振条件公式 $\omega_0=\gamma\cdot B_0$，已知氢核的旋磁比 $\gamma=2.67515\times10^8\mathrm{T\cdot s}$，求出磁感应强度 B_0.

3. 观察 ${}_{9}^{19}\mathrm{F}$ 的核磁共振现象

换上氢氟酸溶液样品，重复上述步骤观察 ${}_{9}^{19}\mathrm{F}$ 的核磁共振现象，并测定其旋磁比 γ 和朗德因子 g_N.

【思考题】

(1) 核磁共振实验中共用了几种磁场？各起什么作用？

(2) 不加扫场电压能否观察到共振信号？

(3) 观察核磁共振信号有哪两种方法？并解释之.

(4) 能否用核磁共振的方法校准高斯计？简述核磁共振测量 B_0 校准高斯计的原理.

1.2 质子磁力仪测地磁场

质子磁力仪
测地磁场

质子磁力仪广泛用于矿产勘查、石油勘探、环境调查、武器弹药及未爆爆炸物(UXO)探测、古遗迹调查、工程勘探、管线探测、地质填图、地震预报等弱磁测量领域. 质子磁力仪的测量值随时间变化受很多因素影响，例如，熔融的地核活动、太阳的活动和空间离子流(包括太阳风)等. 然而，测量值随空间的变化主要受地下不同磁性物质的影响，因此，质子磁力仪为深部地球物理探测提供了依据.

【实验目的】

(1) 掌握质子磁力仪的测磁原理.

(2) 研究影响质子磁力仪精度的各种因素.

【实验原理】

分子的磁矩是内部所有电子的轨道磁矩、自旋磁矩和核磁矩的矢量和. 由于分子的总电子数为偶数，自旋对磁矩贡献为零，若分子处于基态，电子的轨道运动产生的磁矩也不用考虑，此时分子的磁矩将全部来源于核磁矩的贡献. 例如，常温下水分子的磁矩，由于电子的总磁矩为零，只剩下核磁矩，又因为氧核(质量数为偶数)的磁矩为零，所以水分子的磁矩只取决于氢核(质子)磁矩的贡献. 质子磁力仪的工作原理就是利用水分子中氢核的磁矩与外磁场相互作用的规律来测量磁场的大小.

1. *磁介质的磁化*

根据量子力学，氢原子核的自旋不为零且带正电荷，核磁矩 $\boldsymbol{\mu}_{\mathrm{p}}$ 与核角动量 $\boldsymbol{L}_{\mathrm{p}}$ 的关系为

$$\boldsymbol{\mu}_{\mathrm{p}} = \gamma \cdot \boldsymbol{L}_{\mathrm{p}} \tag{1.2.1}$$

式中，γ 称为质子的旋磁比.

实际研究的物体包含大量的原子，大量原子的核磁矩合成一个总的磁矩 $\boldsymbol{\mu}$，即 $\boldsymbol{\mu} = \sum_i \boldsymbol{\mu}_{\mathrm{p}i}$，若介质中所有核自旋角动量的矢量和用 $\boldsymbol{L}$ 表示，即 $\boldsymbol{L} = \sum_i \boldsymbol{L}_{\mathrm{p}i}$，则有

$$\boldsymbol{\mu} = \gamma \cdot \boldsymbol{L} \tag{1.2.2}$$

磁化强度 $\boldsymbol{M}$ 表示单位体积内粒子磁矩的矢量和，设磁介质体积为 V，则

$$\boldsymbol{M} = \frac{\boldsymbol{\mu}}{V} \tag{1.2.3}$$

在外磁场的作用下，核磁矩有序排列，平衡时 $\boldsymbol{M}$ 和外磁场方向相同，这一过程称为磁介质的磁化.

2. 磁化强度 $\boldsymbol{M}$ 的拉莫尔进动

若沿 z 轴加一磁场 $\boldsymbol{B}$，介质将被磁化，磁化后再于垂直 z 轴方向加另一磁场 $\boldsymbol{B}'$，待合磁场使介质磁化稳定后，$\boldsymbol{M}$ 将偏离 z 轴，此时撤去磁场 $\boldsymbol{B}'$，在原磁场 $\boldsymbol{B}$ 作用下，磁化强度 $\boldsymbol{M}$ 将会产生拉莫尔进动.

根据经典理论，将一个具有磁矩 $\boldsymbol{\mu}$ 的物体放在恒定磁场 $\boldsymbol{B}$ 中，若两者存在一定夹角，则产生磁力矩 $\boldsymbol{N} = \boldsymbol{\mu} \times \boldsymbol{B}$，在这一力矩的作用下，磁矩将会绕磁场方向发生拉莫尔进动. 如图 1.2.1 所示，根据角动量定理

$$\frac{\mathrm{d}\boldsymbol{L}}{\mathrm{d}t} = \boldsymbol{\mu} \times \boldsymbol{B} \tag{1.2.4}$$

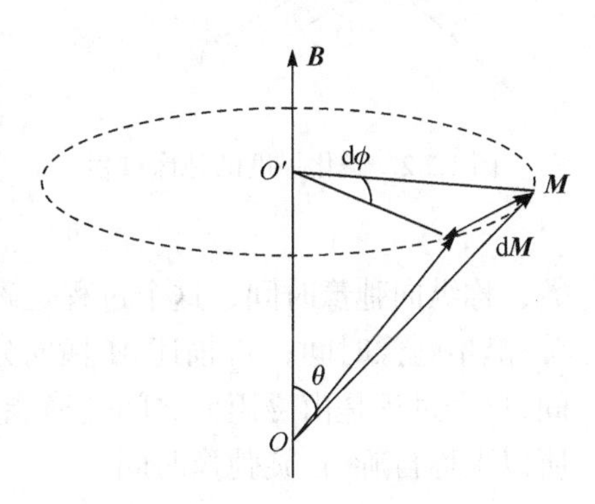

图 1.2.1　磁化强度的拉莫尔进动

结合式(1.2.2)和式(1.2.3)可以得到磁化强度 $\boldsymbol{M}$ 的运动方程

$$\frac{\mathrm{d}\boldsymbol{M}}{\mathrm{d}t} = \gamma \cdot (\boldsymbol{M} \times \boldsymbol{B}) \tag{1.2.5}$$

它表明磁化强度矢量 $\boldsymbol{M}$ 围绕着外磁场 $\boldsymbol{B}$ 做进动，根据式(1.2.5)可得

$$\frac{|\mathrm{d}\boldsymbol{M}|}{\mathrm{d}t} = \gamma MB \sin\theta$$

再根据几何关系

$$|\mathrm{d}\boldsymbol{M}| = M \sin\theta \mathrm{d}\phi$$

以及 $\omega = \dfrac{\mathrm{d}\phi}{\mathrm{d}t}$ 得进动频率

$$\omega = \gamma B \tag{1.2.6}$$

3. 弛豫过程

磁介质在磁力矩的作用下，磁化强度 $\boldsymbol{M}$ 绕原磁场 $\boldsymbol{B}$ 进动，并逐渐恢复到原磁场 $\boldsymbol{M}$ 方向的过程称为弛豫过程. 弛豫过程的机理较复杂，但可简单地在宏观运

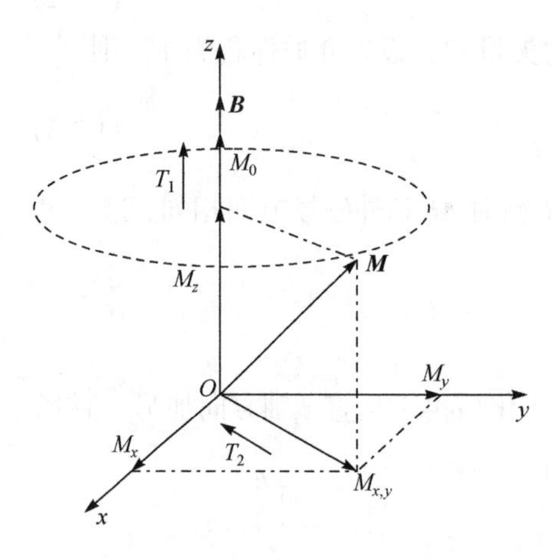

图 1.2.2 磁化强度的弛豫过程

动过程引入两个时间常数 T_1 和 T_2 来描述其规律. 如图 1.2.2 所示，假设 M_z 分量和 M_x、M_y 分量向平衡恢复的速度跟它们偏离平衡值的大小成正比，设磁化强度 $\boldsymbol{M}$ 恢复到原磁场 $\boldsymbol{B}$ 方向时的大小为 M_0，则这些分量的时间导数为

$$\frac{\mathrm{d}M_z}{\mathrm{d}t}=-\frac{M_z-M_0}{T_1} \tag{1.2.7}$$

$$\frac{\mathrm{d}M_x}{\mathrm{d}t}=-\frac{M_x}{T_2} \tag{1.2.8}$$

$$\frac{\mathrm{d}M_y}{\mathrm{d}t}=-\frac{M_y}{T_2} \tag{1.2.9}$$

其中，T_1 是描述 M_z 分量恢复过程的时间常数，称纵向弛豫时间，这个过程是磁矩系统同周围介质交换能量引起的，也称自旋-晶格弛豫时间；T_2 描述 $\boldsymbol{M}$ 横向分量恢复过程的时间常数，因此称横向弛豫时间，这个过程是由磁矩元之间交换能量和调整相互作用之间的相位关系而引起的，所以也称自旋-自旋弛豫时间.

求解上述方程，并把 M_x、M_y 合成 $M_{x,y}$，得 $M_{x,y}=\sqrt{M_x^2+M_y^2}$，于是

$$M_z=M_0-\left(M_0-M_{z0}\right)\mathrm{e}^{-\frac{t}{T_1}} \tag{1.2.10}$$

$$M_{x,y}=\left(M_{x,y}\right)_0\mathrm{e}^{-\frac{t}{T_2}} \tag{1.2.11}$$

其中，M_{z0}、$\left(M_{x,y}\right)_0$ 分别是 t=0 时刻的 M_z、$M_{x,y}$ 值.

可见外磁场和弛豫过程对磁化强度矢量 $\boldsymbol{M}$ 的作用同时存在时，式(1.2.5)磁化强度 $\boldsymbol{M}$ 的运动方程应写为

$$\frac{\mathrm{d}\boldsymbol{M}}{\mathrm{d}t}=\gamma\cdot(\boldsymbol{M}\times\boldsymbol{B})-\frac{1}{T_2}(M_x\boldsymbol{i}+M_y\boldsymbol{j})-\frac{M_z-M_0}{T_1}\boldsymbol{k} \tag{1.2.12}$$

该方程称为布洛赫方程. 式中 $\boldsymbol{i}$、$\boldsymbol{j}$、$\boldsymbol{k}$ 分别是 x、y、z 方向上的单位矢量.

4. 磁矩的进动及信号的获取

在无外加磁场的情况下，质子被地磁场磁化，经过一段时间，磁化强度方向平行地磁场的方向，如图 1.2.3 所示. 当外加一个垂直于地磁场 $\boldsymbol{B}_\mathrm{e}$ 方向的强磁场 $\boldsymbol{B}_\mathrm{p}$ ($B_\mathrm{p}>100B_\mathrm{e}$)时，合磁场的方向也近似垂直于地磁场的方向，经过一段时间，

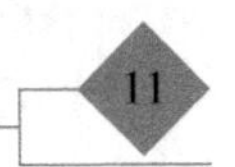

磁化强度方向将沿着新的合磁场方向，如图 1.2.4 所示.

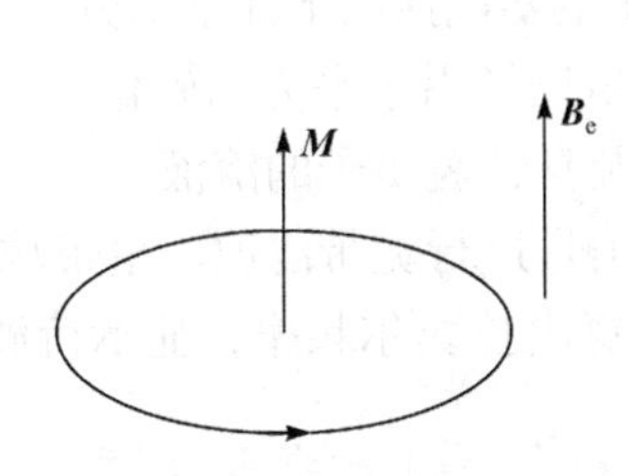

图 1.2.3　质子在地磁场中的取向

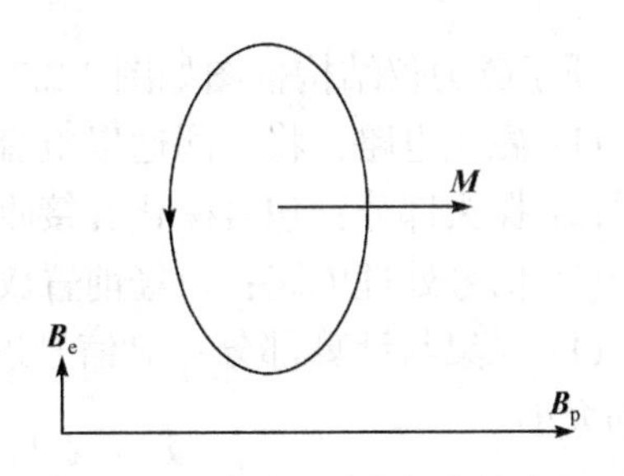

图 1.2.4　质子在磁化场中的取向

如果以极快的速度将外加的磁化场 $\boldsymbol{B}_p$ 撤走，此时外场又只有地磁场，且地磁场的方向又与磁矩的方向存在一定角度，由于磁力矩不为零，将发生拉莫尔进动.

如图 1.2.5 所示，在盛有富含氢核溶液的容器外绕有螺旋线圈，当溶液磁化强度绕地磁场 $\boldsymbol{B}_e$ 以拉莫尔频率 ω 做进动时，磁化强度在垂直于地磁场平面内的投影 $M_{x,y}$ 也将以频率 ω 绕 z 轴旋转，在线圈轴线方向投影的分量将呈余弦规律变化，线圈感应的信号电压可表示为

$$V = V_p e^{-\frac{t}{T_2}} \cos(\omega t + \phi) \tag{1.2.13}$$

其中，V_p 为电压初始峰值，T_2 为横向弛豫时间(也就是电压下降到初始值的 1/e 所用的时间)，ω 为初相位. 信号电压的变化如图 1.2.6 所示. 通过对这一信号频率 f 的检测，将获得氢质子旋进角频率 ω，从而可以计算出地磁场 $\boldsymbol{B}$ 的大小. 根据质子的旋磁比，其数值为 $\gamma = 2.67515(\text{SI})$，且 $\omega=2\pi f$，所以式(1.2.6)还可表示为

$$B = 23.4872\times10^{-9} f(\text{SI}) \tag{1.2.14}$$

故通过精确测定拉莫尔进动的频率 f，即可换算出地磁场强度的大小.

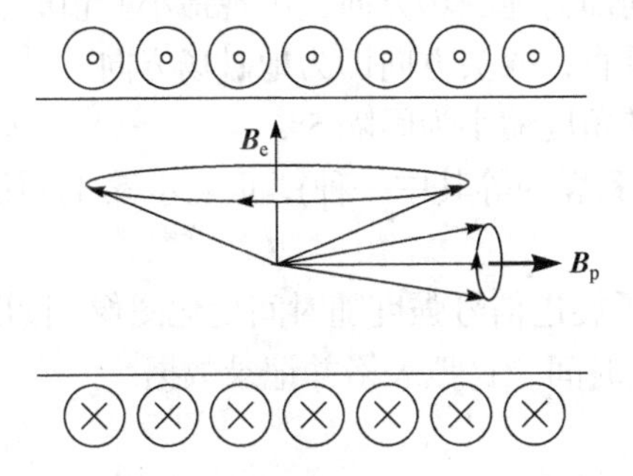

图 1.2.5　氢质子绕地磁场拉莫尔进动在线圈中感应出电信号示意图

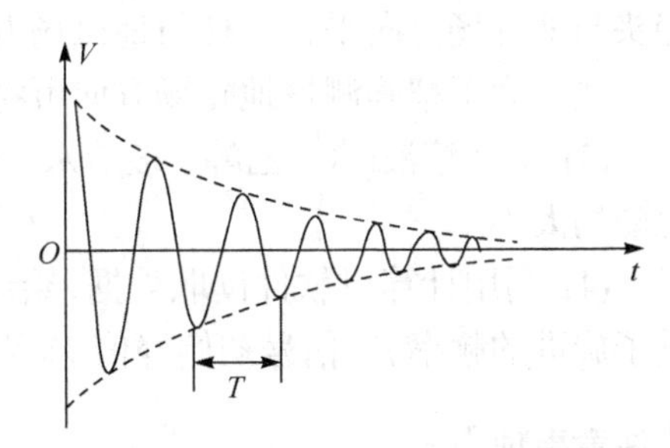

图 1.2.6　质子旋进衰减信号示意图

【实验仪器】

质子磁力仪结构框图如图 1.2.7 所示. 该仪器主要包括以下几个部分.

(1) 磁化电路：将线圈通以电流(约 1A)，使氢质子沿水平方向磁化.

(2) 探头部分：包含磁化和接收共用的线圈及富含氢质子的溶液.

(3) 信号处理电路：对经前置放大器放大的信号进行宽带滤波、窄带滤波.

(4) 采集与计算部分：对信号进行采集，计算出拉莫尔频率，显示待测地磁场的大小.

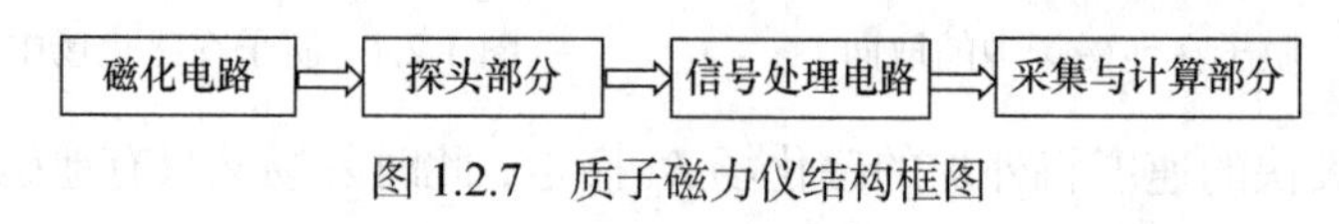

图 1.2.7　质子磁力仪结构框图

【实验内容】

(1) 测量地磁场大小.

用指南针确定地磁场南北极方向，先将质子磁力仪探头与地磁南北极方向垂直，即令探头朝东西方向水平放置，打开磁力仪开关，待磁力仪初始化后，按采集键进行数据采集. 获得正常数据后按存储键进行数据存储，重复测量 10 次. 记录存储数据的文件名.

(2) 测量地磁场的方向.

保持磁力探头与地磁南北极方向相同，探杆垂直向下，保持探杆与探头所在平面方向不变，使探头与水平方向夹角θ为 0°，进行测量并存储数据，使探头向南偏转角度分别为 15°、30°、45°、60°、75°时，进行测量并存储数据，恢复探头与水平方向夹角θ为 0°，向北偏转角度分别为 15°、30°、45°、60°、75°时(记录数据时可将向北偏转角度记为负值，以区别于测得的向南偏转角度数据)，进行测量并存储数据. 在此过程中会发现 V_{p} 出现一次最大峰值与最小峰值，出现最大峰值时，探头与地磁场方向垂直，此时杆的方向即为地磁场方向，出现最小峰值时，探头与地磁场方向平行，杆与地磁场方向垂直，探头方向即为地磁场方向.

注：为了精确测量地磁场方向可将偏转角度缩小为间隔 5°.

(3) 更换溶液(水、乙醇、玻璃水、甲醇和煤油等其中一种)，重复步骤(1)测量地磁场大小.

(4) 利用计算机软件读取数据，绘制质子旋进信号强度随时间变化图像. 读出质子旋进的频率f、信号初始峰值 V_{p}及弛豫时间，自拟表格并记录数据.

【注意事项】

(1) 防止盛有溶液的容器滑落到地面导致破裂.

(2) 探头和仪器的连接线内含有磁化与信号共用的传输线，磁化电流约为 0.9A，插拔传输线时应确保关闭电源，同时不要用力过大；防止用力过大导致插座转动，插座转动将使内部连线拧绕，严重时导致内部连线断路或短路，直至烧毁内部电路芯片.

(3) 实验时不要将钥匙等含铁和钢等磁性物质的物体靠近磁力仪探头，这些物质附近的磁场很强，并严重干扰地磁场的正常分布，严重时将导致进动信号消失.

【数据处理】

(1) 分别计算用两种溶液测得的地磁场强度. 任选其一计算磁场强度和弛豫时间的不确定度(仪器的 B 类不确定度忽略不计)，写出结果表达式.

(2) 利用坐标纸绘制 V_{p}-θ 曲线，找到最大峰值对应的夹角即为地磁场方向与水平方向的夹角.

【思考题】

(1) 根据质子磁力仪的工作原理，如果在赤道附近区域测量地磁场，探头应怎样放置才能获得最强的信号?

(2) 根据质子磁力仪的工作原理，如果想得到 1×10^{-9}T 的灵敏度，频率测量的误差最大应不超过多少?

(3) 为什么该仪器不能在室内等电磁环境恶劣的场合使用?

1.3　利用塞曼效应测定电子荷质比

利用塞曼效应测定电子荷质比

1896 年塞曼发现了钠的 D 谱线在外磁场作用下分裂为三条谱线的现象. 塞曼的老师荷兰物理学家洛伦兹应用经典电磁理论对这种现象进行了解释，他认为，由于电子存在轨道磁矩，并且磁矩方向在空间的取向是量子化的，这种在外磁场作用下使光谱线产生分裂的现象称为塞曼效应. 由塞曼效应可以确定原子的总角动量量子数 J 值和朗德因子 g 值，进而确定原子总轨道角动量量子数 L 和总自旋量子数 S 的数值，还可由物质的塞曼效应分析物质的元素组成. 塞曼效应在近代物理学中有着重要的意义，塞曼和洛伦兹因此共同获得了 1902 年的诺贝尔物理学奖.

【实验目的】

(1) 了解原子在磁场中能级的分裂和测量电子荷质比 e/m 的原理.

(2) 学习光路调节以及标准具、特斯拉计的使用.

【实验原理】

1. 塞曼效应

塞曼效应证实原子具有磁矩，而且其空间取向是量子化的. 在磁场中，原子磁矩受到磁场作用，使得原子在原来能级上获得一附加能量. 由于原子磁矩在磁场中可以有几个不同的取向，因而相应有不同的附加能量. 这样，原来一个能级便分裂成能量略有不同的几个子能级. 在原子发光过程中，原来两能级之间跃迁产生一条光谱线，由于上、下能级分裂成几个能级，因此光谱线也就相应地分裂成若干份.

根据理论推导，在磁场中原子附加能量ΔE的表达式如下：

$$\Delta E = Mg\frac{eh}{4\pi m}B \tag{1.3.1}$$

式中，h为普朗克常量；$\frac{e}{m}$为电子荷质比；M为磁量子数，它取整数值，表示原子磁矩取向量子化；g称为朗德因子，它与原子中电子轨道动量矩、自旋动量矩及其耦合方式有关；B为外磁场. 令

$$\mu_B = \frac{eh}{4\pi m}$$

称μ_B为玻尔(Bohr)磁子，$\mu_B = 9.274\times 10^{-24}\,\mathrm{A\cdot m^2}$，则式(1.3.1)变为

$$\Delta E = Mg\mu_B B \tag{1.3.2}$$

由此可见，原子附加能量正比于外磁场B，同时与原子所处的状态有关.

本实验以低压汞灯为光源，研究谱线 546.1nm 的塞曼效应. 汞原子从E_2态$(6s7s\ ^3s_1)$跃迁到$(6s6p\ ^3p_2)$而产生的光谱，其能级图及相应的M、g、$M_2g_2–M_1g_1$值如图 1.3.1 所示.

现在我们来讨论谱线分裂情况. 设某一光谱线是由能级E_2跃迁至能级E_1而产生的，其频率为ν，则有

$$h\nu = E_2 - E_1$$

在磁场中，其上、下能级发生分裂，分别有附加能量ΔE_2和ΔE_1，令新谱线的频率为ν'，则有

$$h\nu' = (E_2 + \Delta E_2) - (E_1 + \Delta E_1)$$

分裂谱线的频率差为

$$\Delta\nu = \nu - \nu' = \frac{\Delta E_1 - \Delta E_2}{h}$$

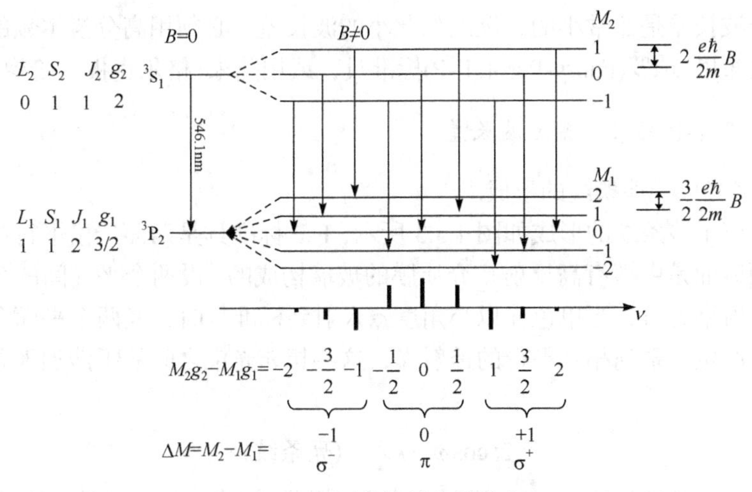

图 1.3.1　汞绿线的塞曼效应

将频率差换成波长差并将式(1.3.1)代入上式，则得

$$\Delta\lambda = \frac{-\lambda^2}{c}\cdot\Delta\nu = \left(M_2g_2 - M_1g_1\right)\frac{\lambda^2 e}{4\pi mc}\cdot B \tag{1.3.3}$$

令 $L=\dfrac{eB}{4\pi mc}=46.7B\ \mathrm{m}^{-1}$ 为裂距单位，并称它为洛伦兹单位.

理论与实验表明，原子发光遵从如下选择定则：

$$\Delta M=0 \quad 或 \quad \pm 1$$

而且选择定则与光的偏振有关. 如图 1.3.2 所示，当$\Delta M=0$ 时，产生π线，沿垂直磁场方向观察时，π线为光振动方向平行于磁场的线偏振光，沿平行磁场方向观察时，观察不到π线. 当$\Delta M=\pm 1$ 时，产生σ线，迎着磁场方向观察时，σ线为圆偏振光，$\Delta M=+1$ 时为左旋圆偏振光σ^+，$\Delta M=-1$ 时为右旋圆偏振光σ^-. 沿垂直磁场方向观察时，σ线为光振动方向垂直于磁场的线偏振光.

可见，由于选择定则的限制，只允许 9 种跃迁存在，故原 546.1nm 一条谱线将分裂为 9 条彼此靠近的谱线，图 1.3.1 以线长短表示各谱线的相对强度，并把π线画在频率轴的上方，而σ线画在频率轴的下方. 它们的间距即为谱线裂距，相邻谱线裂距为 1/2 洛伦兹单位. 设 λ=500nm，B=1T，则相邻谱线波长差为

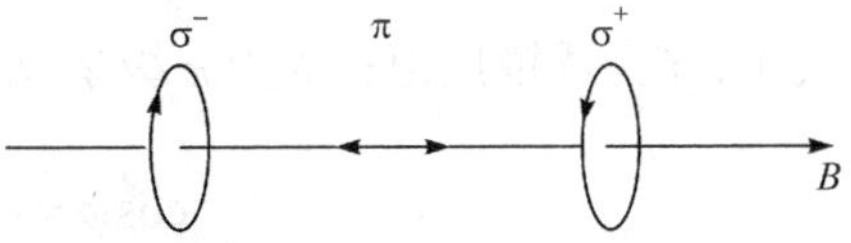

图 1.3.2　π 线和σ 线

$$\Delta\lambda = \frac{\lambda^2 eB}{8\pi mc} \approx 0.0058\mathrm{nm}$$

可见这个波长差是非常小的，欲测如此小的波长差，必须用高分辨本领的光学仪器，如法布里-珀罗(Fabry-Perot, F-P)标准具，或用陆末-格尔克板、阶梯光栅等.

2. 利用 F-P 标准具测定波长差

(1) 多光束干涉条纹的形成.

多光束干涉条纹的形成如图 1.3.3 所示，F-P 标准具是两面严格平行和高平面度的，两表面是由镀有高反射率介质膜的玻璃构成的. 设两个平面间的介质为空气，其折射率为 1，当单色光以小角度 φ 入射到标准具时，经两个平面多次反射和透射，产生一系列相互平行的透射光，这些相邻光束之间的干涉加强条件可表示为

$$2t\cos\varphi = k\lambda \quad (亮条纹) \tag{1.3.4}$$

其中，λ 为入射光波长，t 为标准具两表面的间距(厚度)，k 为干涉级次(为整数).

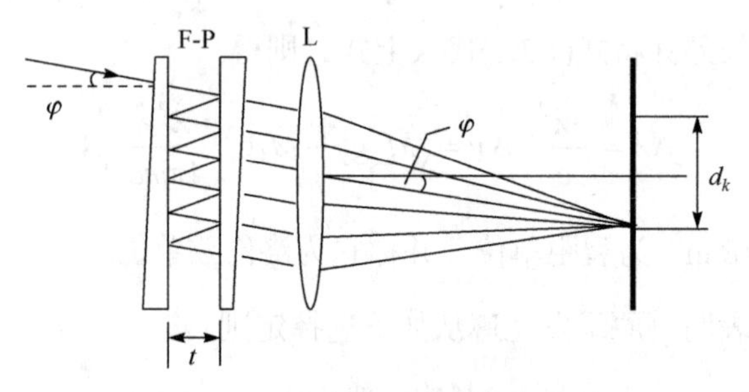

图 1.3.3 多光束干涉条纹的形成

如果在 F-P 标准具后面放一凸透镜，在此镜的焦平面上将出现一组同心圆环——等倾干涉条纹. F-P 标准具的间距比波长大得多，故中心为亮条纹，且级次很高(设 $t = 5\text{mm}$，n=1，$\lambda = 500.0\text{nm}$，则中心的干涉级次 $k_{中心} = 2\times10^4$).

(2) 微小波长差的测量.

当光线的入射角 φ 很小时，干涉条纹直径为

$$d_k = 2f\tan\varphi \approx 2f\sin\varphi \approx 2f\varphi \tag{1.3.5}$$

式中，f 为透镜焦距；d_k 为 k 级条纹直径. 又因为

$$\cos\varphi = \sqrt{1-\sin^2\varphi} \approx 1-\frac{\varphi^2}{2}$$

所以干涉加强条件变为

$$2t\left(1-\frac{d_k^2}{8f^2}\right) = k\lambda \tag{1.3.6}$$

可见，干涉条纹直径越大的区域，干涉条纹越密，第二项中负号表示直径越大的干涉条纹，其对应级次 k 越小，反之越大. 另外，对同一级次的干涉条纹，直径大的波长小.

相同波长相邻级的(k 级与 k–1 级)条纹直径平方差为

$$d_{k-1}^2 - d_k^2 = \frac{4f^2\lambda}{t} \tag{1.3.7}$$

式(1.3.7)说明 $d_{k-1}^2 - d_k^2$ 是与干涉级次 k 无关的常数.

对于另一种波长 λ' 的 k 级条纹，相似地有式(1.3.6)关系，即

$$2t\left(1-\frac{d_k'^2}{8f^2}\right) = k\lambda' \tag{1.3.8}$$

从式(1.3.6)～式(1.3.8)可得波长差的表达式

$$\Delta\lambda = \lambda - \lambda' = \frac{t}{4f^2k}\left(d_k'^2 - d_k^2\right) = \frac{\lambda}{k}\frac{\left(d_k'^2 - d_k^2\right)}{\left(d_{k-1}^2 - d_k^2\right)}$$

对中心圆环，有 $k = 2t/\lambda$，将其代入上式则得分裂后两相邻谱线的波长差

$$\Delta\lambda = \frac{\lambda^2}{2t}\frac{\left(d_k'^2 - d_k^2\right)}{\left(d_{k-1}^2 - d_k^2\right)} \tag{1.3.9}$$

式中，圆括号内各量的含义如图 1.3.4 所示，图中实线表示波长为 λ 的干涉条纹，虚线则表示波长为 λ' 的干涉条纹，$\lambda' > \lambda$. 根据式(1.3.9)，只要已知 t 和 λ，测得各干涉条纹的直径即可计算 $\Delta\lambda$.

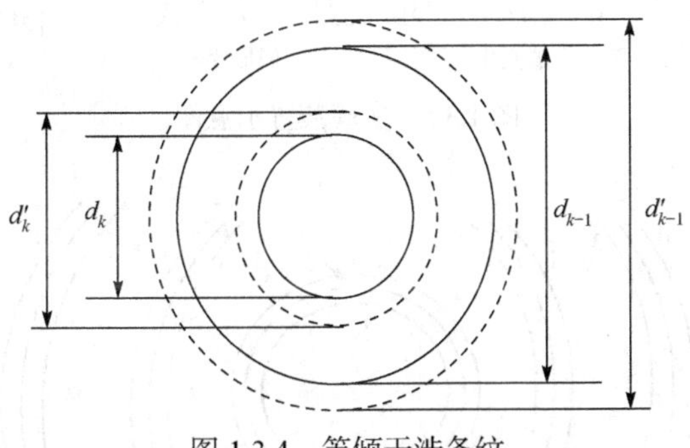

图 1.3.4　等倾干涉条纹

3. 电子荷质比$\left(\frac{e}{m}\right)$的测定

将光源置于磁场中，在磁场作用下，使波长为 λ 的谱线产生分裂，根据式(1.3.3)

和式(1.3.9)，又因$\Delta\nu=-\frac{c}{\lambda^2}\Delta\lambda$，则有

$$\frac{e}{m}=\frac{2\pi c}{tB\left(M_2g_2-M_1g_1\right)}\frac{\left(d_k'^2-d_k^2\right)}{\left(d_{k-1}^2-d_k^2\right)} \tag{1.3.10}$$

据此便可测定电子荷质比$\frac{e}{m}$.

【实验内容】

(1) 实验装置及调整.

实验装置示意图如图 1.3.5 所示. 其中，L_1为准直透镜，使汞灯发出的光接近于平行光入射于 F-P 标准具；经滤光片后，546.1nm 的绿光得以通过，其他色光大部分被滤去；L_2透镜使 F-P 标准具产生的干涉图样成像于观察屏处，供测微目镜进行测量. 实验是垂直于磁场方向进行观察的，在外磁场作用下，一条 546.1nm 谱线分裂为 9 条谱线(均为绿色)，相应的一条干涉条纹也将分裂为 9 条干涉条纹，这些条纹互相叠合而使测量困难. 为此，我们可利用偏振片将 σ 成分的 6 条条纹滤去，只让 π 成分的 3 条条纹(中心 3 条)留下来(因为两种成分线偏振光的偏振方向是正交的)，所以我们观察到的应是如图 1.3.6 所示图像. 在了解光路原理及各光学元件作用的基础上，调整好实验仪器系统.

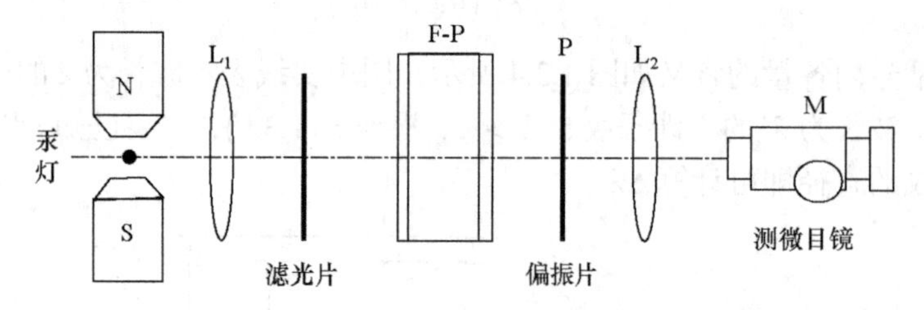

图 1.3.5 实验装置示意图

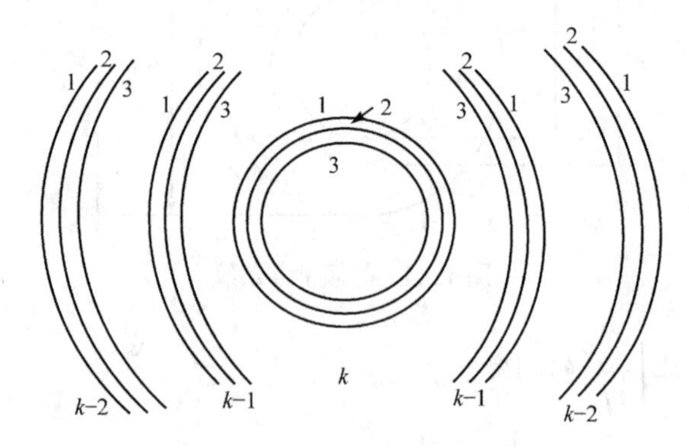

图 1.3.6 干涉条纹级次与序号

(2) F-P 标准具调节.

F-P 标准具两玻璃片表面的平行是十分重要的，只有把平行度调好了，才能看到亮条纹很细且亮的高对比度的干涉图像，并且条纹的直径不随观察角度的变化而变化. 调节的方法是：依次调节标准具上三只螺丝，同时微微摆动头来改变观察角，看干涉圆圈直径是否变化. 例如，调节上螺丝，当头向上(即沿径向往外)摆动时，看到干涉条纹直径在扩大(或中心处条纹往外“冒”出)，则应将上螺丝顺时针拧进，反之则逆时针退出. 每拧一次螺丝，接着摆一次头，直至上下摆动头时看不到条纹直径扩大或缩小为止. 然后依次对左下方螺丝和右下方螺丝作类似的调节. 此后再重复调节三只螺丝，逐步逼近到最佳的平行状态.

(3) 调节读数显微镜，看到清晰的中心干涉条纹(不加磁场时). 加磁场，将电磁铁的电流调到 3A，观察干涉条纹的分裂情况，然后加偏振片并旋转偏振片，直接看到每一级干涉条纹变为 3 条条纹(中间一条较亮).

【数据记录与处理】

(1) 用测微目镜测量 k 级、$k-1$ 级、$k-2$ 级中相邻两级的各干涉条纹直径.

(2) 用特斯拉计测量磁感应强度 B 值的大小 $(1\text{T}=10^4\text{G})$.

(3) 记录数据，填写数据表 1.3.1.

(4) 数据处理，已知：t=2mm，并根据式(1.3.10)计算电子荷质比 $\frac{e}{m}$，填写表 1.3.2 求出电子荷质比 $\frac{e}{m}$ 的平均值.

(5) 已知 $\left(\frac{e}{m}\right)_{标准值}=1.76\times10^{11}\text{C/kg}$，计算电子荷质比 $\frac{e}{m}$ 的百分误差.

表 1.3.1　条纹直径及磁感应强度的测量数据

干涉级数	同级细条纹序	条纹直径上端读数/mm	条纹直径下端读数/mm	条纹直径 d/mm	$d^2/(\text{mm})^2$	B/T
k	1					
	2					
	3					
$k-1$	1					
	2					
	3					
$k-2$	1					
	2					
	3					

表 1.3.2　条纹直径的平方差和荷质比的计算数据

<table>
<tr><th colspan="2">相邻两级
中间条纹
直径平方差</th><th colspan="3">同级中相邻两条纹直径平方差</th><th>$M_2g_2-M_1g_2$</th><th>$\frac{e}{m}$</th></tr>
<tr><td rowspan="3">$d_{k-1,2}^2-d_{k,2}^2$</td><td rowspan="3"></td><td rowspan="4">$d_1^2-d_2^2$</td><td>$d_{k,1}^2-d_{k,2}^2$</td><td></td><td rowspan="4">$+\frac{1}{2}$</td><td rowspan="4"></td></tr>
<tr><td>$d_{k-1,1}^2-d_{k-1,2}^2$</td><td></td></tr>
<tr><td>$d_{k-2,1}^2-d_{k-2,2}^2$</td><td></td></tr>
<tr><td rowspan="3">$d_{k-2,2}^2-d_{k-1,2}^2$</td><td rowspan="3"></td><td>平均值</td><td></td></tr>
<tr><td rowspan="4">$d_3^2-d_2^2$</td><td>$d_{k,3}^2-d_{k,2}^2$</td><td></td><td rowspan="4">$-\frac{1}{2}$</td><td rowspan="4"></td></tr>
<tr><td>$d_{k-1,3}^2-d_{k-1,2}^2$</td><td></td></tr>
<tr><td rowspan="2">平均值</td><td rowspan="2"></td><td>$d_{k-2,3}^2-d_{k-2,2}^2$</td><td></td></tr>
<tr><td>平均值</td><td></td></tr>
</table>

【思考题】

(1) F-P 标准具产生的干涉图是多光束干涉的结果，它与牛顿环、迈克耳孙干涉仪的双光束干涉图有何区别?

(2) 如何用偏振片判断偏振光 π 成分和 σ 成分?

1.4　弗兰克-赫兹实验

弗兰克-赫兹实验

1911 年，卢瑟福(Rutherford)通过著名的 α 粒子散射实验结果提出了原子核式结构模型，即原子核在很小的区域内(约 10^{-14}m)集中了原子的所有正电荷和几乎全部原子质量，而非常轻的电子(负电荷)则在很大的空间内(约 10^{-10}m)绕原子核运动. 但根据经典电磁学理论，这种结构的原子是不稳定的，会导致原子的“坍塌”，原子光谱应为连续光谱. 但实际上原子是非常稳定的，原子光谱是具有一定规律的线状光谱，这一结果由早在 1885 年所观察到的 14 条氢原子光谱的线状谱线所证实. 1913 年，丹麦物理学家玻尔在卢瑟福的原子核式模型基础上，将氢原子光谱实验研究成果和普朗克能量子概念、爱因斯坦(Einstein)光量子概念应用于原子体系，提出了半经典的原子理论，并应用其成功地解释了氢原子光谱的谱线规律. 根据玻尔理论，原子光谱中的每条谱线是原子从一个较高能级跃迁到另一个较低能级时产生的辐射. 玻尔于 1922 年因“对原子结构以及由原子发射出的辐射的研究”获诺贝尔物理学奖.

原子内部能量的量子化，即原子分立能级的存在，除由氢原子光谱实验证实外，还可由其他的实验方法验证. 1913 年，德国物理学家弗兰克(Franck)和赫兹

(Hertz)在柏林大学合作研究电离电势和量子理论的关系. 1914 年他们改进了莱纳德(Lenard)测量电离电势的装置,采用慢电子与单原子气体碰撞来观察电子状态的变化. 在充汞的放电管中发现：透过汞蒸气的电子流随电子的能量呈现有规律的周期性变化,间隔为 4.9eV,并拍摄到与能量 4.9eV 相对应的光谱线 2537Å. 对此,他们提出了原子中存在“临界电势”的概念：当电子能量低于临界电势对应的临界能量时，电子与原子碰撞是弹性的，而当能量达到这一临界能量时，碰撞过程由弹性变为非弹性.

弗兰克-赫兹(F-H)实验证实了原子内部能级是量子化的,弗兰克-赫兹实验至今仍是探索原子结构的重要手段之一. 他们于 1925 年因“发现那些支配原子和电子碰撞的定律”获诺贝尔物理学奖.

【实验目的】

(1) 学习弗兰克和赫兹研究气体放电现象中低能电子与原子间相互作用的实验思想及实验方法.

(2) 测量氩原子的第一激发电势，证实原子能级的存在.

(3) 分析灯丝电压、拒斥电压等因素对 F-H 实验曲线的影响.

【实验原理】

根据玻尔原子理论：原子只能处在某一些稳定状态(定态)，每一定态对应一定的能量，其数值彼此是分立的，称为能级，最低能级对应的状态为基态，其他高能级状态称为激发态. 原子从低能级向高能级跃迁时，可以通过一定频率的光子来实现,也可以通过具有一定能量的电子与原子碰撞(非弹性碰撞)来实现. 当原子与一定数量的运动电子发生碰撞时可以使原子从低能级状态跃迁到高能级状态，例如，基态和第一激发态之间的跃迁有

$$eV_1 = \frac{1}{2}m_e\upsilon^2 = E_1 - E_0 = h\nu \tag{1.4.1}$$

电子在电场中获得的动能在与原子碰撞时传递给原子，原子从基态跃迁到第一激发态，加速电压 V_1 称为原子第一激发电势.

实验装置原理及连线如图 1.4.1 所示. 采用四极弗兰克-赫兹管，管内有发射电子的阴极 K、提高电子发射效率的第一栅级 G_1、用于加速电子的第二栅极 G_2 和收集电子的板极 A 四极构成. V_H 为灯丝加热电压，V_{G_1K} 为正向小电压，V_{G_2K} 为加速电压，V_{G_2A} 为减速电压. 管内通常充以稀薄的原子量较大的汞、氖或氩等惰性气体原子，由于汞常温下为液态，需将其放在加热炉中加热到一定温度使汞汽化后进行实验，氖、氩等惰性气体可直接在室温下进行实验. 本实验中，弗兰克-赫兹管内充以惰性气体氩气. 四极弗兰克-赫兹管中的电势分布如图 1.4.2 所示.

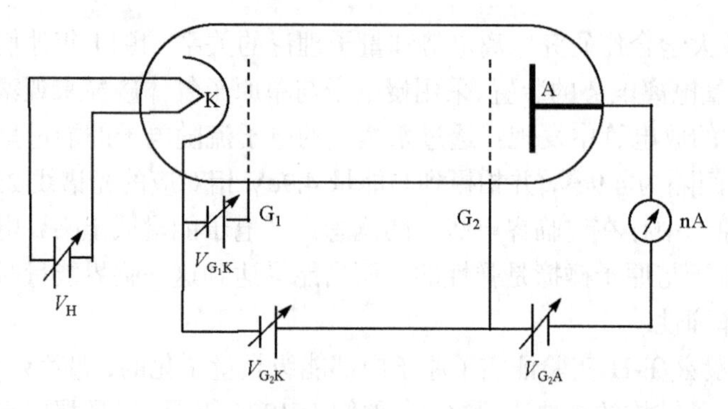

图 1.4.1 弗兰克-赫兹实验装置原理图

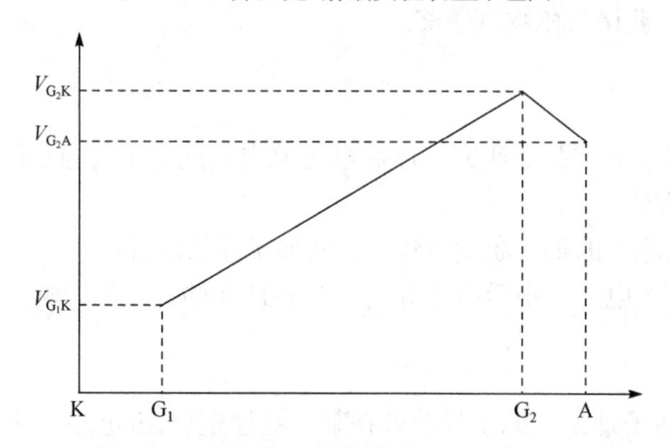

图 1.4.2 四极弗兰克-赫兹管中的电势分布

电子与原子的碰撞过程可用以下方程描述：

$$\frac{1}{2}m_e\upsilon_1^2+\frac{1}{2}M\upsilon_2^2=\frac{1}{2}m_e\upsilon_{1'}^2+\frac{1}{2}M\upsilon_{2'}^2+\Delta E \tag{1.4.2}$$

式中，m_e 为电子质量，M 为原子质量，υ_1 为电子碰撞前的速度，$\upsilon_{1'}$ 为电子碰撞后的速度，υ_2 为原子碰撞前的速度，$\upsilon_{2'}$ 为原子碰撞后的速度，ΔE 为原子碰撞后内能的变化量.

按照玻尔原子能级理论

$$\begin{aligned}&\Delta E=0, &&\text{弹性碰撞}\\&\Delta E=E_1-E_0, &&\text{非弹性碰撞}\end{aligned} \tag{1.4.3}$$

式中，E_0 为原子基态能量，E_1 为原子第一激发态能量.

电子碰撞前的动能 $\frac{1}{2}m_e\upsilon_1^2<E_1-E_0$ 时，电子与原子的碰撞为完全弹性碰撞，$\Delta E=0$，原子仍停留在基态. 电子只有在加速电场的作用下碰撞前获得动能 $\frac{1}{2}m_e\upsilon_1^2\geqslant E_1-E_0$，才能与原子产生非弹性碰撞，使原子获得足够的内能($\Delta E\geqslant$

E_1-E_0)从基态跃迁到第一激发态，调整加速电场的强度，电子与原子由弹性碰撞到非弹性碰撞的变化过程将在电流上显现出来.

当灯丝(H)加热时，热阴极(K)发射电子，第一栅极(G_1)与阴极(K)之间的电压 V_{G_1K} 约 1.5V，其作用是消除空间电荷对阴极(K)散射电子的影响. 电子在阴极(K)与第二栅极(G_2)之间正电压 V_{G_2K} 形成的加速电场作用下被加速而获得越来越大的动能，并与 K-G_2 空间分布的气体氩的原子发生如式(1.4.2)所描述的碰撞进行能量交换.

在起始阶段，V_{G_2K} 较低，电子的动能较小，在运动过程中与氩原子的碰撞为弹性碰撞. 碰撞后到达第二栅极(G_2)的电子具有动能 $\frac{1}{2}m_e\upsilon_{1'}^2$，穿过 G_2 后将受到 V_{G_2A} 形成的减速电场的作用. 只有动能 $\frac{1}{2}m_e\upsilon_{1'}^2$ 大于 eV_{G_2A} 的电子才能到达阳极(A)形成阳极电流 I_A，这样 I_A 将随着 V_{G_2K} 的增加而增大，如图 1.4.3 中 I_A-V_{G_2K} 曲线 Oa 段所示.

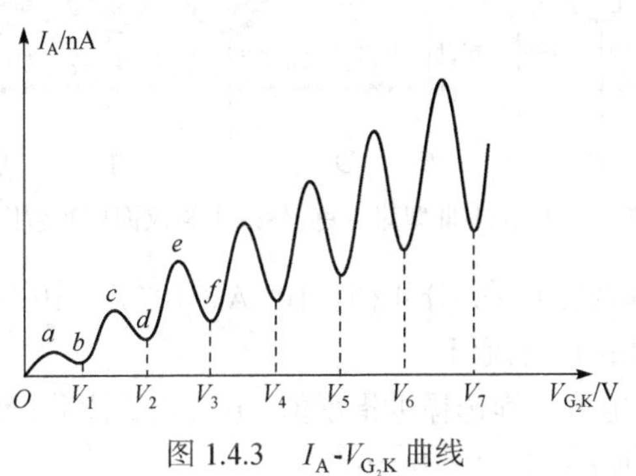

图 1.4.3　I_A-V_{G_2K} 曲线

当 V_{G_2K} 达到氩原子的第一激发电势 11.8V 时，电子与氩原子在第二栅极附近产生非弹性碰撞，电子把从加速电场中获得的全部能量传递给氩原子，使氩原子从较低能级的基态跃迁到较高能级的第一激发态. 而电子本身由于把全部能量传递给了氩原子，即使它能穿过第二栅极也不能克服 V_{G_2A} 形成的减速电场的拒斥作用而被斥回到第二栅极，所以阳极电流将开始减少，如图 1.4.3 中 I_A-V_{G_2K} 曲线 ab 段所示，直至 b 点形成 I_A 的谷值.

b 点以后继续增加 V_{G_2K}，电子在 V_{G_2K} 空间与氩原子碰撞后到达 G_2 时的动能足以克服 V_{G_2A} 减速电场的拒斥作用而到达阳极(A)形成阳极电流 I_A，与 Oa 段类似，形成图 1.4.3 中 I_A-V_{G_2K} 曲线 bc 段.

c 点以后电子在 V_{G_2K} 空间又会因第二次非弹性碰撞而失去能量，与 ab 段类似形成第二次阳极电流 I_A 的下降，如图 1.4.3 中 I_A-V_{G_2K} 曲线 cd 段所示，以此类推，

I_A随着V_{G_2K}的增加而呈周期性的变化，如图 1.4.3 所示. 相邻两峰(或两谷)对应的V_{G_2K}值之差即为氩原子的第一激发电势值.

【实验仪器】

FH-Ⅲ型弗兰克-赫兹实验仪面板如图 1.4.4 所示.

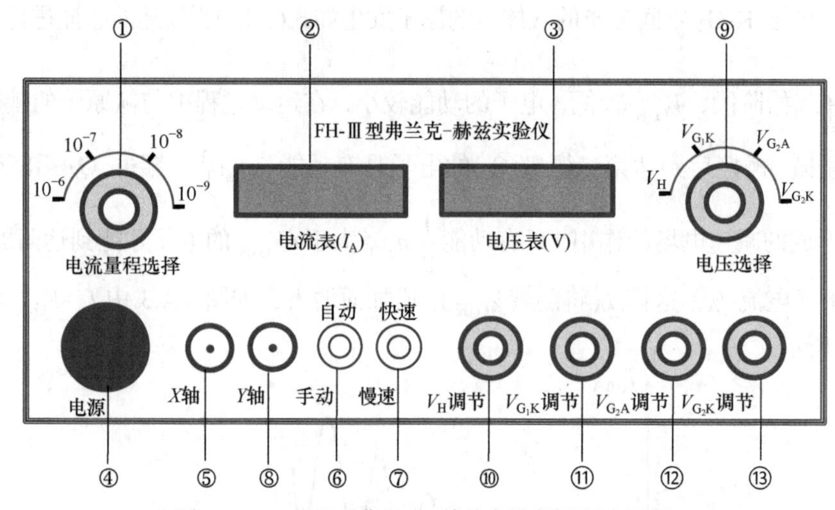

图 1.4.4 FH-Ⅲ型弗兰克-赫兹实验仪面板布置图

(1) 电流I_A量程选择开关. 分 4 挡：10^{-6}A、10^{-7}A、10^{-8}A、10^{-9}A.

(2) 电流表：指示I_A电流值.

电流实际值I_A=电流量程选择①指示值×电流表②读数；例如，①指示 10^{-7}A，本电流表读数 10，则$I_A=10^{-7}\text{A}\times10=10^{-6}\text{A}$.

自动/手动切换开关⑥置于“手动”时电流表才显示正确值；⑥置于“自动”时电流表不起显示作用.

(3) 电压表：与电压选择⑨配合使用，可分别指示V_H、V_{G_1K}、V_{G_2A}、V_{G_2K} 4 种电压，V_H、V_{G_1K}、V_{G_2A}最大可显示 19.99V，V_{G_2K}最大可显示 199.9V.

自动/手动切换开关⑥置于“手动”时电压表才显示正确值；⑥置于“自动”时不起显示作用.

(4) 电源开关：将仪器接入 AC220V 后，打开电源开关.

(5) V_{G_2K}输出端口：接至示波器或其他记录设备X轴输入端口，此端口输出电压为V_{G_2K}的 1/10.

(6) 自动/手动切换开关：接入为“自动”位置，与快速/慢速切换开关⑦及V_{G_2K}调节旋钮⑬配合使用，可选择电压扫描速度及范围，此时电压表和电流表都失去显示作用；按出为“手动”位置，与⑬配合使用，手动选择V_{G_2K}，此时电压表和电流表都起显示正确值作用.

(7) 快速/慢速切换开关：用于选择电压扫描速度，按入为“快速”位置，V_{G_2K}的扫描速率约为 50Hz；按出为“慢速”位置，V_{G_2K}的扫描速率约为 1Hz. 只有⑥选择在“自动”位置时此开关才起作用，“快速”用于⑤、⑧端口外接示波器；“慢速”用于⑤、⑧端口外接 X-Y 函数记录仪.

(8) I_A输出端口：接至示波器或其他记录设备 Y 轴输入端口.

(9) 电压选择开关：与电压表③配合使用，可分别指示 V_H、V_{G_1K}、V_{G_2A}、V_{G_2K} 4 种电压.

(10) 灯丝电压 V_H 调节旋钮：调节范围 1.2～6.3V，不可过高或过低，一般调至 2.8V 左右. 调节过程要缓慢，边调节边观察图 1.4.3 所示的 I_A-V_{G_2K} 曲线的变化，不可出现波形上端切顶现象，不然应降低灯丝电压 V_H.

(11) V_{G_1K} 调节旋钮：调节范围 0～5V，开始调至 1V 左右，待 I_A-V_{G_2K} 曲线出现 6 个以上的峰值时，分别进行 V_{G_1K} 和 V_{G_2A} 调节，使从左至右，曲线的 I_A 谷值逐个抬高.

(12) V_{G_2A} 调节旋钮：调节范围 0～12V，开始调至 8V 左右，待 I_A-V_{G_2K} 曲线出现 6 个以上的峰值时，分别进行 V_{G_1K} 和 V_{G_2A} 调节，使从左至右，曲线的 I_A 谷值逐个抬高.

(13) V_{G_2K} 调节旋钮：自动/手动切换开关⑥置于“手动”时调节范围可达 0～100V，电压表显示正确值；置于“自动”时调节范围可达 0～100V，但电压表不显示正确值.

【实验内容】

(1) 用双踪示波器观察 I_A-V_{G_2K} 曲线.

(a) 连接实验仪与示波器操作设置.

用 Q9 线连接实验仪与示波器. 实验仪操作设置如下. “自动/手动”切换开关⑥：自动. “快速/慢速”切换开关⑦：快速. I_A 量程选择开关①：$\times10^{-7}$[100nA]. V_{G_2K} 调节旋钮：中间. 示波器面板操作设置如下. 动作方式：X-Y. X 轴 Y 轴输入耦合方式：DC. X 轴每格电压选择(VOLTS/DIV)：1V. Y 轴每格电压选择(VOLTS/DIV)：1V.

(b) 开启电源，按本仪器右侧板上所贴标签提供的弗兰克-赫兹管参考工作电压调整 V_H、V_{G_1K}、V_{G_2A}，与电压选择⑨配合使用，分别调节旋钮⑩～⑫，使 V_H 约为 3V，V_{G_1K} 约为 1V，V_{G_2A} 约为 8V. 稍等片刻，待 I_A-V_{G_2K} 曲线起来以后缓慢右旋(顺时针) V_{G_2K} 调节旋钮⑬到底，粗略观察 I_A-V_{G_2K} 曲线起伏变化情况，调整示波器各相关旋钮，使波形清晰，Y轴幅度适中，X轴满屏显示，预热约 10min.

(c) 仔细观察 I_A-V_{G_2K} 曲线的起伏状态，I_A有 5～7 个谷(和峰)值，相邻谷(或峰)值的水平间隔即为氩原子的第一激发电势. 因为本仪器⑤端口的输出电压为 V_{G_2K} 的 1/10，所以示波器 X 轴每格读出的电压值乘以 10 即为实际值.

(d) 分别微调 V_H、V_{G_1K}、V_{G_2A}，观察各自变化对 I_A-V_{G_2K} 曲线的影响选择 1V，相邻谷(或峰)值的水平间隔不到 1.2 格，粗略估计氩原子的第一激发电势在 12V 左右.

(e) 实验完毕，左旋 V_{G_2K} 调节旋钮旋至中间位置，断开仪器和示波器电源.

注：(i) 在调节旋钮⑩～⑬过程中，观察图形，使峰谷适中，无上端切顶现象.

(ii) 在此过程中 V_{G_2K} 显示值无效，电流表显示值无效.

(2) 用手动测量法测绘 I_A-V_{G_2K} 曲线.

手动测绘有两点需特别注意：一是正式测试前，V_H、V_{G_1K}、V_{G_2A} 不可调整，测试之前一定要用示波器全面察看 I_A-V_{G_2K} 曲线起伏状态正常，谷峰值明显；二是测试过程中每改变一次 V_{G_2K}，I_A 也相应改变，则弗兰克-赫兹管需要一定的时间进入一个新热平衡状态，所以测试过程要缓慢，待 I_A 稳定后再读数记录.

(a) 将调节旋钮⑬反旋到最小.

(b) 将自动/手动切换开关⑥改置于“手动”位置，将“快速/慢速切换开关”⑦改置于“慢速”位置，电流量程选择开关①置于 10^{-6}A 或 10^{-7}A 挡.

(c) 逆时针缓慢调节旋钮⑬，使电流表②显示 0.00.

(d) 再顺时针细调旋钮⑬，此时电流上升，细心观察 I_A 的变化，发现 I_A 由小变大，再由大变小，在峰值与谷值之间变化，记下 I_A 的第一个峰值和与它相对的 V_{G_2K} 值.

(e) 继续调节 V_{G_2K} 调节旋钮⑬，使 I_A 到第一个谷值，同时记下相对应的 V_{G_2K} 值.

(f) 如此反复进行六七个峰谷值的数据采集，得到多组 I_A-V_{G_2K} 数据，然后列表(自拟表格)，选择适当比例在方格纸上作出 I_A-V_{G_2K} 曲线.

(g) 从图中取相邻 I_A 谷(或峰)值所对应的 V_{G_2K} 之差即为氩原子的第一激发电势. 从所作曲线上测量多组第一激发电势，并求其平均值. 与公认值比较，分析误差原因. 为了便于作图，建议在峰和谷附近多测几组 I_A 和 V_{G_2K} 值.

(3) 用逐差法求出氩的第一激发电势.

(4) 用最小二乘法处理数据求出氩的第一激发电势，n 为峰或谷序数，V 为特征位置电势值，V_1 为拟合的第一激发电势 $V = a + V_1 \cdot n$，a 为截距，由拟合公式决定.

【注意事项】

(1) 调节V_{G_2K}和 V_H时应注意V_{G_2K}和 V_H过大会导致氩原子电离而形成正离子，正离子到达阳极使阳极电流I_A突然骤增，直至将弗兰克-赫兹管烧毁. 所以，一旦发现I_A为负值或正值超过10μA时，应迅速关机，5min以后重新开机. 因为原子电离后的自持放电是自发的，此时将V_{G_2K}和V_H调至零都将无济于事.

(2) 图1.4.3中I_A-V_{G_2K}曲线的变化对V_H的调节反应较慢，所以，调节V_H一定要缓慢进行，不可操之过急，峰谷幅度过低可升高V_H，过高则降低V_H.

(3) 每个弗兰克-赫兹管的参数各不相同，尤其是灯丝电压，使用每一台仪器都要按调试步骤认真地进行操作. 弗兰克-赫兹实验仪参考工作电压分别为 V_H = 2.8V；V_{G_1K}=2.4V；V_{G_2A}=8V. 如果用户更换新的弗兰克-赫兹管，则需重新调试，另外选择合适的“参考工作电压”，调试方法如下：

(a) 同实验内容第(1)条中的(a).

(b) 开启电源，调整 V_H、V_{G_1K}、V_{G_2A}，使之分别约为2.8V、2.4V、8V，稍等片刻，待I_A-V_{G_2K}曲线起来后缓慢右旋V_{G_2K}调节旋钮⑬，同时观察曲线起伏情况，首先关注峰谷幅度变化，过低可升高V_H，过高则降低V_H，⑬右旋到底可观察到6个以上的I_A峰(或谷)值.

(c) 调节示波器X、Y各相关旋钮，使波形清晰，Y轴幅度适中，X轴满屏显示.

(d) 反复微调 V_H、V_{G_1K}、V_{G_2A}，使峰(或谷)明显，幅度适中，起伏正常，无上端切顶现象，从左至右I_A峰(或谷)值基本上有逐个抬高的趋势.

(e) 重复(c)，(d)直至得到稳定的I_A-V_{G_2K}曲线，记下V_H、V_{G_1K}、V_{G_2A}，做成新标签贴在仪器上盖板，并去除原标签.

【思考题】

(1) 用充汞管做弗兰克-赫兹实验为何要先开炉子加热?

(2) 考察I_A-V_{G_2K}周期变化与能级关系，如果出现差异估计是什么原因?

(3) 第一峰位位置为何值时与第一激发电势有偏差?

(4) 通常把弗兰克-赫兹管制成双栅极有什么作用?

1.5 电子衍射

电子衍射

1924年法国青年物理学家德布罗意在总结了对光的波粒二象性研究的基础上，提出一切实物粒子都具有波粒二象性的假设. 1927年戴维孙与革末首先用实验直接证明了粒子的波动性. 他们让一束慢电子在镍单晶上反射，测得了电子的波长，从而验证了德布罗意波假说. 与此同时，汤姆孙(Thomson)用快电子穿过很薄的铝、金、铂等箔片得到类似 X 射线的同心衍射环，进一步证明了德布罗意波的存在. 1937 年戴维孙与汤姆孙因此共同获得了诺贝尔物理学奖. 此后，德布罗意波粒二象性的论点被更多的实验事实所验证，此论点已成为现代物理学重要基础之一.

目前，电子衍射实验已不再是单纯验证理论的实验，由于电子的波长短、散射强度大等特点，与 X 射线技术、电子显微镜、电子能谱仪等设备密切配合，已成为近代晶体结构研究中不可缺少的重要实验方法之一.

【实验目的】

(1) 利用电子衍射仪，观测电子衍射图像.

(2) 利用布拉格公式，测定运动电子的波长，验证德布罗意波假设.

(3) 测定普朗克常量，加深对波粒二象性的理解.

【实验原理】

在阴极射线示波管的电子枪和荧光屏之间放一块圆形金属薄膜靶. 电子枪使电子束汇聚在靶上，并成为一定向电子束. 电子束由 15kV 以下的电压加速，并可引向靶面上任意部位. 玻壳上有足够大的透明部分，可以观察内部结构. 电子束采用静电聚焦及偏转.

若一定向电子以速度 υ 通过极薄的晶体膜，此束电子的波长为 λ，根据德布罗意公式为

$$\lambda = \frac{h}{p} = \frac{h}{m\upsilon} \tag{1.5.1}$$

式中，$p = m\upsilon$ 为运动电子的动量，h 为普朗克常量. 从式(1.5.1)还可看到，电子的波长与其速度成反比. 若电子的初速为零，则电子的动能即为从电场获得的能量 eU

$$\frac{1}{2}m\upsilon^2 = eU \tag{1.5.2}$$

将式(1.5.2)代入式(1.5.1)得运动电子的波长为

$$\lambda = \frac{h}{\sqrt{2meU}} \tag{1.5.3}$$

式中，m 是电子的质量(m=9.11×10^{-31}kg)，e 是电子的电量(e=1.60×10^{-19}C)，h 是普朗克常量(h=6.63×10^{-34}J · s)，将 m、e、h 的值代入式(1.5.3)，可得

$$\lambda = \frac{1.225}{\sqrt{U}}(\text{nm}) = \frac{12.25}{\sqrt{U}}(\text{Å}) \tag{1.5.4}$$

其中，加速电压 U 的单位为 V. 由式(1.5.4)可计算与电子相联系的平面单色波的波长(1Å=10^{-10}m). 式(1.5.4)是以德布罗意假设为前提得到的.

如果能用实验的方法测出电子的波长，而且测得的λ在误差范围内与式(1.5.4)的计算相符，则说明德布罗意假设成立. 下面简述测量λ的原理.

晶体是由原子(或离子)有规则的排列组成的(图 1.5.1)，晶体中有许多晶面(即相互平行的原子层)，相邻两晶面的间距为d，它实际上是一种三维(3D)光栅. 当具有一定速度的平行电子束通过晶体时，电子受到原子(或离子)的散射. 而电子束具有一定的波长λ，根据布拉格定律，当某相邻两晶面上反射电子束(如图 1.5.1 中的Ⅰ、Ⅱ)的路程差δ符合下式条件时，将产生加强的干涉，即

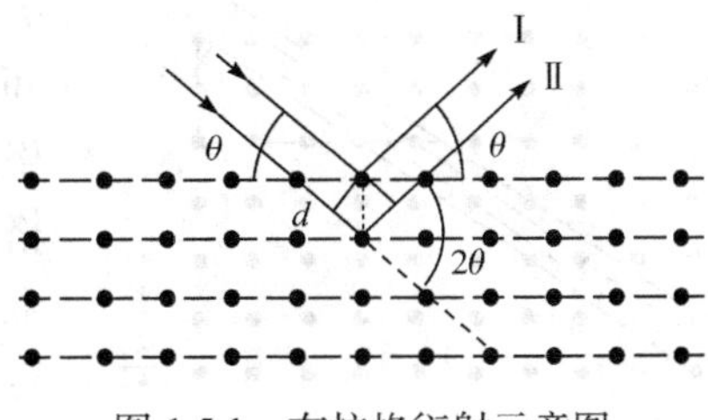

图 1.5.1　布拉格衍射示意图

$$\delta = 2d\sin\theta = n\lambda \quad (n = 1,2,3,\cdots) \tag{1.5.5}$$

式中，θ为入射电子束(或反射电子束)与某晶面间的夹角，称掠射角. 式(1.5.5)称为布拉格公式，它说明对于固定的d值和波长λ，只有在特定的衍射角才能产生加强的反射，而在其他方向，衍射电子很微弱，基本观测不到，可认为其强度为零. 同理，对于固定的d值和衍射角，只有特定的电子波长才能观察到电子较强的衍射现象.

一块晶体实际上具有很多方向不同的晶面族，晶面间距也各不相同，如d_1、d_2、d_3等(图 1.5.2). 只有符合式(1.5.5)条件的晶面，才能产生加强的干涉. 以上介绍的晶体称为单晶. 对同一种材料，还可形成多晶结构，即其中含有大量各种取向的微小晶体. 如用波长为λ的电子束射入多晶薄膜，则总可以找到不少晶体，其晶面与入射电子束之间的掠射角θ能满足布拉格公式(1.5.5). 所以，在与原入射电子束方向成2θ的衍射方向上，产生相应于该波长的最强反射，也即各衍射电子束均位于以入射电子束为轴，顶角为2θ的圆锥面上. 若在薄膜的前方(入射电子束前进的方向)放置一荧光屏，屏面与入射电子束垂直，则可观察到圆环状的衍射光迹(图 1.5.3). 在λ值不变的情况下，对于满足式(1.5.5)条件的不同取向的晶面(d值不同)，因顶角不同，从而形成不同半径的衍射环.

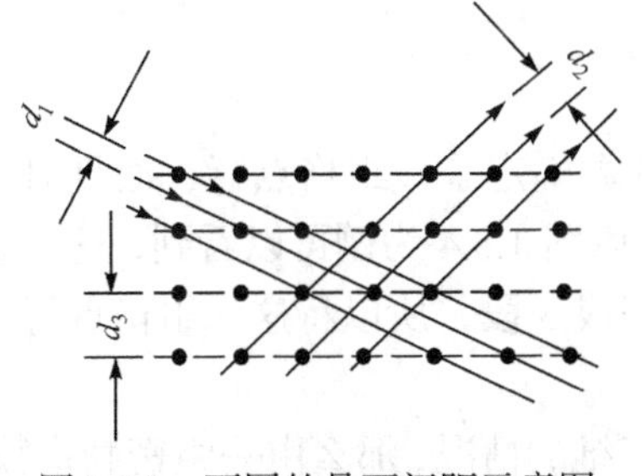

图 1.5.2　不同的晶面间距示意图

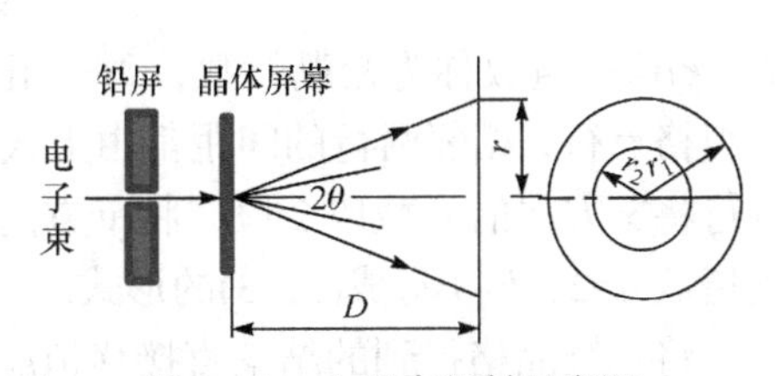

图 1.5.3　电子束衍射示意图

这里进一步介绍如何确定两相邻晶面的间距问题. 晶面间距 d 决定于晶体的结构. 如果晶体结构已知，就有一套完整的方法可用来求出 d. 为了简便起见，我们先详细研究二维晶格的问题，然后把相应的关系应用于三维晶格的情况. 图 1.5.4 画出的是间距为 a 的二维正方晶格. 以 A 为标记的那一行格点(图 1.5.4 的实线)具有这样的特点，其中每一格点都相对于前一格点向右移动了 3 个单位，向上移动了 2 个单位. 以 B 为标记的那行格点与 A 行格点平行，但向上有 1 个单位的位移. 这两行格点间的垂直距离由图 1.5.4 中的相似三角形不难求出，为

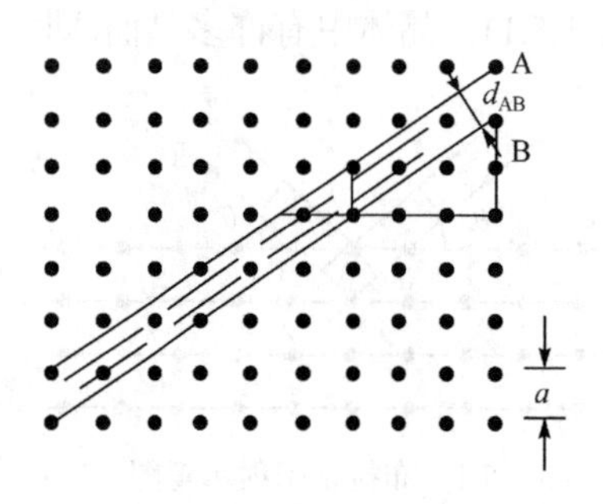

图 1.5.4 二维正方晶格示意图

$$d_{AB}=\frac{3a}{\sqrt{2^2+3^2}}$$

不过,在这两行格点之间还有另外两行等间距的格点,如图1.5.4中的虚线所示. 因此，相邻两行格点之间的距离 d 实际上是 d_{AB} 的 $\frac{1}{3}$，即

$$d=\frac{a}{\sqrt{2^2+3^2}}$$

这个结果不难加以推广. 例如，有一行格点，其中每一格点都相对于前一格点向右移动了 h 个单位，向上移动了 k 个单位(h 和 k 是整数)，那么，相对于它们向外平移了 1 个单位的另一行格点与它相隔的距离 d_{AB} 应该是

$$d_{AB}=\frac{ha}{\sqrt{h^2+k^2}}$$

但是，在这两行格点之间另外还有 $h-1$ 行等间距的格点，所以相邻两行格点的实际间距是

$$d=\frac{a}{\sqrt{h^2+k^2}}$$

(h，k)这一组数称为密勒指数，每一组这样的数确定了一组格点行，而且对于每一组格点行，相邻两行的间距都由上式给出. 以图 1.5.4 为例可以看到，这一组格点行将 x 方向的 a 截成 2 段，将 y 方向的 a 截成 3 段，所以将这一组格点行的密勒指数 h=2、k=3 写成(2，3)的形式.

将二维晶格得到的结论直接移植应用于三维的情况，那么由一组密勒指数(h，k，l)规定的一族晶面，相邻晶面的间距应为

$$d = \frac{a}{\sqrt{h^2 + k^2 + l^2}} \tag{1.5.6}$$

将式(1.5.6)代入式(1.5.5)，并取 n=1，得

$$\lambda = \frac{2a\sin\theta}{\sqrt{h^2 + k^2 + l^2}} \tag{1.5.7}$$

在图 1.5.3 中，D 为多晶薄膜至荧光屏的距离，r 为衍射环半径，入射电子束与反射电子束的夹角为 2θ，当 θ 不大时，$\sin\theta$ 可用 $\frac{r}{2D}$ 表示. 于是式(1.5.7)可改写为

$$\lambda = \frac{ar}{D}\frac{1}{\sqrt{h^2+k^2+l^2}} \tag{1.5.8}$$

密勒指数是互为质数的三个整数，由式(1.5.8)可知，半径小的衍射相对于密勒指数值小的晶面族. 图 1.5.5 所示的面心立方晶体的几何结构决定了只有 h、k、l 全是奇数或全是偶数的晶面才能得到加强干涉. 表 1.5.1 列出面心立方晶体(金、银、铝等)部分允许反射面的密勒指数值，以及在 49kV 加速电压下，由实验测得的 r 和求得的 λ 值，式(1.5.8)中 r、D 均可测量，晶格常数 a 及相应的密勒指数均可从固体物理相关书籍中查到($a_{金}$=0.40782nm，$a_{银}$=0.40856nm，$a_{铝}$=0.40489nm)，因此利用式(1.5.8)可以测量电子束的波长.

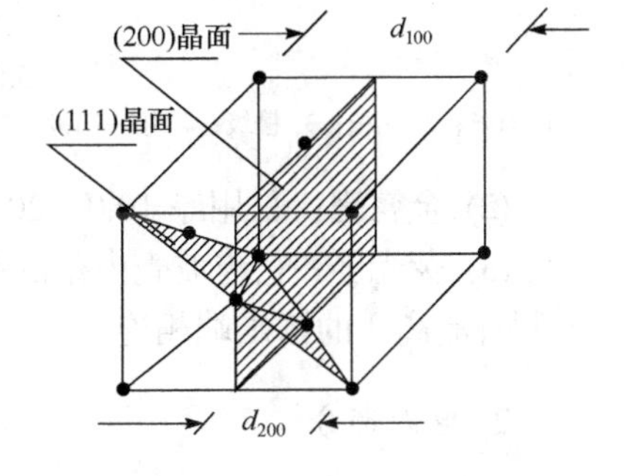

图 1.5.5　面心立方晶体的几何结构

表 1.5.1　不同密勒指数对应的衍射环半径及波长

序号	反射晶面(h, k, l)	$h^2+k^2+l^2$	$(h^2+k^2+l^2)^{\frac{1}{2}}$	衍射环半径 r/mm	$\lambda = \frac{ar}{D}\frac{1}{\sqrt{h^2+k^2+l^2}}$
1	1 1 1	3	1.732	9.1	0.0546
2	2 0 0	4	2.000	10.5	0.0546
3	2 2 0	8	2.828	15.0	0.0551
4	3 1 1	11	3.317	17.5	0.0548
5	2 2 2	12	3.464	18.3	0.0550
6	4 0 0	16	4.000	21.0	0.0546
7	3 3 1	19	4.358	23.0	0.0548

【实验仪器】

电子衍射仪主要由两部分组成.

1. 电子衍射管(图 1.5.6)

电子衍射管由电子枪、金属靶及荧光屏三大部件组成.

(1) 电子枪：它由阴极，灯丝，栅极，第一阳极(加速极)，第二阳极(聚焦极)，辅助聚焦极和 x、y 偏转板等构成.

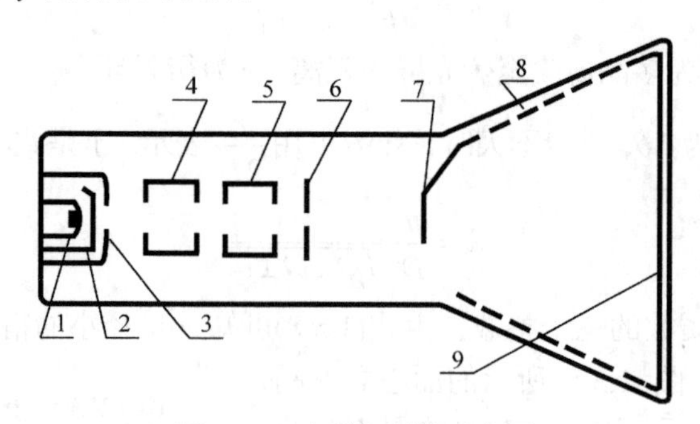

图 1.5.6 电子衍射管示意图

1. 灯丝；2. 阴极；3. 栅级；4. 第一阳极；5. 第二阳极；6. 限止目孔；7.金属靶；8. 石墨涂层；9. 荧光屏

(2) 金属靶：采用厚 10.0～20.0nm 的多晶薄膜.

(3) 荧光屏：它与玻壳内壁的石墨涂层、金属靶三者连在一起，并与 15kV 的可调直流高压的输出端相连.

2. 电源部分

加在晶体薄膜靶与阴极之间的高压 2～15kV 连续可调，面板上有指针式电表指示靶与阴极之间的电势差. 灯丝电源为 6.3V，而阴极和各组阳极以及 x、y 偏转极均另有几组电源供给. 本仪器要求高压可调电源有较小的波纹，以保证被反射的电子波长的稳定性，否则，将影响衍射环的清晰程度.

【实验内容】

1. 观察电子衍射图像

在开启电源前，应将高压控制逆时针调到最小. 然后接通电源，仪器预热 5min 后方可将高压调到所需要的数值. 调节 x、y 位移旋钮，使荧光屏上出现光点，这时可看到模糊的电子衍射图. 调节聚焦旋钮，使电子束聚焦在屏上，便能看到清晰的电子衍射图像. 然后增大或减小电子的加速电压，用毫米刻度尺测定电子衍射图像直径变化情况，并分析讨论是否与预期结果相符.

2. 求运动电子波长，验证德布罗意公式

从衍射仪读得加速电压 U 的值，可用德布罗意公式算出电子的波长 $\lambda_{德}$；同时测量出衍射圆环的直径 $2r$ 以及靶至屏的间距 D(由实验室提供)，利用各环对应的指数及靶的晶格常数 (银 a=0.40856nm)，可根据式(1.5.8)间接测得电子的波长 $\lambda_{测}$. 将所得的波长的实验值与理论值进行分析比较，即可验证德布罗意公式.

注意　要求每个圆环至少测量 5 次.

3. 求普朗克常量

由式(1.5.3)可知 $h=\sqrt{2meU}\lambda$，将实验内容 2. 中的 $\lambda_{测}$ 及 m、e 和 U 值代入即可求得 h，并与 h 的公认值进行比较求出百分比误差.

【思考题】

(1) 加速电压分别为 49V、4.9kV、490kV 时，运动电子的波长分别为多少?
(2) 电子衍射图像为什么是圆环?
(3) 如果晶体薄膜为单晶薄膜，衍射图像应该是什么样的?

1.6　氢原子光谱

氢原子光谱

原子光谱是离散的线光谱系列，它反映了原子的能量量子化. 氢原子结构最简单，是由一个带负电(−e)的电子和一个带正电(+e)的原子核构成，因此氢原子光谱是最简单最典型的原子光谱结构，是研究复杂原子结构的基础. 历史上人们通过对它的研究开创了近代原子物理的新领域，至今仍在研究它，以探索电子与原子核的结合性质.

【实验目的】

(1) 通过测量氢原子光谱，加深对原子能级的理解，并测算里德伯常量.
(2) 学习使用棱镜摄谱仪、投影仪、比长仪等光谱仪器.
(3) 学习摄谱、洗相、测谱线波长的方法.

【实验原理】

到 1885 年，从某些星体的光谱中观察到的氢光谱线已达到 14 条，如图 1.6.1 所示，这年巴耳末(Balmer)发现的这些谱线可以纳入下列简单的关系中：

$$\lambda = B\frac{n^2}{n^2-4} \tag{1.6.1}$$

式中，B=364.56nm，为一实验常量；n=3，4，5，⋯. 由此计算得到的波长 λ 值与实验测得的 H_α、H_β、H_γ、H_δ 4 条谱线的波长值一致. 它所表达的一组光谱称为巴耳末系. 当 $n\to\infty$ 时，波长趋近 B，达到这一线系的极限，这时两邻近波长差趋近于 0，巴耳末系理论波长与经验公式波长谱线数据对照表如表 1.6.1 所示，氢原子巴耳末系光谱图如图 1.6.1 所示.

表 1.6.1　巴耳末系理论波长与经验公式波长谱线数据对照

n-2	符号	理论波长/Å	巴耳末经验公式波长/Å	颜色
3-2	H_α	6561.12	6562.08	红
4-2	H_β	4860.09	4860.80	蓝绿
5-2	H_γ	4339.37	4340.00	紫
6-2	H_δ	4100.70	4101.30	紫
7-2	H_ε	3969.07	3969.65	紫
8-2	H_ζ	3888.07	3888.64	紫外
9-2	H_η	3834.42	3834.98	紫外
∞-2		3645.07	3645.60	紫外

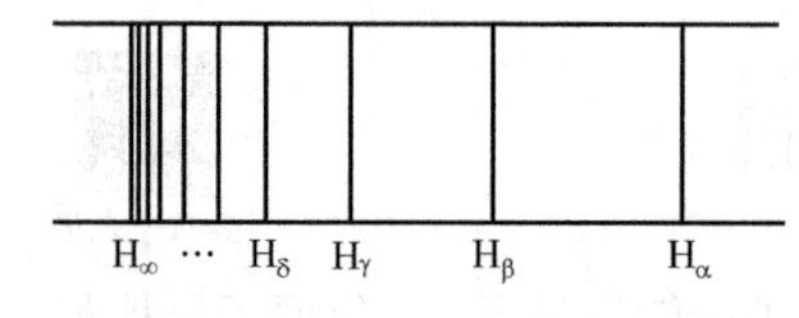

图 1.6.1　氢原子巴耳末系光谱图

为了更清楚地表明谱线的分布规律，将式(1.6.1)写成波数表示

$$\tilde{\nu}=\frac{1}{\lambda}=\frac{4}{B}\left(\frac{1}{2^2}-\frac{1}{n^2}\right)=R_{\mathrm{H}}\left(\frac{1}{2^2}-\frac{1}{n^2}\right) \tag{1.6.2}$$

此式称为巴耳末公式，R_{H} 称为氢原子里德伯常量. 从氢光谱的更精密测量中得出：$R_{\mathrm{H实}}=1.0967758\times10^7\mathrm{m}^{-1}$.

玻尔认为原子处于一些离散的稳定状态，原子从一个稳定状态(能级)跃迁到另一个稳定状态(能级)时，能够发射或吸收单色光. 发射光的频率为

$$\nu_{kn}=\frac{E_n-E_k}{h}=\frac{me^4}{8\varepsilon_0^2h^3}\left(\frac{1}{k^2}-\frac{1}{n^2}\right) \tag{1.6.3}$$

令

$$R=\frac{me^4}{8\varepsilon_0^2h^3c} \tag{1.6.4}$$

则波数为

$$\tilde{\nu}_{kn}=\frac{\nu_{kn}}{c}=R\left(\frac{1}{k^2}-\frac{1}{n^2}\right) \tag{1.6.5}$$

式(1.6.5)形式上与巴耳末公式一致. 将式(1.6.4)中 $c=2.997925\times10^8\mathrm{m/s}$ 及其他有关物理常量代入，计算得到的 $R_{\mathrm{H理}}=1.0973731\times10^7\mathrm{m}^{-1}$，这与精密测得的里德伯常量符合得很好.

玻尔理论在给出的里德伯常量表达式(1.6.4)的推导中认为原子核静止不动，只是电子绕核转动，这就意味着把核的质量看成是无穷大的. 而实际情况是原子

核与电子都绕公共的质心运动，不同原子由于原子核质量不同，因此其里德伯常量略有不同，里德伯常量是原子物理学中一个重要的常量，它不仅对原子自身有着很重要的作用,而且还决定着许多其他的物理常量. 所以式(1.6.4)应表达质量无穷的里德伯常量，记做

$$R_{\infty}=\frac{me^4}{8\varepsilon_0^2h^3c} \tag{1.6.6}$$

在氢的其他光谱区,还发现了其他线系与式(1.6.5)完全符合. 氢原子光谱线系有很多个，其中前 6 个线系被赋予名称，它们是：k=1，$n\geqslant 2$ 为莱曼系；k=2，$n\geqslant 3$ 为巴耳末系；k=3，$n\geqslant 4$ 为帕邢系；k=4，$n\geqslant 5$ 为布拉开系；k=5，$n\geqslant 6$ 为普丰德系；k=6，$n\geqslant 7$ 为韩福瑞系. 其能级跃迁示意图如图 1.6.2 所示.

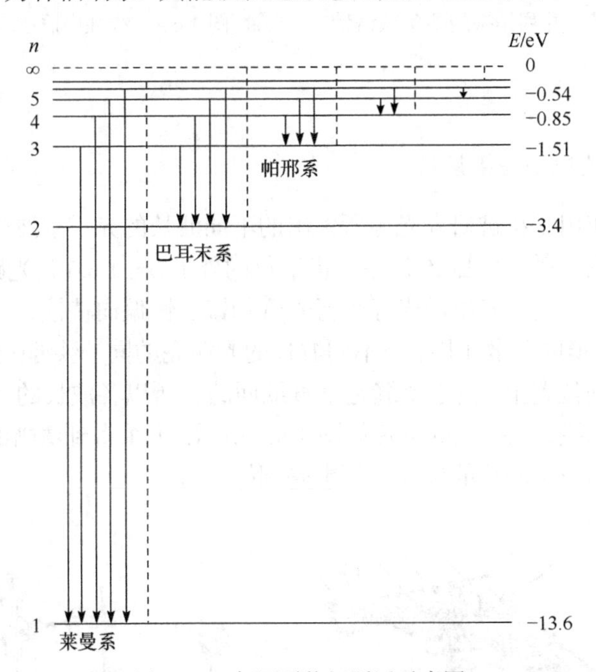

图 1.6.2　氢原子能级跃迁示意图

本实验以铁谱图为波长标准尺测出巴耳末系的谱线波长. 用摄谱仪拍摄氢谱带，再与氢谱带并列拍摄两条铁谱带，如图 1.6.3 所示. 由于铁谱在可见光范围内有数百条谱线，其波长已做出精确测定，制成标准铁谱图. 因此，我们可以把铁谱图作为波长的标准尺，找出氢谱中被测谱线两侧最靠近的铁谱线，在铁谱图上查找该两条谱线的波长，见图 1.6.4，谱片上两条谱线间的距离决定于它们之间的波长差，当两条谱线很接近时，可以认为谱线间距与波长差成正比. 这样测出 d 和Δd，查出两条铁谱线的波长λ_1和λ_2，则被测的氢谱线的波长为

$$\lambda_x = \frac{\Delta d}{d}(\lambda_1 - \lambda_2) + \lambda_2 \quad (\lambda_1 > \lambda_2) \tag{1.6.7}$$

图 1.6.3 氢谱带与并列拍摄的两条铁谱带

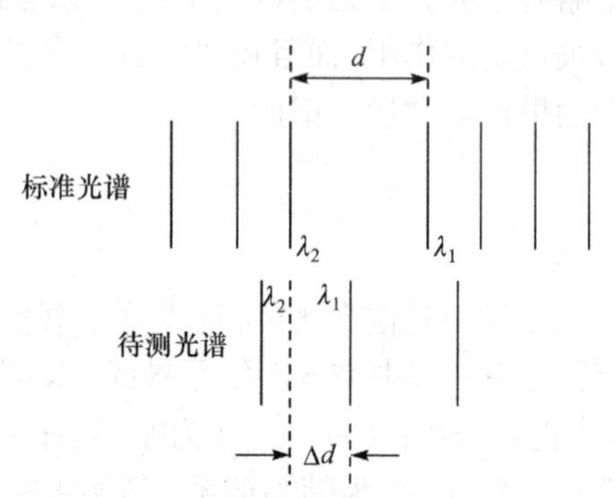

图 1.6.4 线性内插法求波长示意图

【实验仪器】

1. 恒偏向棱镜小型摄谱仪

摄谱仪的作用是将被研究光源所发出的不同波长的光，按波长长短次序在空间排列开来形成光谱. 图 1.6.5 是小型摄谱仪的外形,图 1.6.6 是光路图. 狭缝作为被照明的“物”，它所发出的光经平行光管物镜、恒偏向棱镜、照相物镜成像在底片上. 由于棱镜的色散作用, 被不同波长的光照亮的同一狭缝(亮线)的像, 将成像在底片的不同位置上. 由于狭缝是垂直纸面的，所以各波长的“像”也是垂直纸面的一条条亮线，拍摄到的谱片如图 1.6.3 所示. 为了得到清晰的光谱线，恒偏向棱镜、照相物镜及底片的位置必须事先调好.

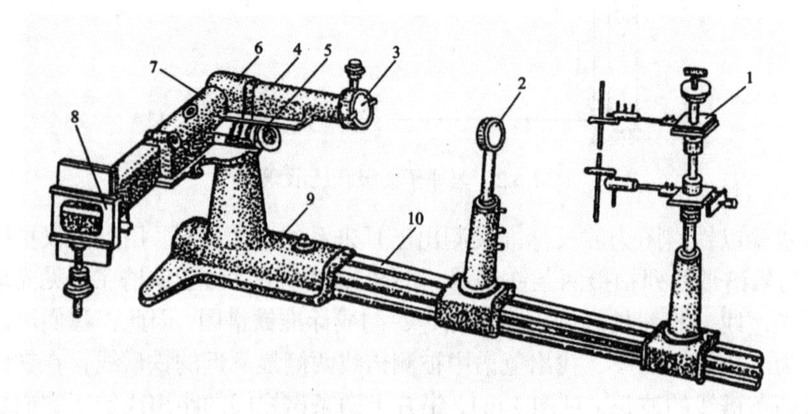

图 1.6.5 小型摄谱仪外形图

1. 电极架；2. 聚光透镜；3. 入射狭缝；4. 出射光管；5. 棱镜旋转鼓轮；6. 入射光管；7. 棱镜罩；8. 底片暗箱；9. 底座；10. 导轨

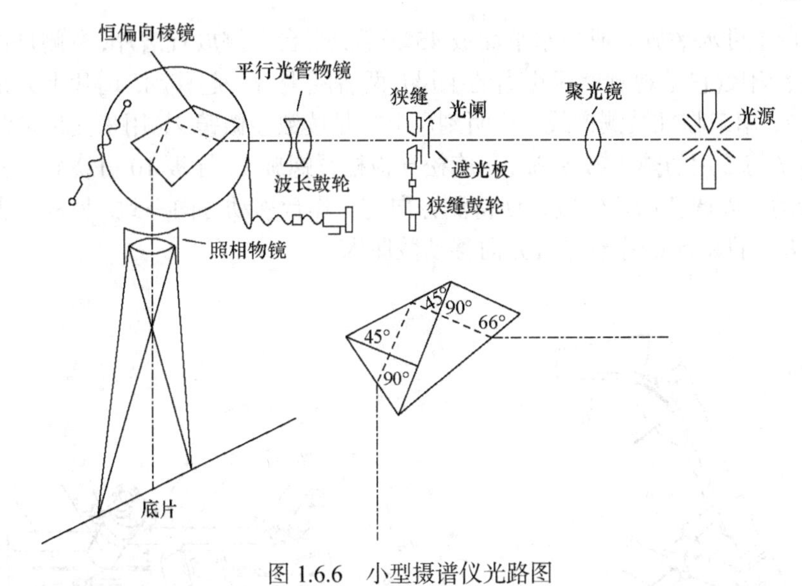

图 1.6.6　小型摄谱仪光路图

测量谱线的波长，需要拍出如图 1.6.3 所示的 3 条并列的光谱带，为了不使各光谱带相重，每摄一次必须使谱带在底片上向上(或向下)移动 1 个谱带宽的距离，为此，在狭缝前设一特别的光阑(哈特曼光阑，如图 1.6.7 所示). 在图形可旋转的光阑盘上 3 个同样尺寸的方形开口中，相邻方形开口的上下底线在同一半径圆弧线上. 转动光阑让显示窗显示“3”时，第 3 开口位于狭缝前，可使光线从第 3 开口进入狭缝；当显示“1”时，第 1 开口位于狭缝前，可使光线从第 1 开口进入狭缝. 这样可以保持暗匣不动，只旋转光阑，便可拍出并列的 3 条光谱带. 为了拍出如图 1.6.3 所示的谱片，用第 2 开口拍氢谱，用第 1、第 3 开口拍铁谱.

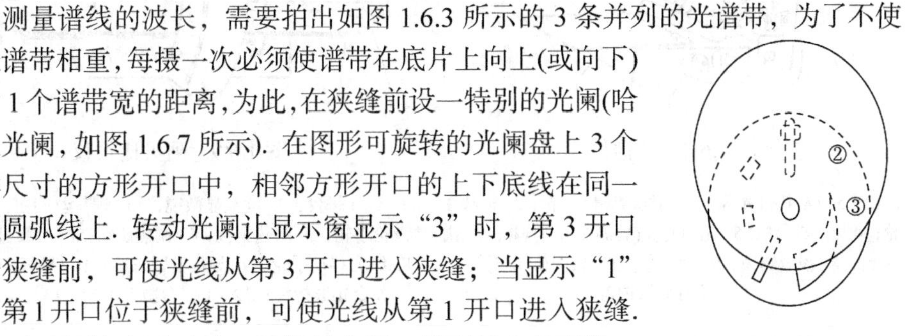

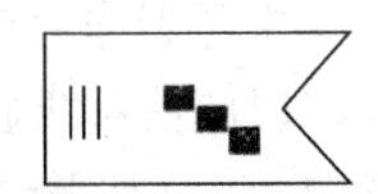

图 1.6.7　哈特曼光阑

2. 映谱仪

映谱仪是将光谱片放大投影以便观测和分析的专用光谱仪器，其外形如图 1.6.8 所示. 打开光源 1 及反射镜保护盖 11，置于谱片台 7 上的光谱片被光源 1 经聚光器照明，经投影物镜 8 及反射镜 10 投影于屏幕 6 上. 在屏上可以得到放大 20 倍的谱线图形，便于与标准光谱图比较. 测量完毕后要注意关闭光源及反射镜保护盖.

3. 阿贝比长仪

阿贝比长仪是精确测量谱线之间距离的专用光谱仪器，外形如图 1.6.9 所示.

工作平台 1 可水平放置或与水平面成 45°放置. 平台左侧放置谱片，右侧是透明的标准毫米刻尺(它是观测谱线距离的主尺)，两者随平台一起移动. 谱片上方是对线显微镜 7，用来瞄准被测谱线，透明刻尺上方是读数显微镜 2，用来测读被测谱线的位置. 7 与 2 用防热钢板 5 固定. 旋松导板松紧螺旋 9，导板 10 可绕导板松紧螺旋 9 转动，以调整谱片位置，使待测方向与工作台移动方向一致. 另外，纵向移动手轮 8 可将待测谱片沿竖直方向移动数厘米.

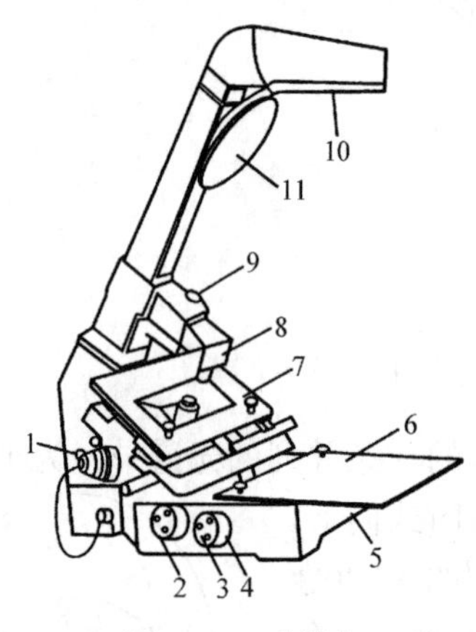

图 1.6.8 映谱仪

1. 12V 500W 钨灯光源；2. 谱线清晰度手轮；3. 横移手轮；4. 纵移手轮；5. 光源开关(后侧)；6. 屏幕；7. 谱片台；8. 投影物镜；9. 放大倍数调节；10. 反射镜；11. 反射镜保护盖

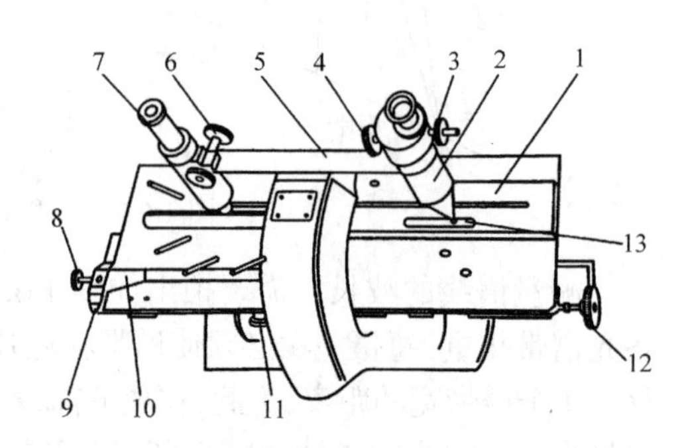

图 1.6.9 阿贝比长仪

1. 工作平台；2. 读数显微镜；3. 螺旋丝旋钮；4. 伞齿轮手轮；5. 防热钢板；6. 调焦旋钮；7. 对线显微镜；8. 纵向移动手轮；9. 导板松紧螺旋；10. 导板；11. 工作台锁紧螺钉；12. 工作台微动手轮；13. 温度计

松开工作台锁紧螺钉 11 后，操作者可轻微而均匀地推动平台按测量方向移动，以便使对线显微镜 7 中的叉丝对准待测谱线，从右方的读数显微镜 2 中进行读数. 当移动平台使 7 对准第二条待测谱线时，从 2 中进行第二次读数，两次读数差便是两条谱线间的距离. 当对线显微镜瞄准某一谱线时，读数显微镜中视场如图 1.6.10 所示，读数系统由 3 部分组成：其一是透明主尺的毫米刻度(图中的大刻度 45，46)，它们随着平台和谱片一起移动；其二是 0.1mm 的固定刻度，称为副尺(图中自右向左的小刻度 0，1，2，…，10)，它们在显微镜目镜的焦平面上；其三是可转动的游标，包括图右侧的圆刻度和中间的阿基米德螺线，相邻螺母的间隔为 0.1mm，圆游标转过一周，圆刻度转过 100 个分度，而阿基米德螺线平移了 0.1mm. 当阿基米德螺线与副尺的刻线相重合时，圆刻度恰好指在 100 分度的“00”处. 圆游标刻画在位于读数显微镜 2 目镜焦平面处的可转动圆玻璃上，它可由图 1.6.9 中的螺旋丝旋钮 3 来转动.

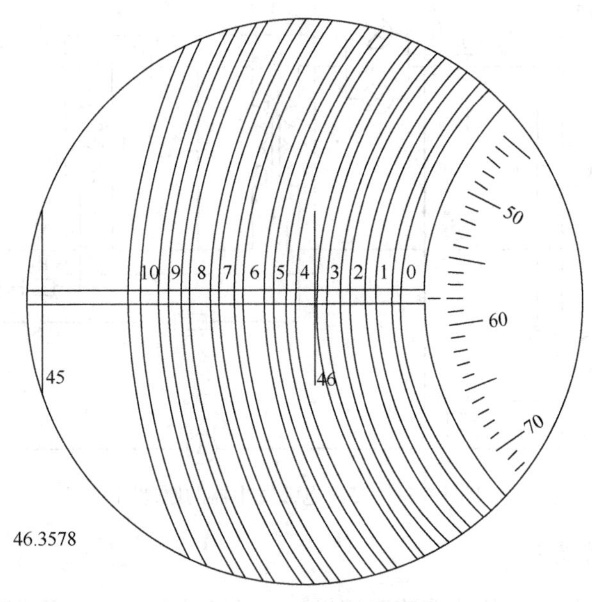

图 1.6.10　对线显微镜读数

读数的要点是，先看主尺的哪一条刻线落在副尺的刻度范围内，就从这条主尺刻线读出毫米值，此刻线右邻的副尺刻度值就是毫米的下一位；转动螺旋丝旋钮 3，使阿基米德螺线与主尺上那条刻线对齐，此时圆刻度也从“00”处移到某一刻度值，把这个值加到副尺刻度值的后面，例如图 1.6.10 中读数应为 46.3578. 这个值由 3 部分组成，主尺：46；副尺：0.3；圆刻度尺：0.0578.

4. 交流电弧发生器

交流电弧发生器的原理如图 1.6.11 所示. 接通 S_1，交流接触器的电磁线圈 CJ 通电，使交流接触器的触点开关 CJS_1、CJS_2 闭合，火线 1 经 CJS_1、结点 3、交流电流表 A 加到电极 G_2 的下电极，零线 2 经 CJS_2、结点 4、限流电阻 R_2、空心变压器 T_2 的次级加到 L_2 上的上电极. G_2 是分离电极，不能自发地形成电弧电流，必须用高压激发回路(虚线部分)击穿电极间隙以形成通路. 变压器 T_1 的次级的几千伏电压将靠得很近(<0.1mm)的辅助隙 G_1 击穿，从而在 L_1C_1 回路中形成高频振荡电流，再通过 T_2 在 L_2 两端感生出近万伏的高频电压，通过 C_2、C_3 将间隙击穿点燃，在点燃的同时，供电回路也导通了，形成了电弧电流. 点燃过程中，每半周内至少放电 1 次，所以市电每秒至少发光 100 次. 当 S_2 断开时，G_2 放电呈电弧性质，S_2 接通时电极间电容增大，使 G_2 放电呈火花性质. $2R_1$ 是两个白炽灯，加在 T_1 的初级绕组上，当 G_2 被点燃后，必有大电流通过 T_1 的初级绕组，$2R_1$ 起限流的作用.

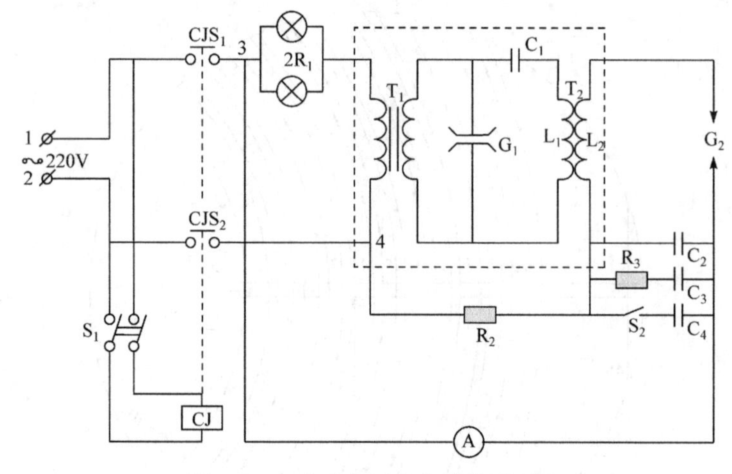

图 1.6.11　交流电弧发生器的原理图

5. 氢放电管及电源

在充有纯净氢气的氢放电管两端加 6kV 左右电压，氢原子受到加速电子的碰撞被激发，即可产生光辐射.

氢放电管的供电回路如图 1.6.12 所示. 将调压变压器的输出电压调至 90V 左右，此时霓虹灯变压器的输出为 6kV 左右，加到氢放电管的两个电极上.

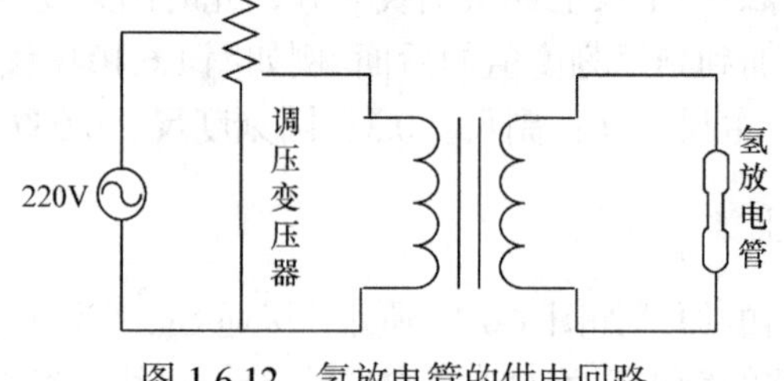

图 1.6.12　氢放电管的供电回路

【实验内容】

(1) 拟订摄谱计划.

由于氢谱中 H_α，H_β，H_γ，H_δ，⋯几条谱线的强度相差相当大，因此应采用不同的曝光时间拍两组氢谱，每组都必须拍下并排的氢谱与铁谱，以便能分别照顾到氢谱中的强线和弱线.

摄谱计划应包括：暗匣上下位置及其倾角、暗匣物镜位置、光阑选择、狭缝宽度、曝光时间、电弧电流等. 拍摄时应按计划进行(摄谱条件可参考实验室给出的数据).

(2) 检查摄谱计划是否与实验室给出的数据相符，之后到暗室中(要全黑)装好底片，注意底片乳胶面对着光谱，即朝着推拉挡板方向.

(3) 拍氢谱与铁谱.

把氢放电管靠近狭缝且对正(这是拍氢谱成功关键). 暗匣位置可调在合适的位置，用圆形光阑的“2”拍下氢谱；用“1”“3”拍铁谱. 在用光阑“1”“2”“3”孔拍一条氢、两条铁谱过程中，只能用狭缝遮光挡板封闭光路，不得动用暗匣的挡板，以免暗匣错位，否则需重拍. 然后，将暗匣调到另一合适位置，重复上述过程，再拍一组氢、铁谱线. 拍完后推进暗匣挡板.

(4) 将拍好的谱片在暗室中冲洗. 显影液用 D-19，显影时间 6～10min；定影用 F-5，定影时间 10min 以上. 然后用电吹风吹干或晾干.

(5) 在映谱仪(或读数显微镜)下测出 λ_{Fe1}、λ_H、λ_{Fe2} 的位置. 把谱片胶膜朝上、长波端在左，放在比长仪的看谱显微镜的谱片架上，调节好看谱显微镜，对准 λ_{Fe1}、λ_H、λ_{Fe2} 分别从读数显微镜上读取其位置，重复测 5 遍(注意测量时用同一个起点). 将 d、Δd 各自的平均值代入公式(1.6.7)计算出每条氢谱线的波长 λ_H.

(6) 将某一测得的波长值和与之对应的能级 n 代入公式(1.6.5)，并计算里德伯常量.

(7) 用作图法求里德伯常量(曲线).

【思考题】

(1) 试分析、讨论如何减小摄谱、测量和计算等的误差.

(2) 哈特曼光阑法摄谱的优点何在?

(3) 用内插法公式求波长时，要注意什么条件?

微波特性实验

1.7　微波综合实验

微波是波长在 1m～1mm(频率范围：300MHz～300GHz)的电磁波，就其电磁波的本质来说，微波具有类光性(反射、折射、干涉、衍射、偏振等特性)，但微波由于波长短、频率高而具有一些特殊的物理性质，如抗干扰性强、传输距离远和方向性强，利用这些特性，在微波波段制成方向性很强的传输系统，以确定物体的方向和距离，这就是通常说的雷达和卫星通信技术，以及地质遥感技术等. 可以说，微波已远超出无线电通信技术的领域，是近代尖端科学技术之一. 微波实验是近代物理实验的重要组成部分.

1.7.1　微波特性实验

【实验目的】

(1) 了解微波的产生和在波导中传输的物理特性.

(2) 熟悉微波技术的基本特征及基本参数的测试方法.

(3) 学习用微波作为观测手段来研究物理现象.

【实验原理】

1. 微波固态源

固态源即耿氏(或体效应)二极管振荡器，其核心部分是耿氏(Gunn)二极管，耿氏二极管主要是基于N型砷化镓的导带双谷——高能谷和低能谷结构. 1963年耿氏在实验中观察到，在N型砷化镓样品的两端加上直流电压，当电压较小时，样品电流随电压增高而增大；当电压U超过某一临界值U_{th}后，随着电压的增高，电流反而减小(这种随电场的增加电流下降的现象称为负阻效应)；电压继续增大($U > U_b$)则电流趋向饱和(图1.7.1)，这说明砷化镓样品具有负阻特性.

砷化镓的负阻特性可用半导体能带理论解释(图1.7.2). 砷化镓是一种多能谷材料，其中具有最低能量的主谷和能量较高的邻近子谷具有不同的性质. 当电子处于主谷时有效质量较小，迁移率较高；当电子处于子谷时有效质量较大，迁移率较低. 在常温且无外加电场时，大部分电子处于电子迁移率高而有效质量小的主谷，随着外加电场的增大，电子平均漂移速度也增大；当外加电场大到足够使主谷的电子能量增加至0.36eV时，部分电子转移到子谷，在那里迁移率低而有效质量较大，其结果是随着外加电压的增大，电子的平均漂移速度反而减小.

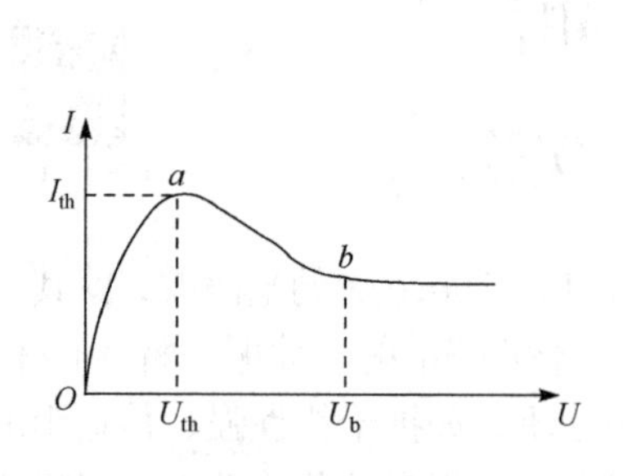

图1.7.1 耿氏二极管的电流-电压特性

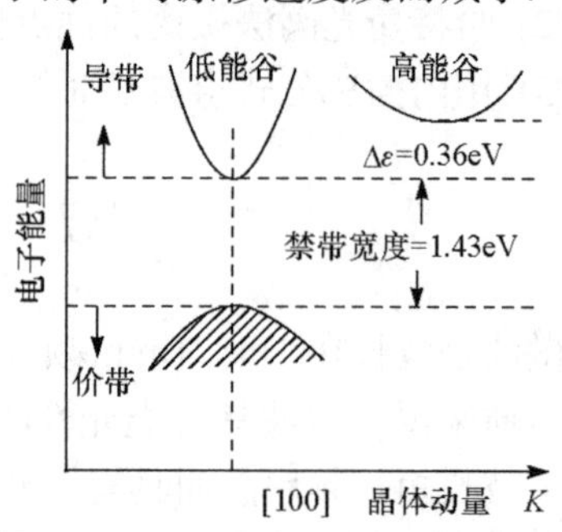

图1.7.2 砷化镓的能带结构

在耿氏二极管两端加电压，当管内电场略大于负阻效应起始电场强度时，由于管内局部电量的不均匀涨落(通常在阴极附近)，在阴极端开始生成电荷的偶极畴；偶极畴的形成使畴内电场增大，畴外电场下降，从而进一步使畴内的电子转入高能谷，直至畴内电子全部进入高能谷，畴不再长大. 此后，偶极畴在外电场作用下以饱和漂移速度向阳极移动直至消失，而后整个电场重新上升，再次重复相同的过程，周而复始地产生畴的建立、移动和消失，构成电流的周期性振荡，形成一连串很窄的电流，这就是耿氏二极管的振荡原理.

耿氏二极管的工作频率主要由偶极畴的渡越时间决定. 实际应用中，一般将耿氏二极管装在金属谐振腔中做成振荡器，通过改变腔体内的机械调谐装置可在一定范围内改变耿氏振荡器的工作频率.

2. 微波的传输线——波导

微波频率很高，由于随着频率的增高，趋肤效应引起的损耗、辐射损耗等十分严重，所以沿用普通的两线式传输微波能量已不可能，必须采用特殊的传输线——波导管(简称波导).

1) 波导管及波导内电磁场的分布

波导管是一种空心的金属管，是用来传输微波能量的传输线. 常见的波导管有矩形波导管和圆形波导管，其结构如图 1.7.3 所示. 我们实验中所用的波导是矩形波导，其横截面的宽边为 a，窄边为 b.

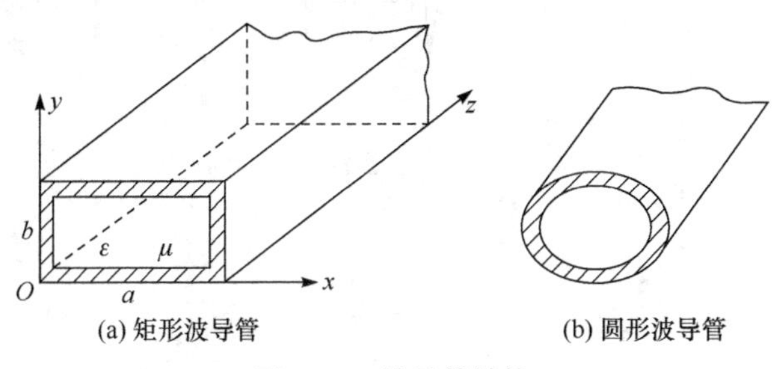

(a) 矩形波导管　　(b) 圆形波导管

图 1.7.3　波导管结构

微波传输线中某一种确定的电磁场的分布形式，称为波型(或模式). 如果一种电磁波的分布形式只有横向电磁场的分量，而沿传播方向(纵向)无电磁场分量，这样的电磁波称横电磁波(以 TEM 波表示)，由理论分析表明，在波导管中不可能传播 TEM 波，即在波导中传播的电磁波、电磁场一定有纵向分量.

波导管中传播的电磁波可归纳为两类: ①横电波，简写为 TE 波(或 H 波). TE 波磁场可有纵向分量和横向分量，而电场只有横向分量; ②横磁波，简写为 TM 波(或 E 波). TM 波电场可以有横向分量和纵向分量，而磁场只有横向分量; 至于电场和磁场的纵向分量都不为零的电磁波，则可看成是 TE 波和 TM 波的叠加，在一般情况下，波导中可能有许多种波型的电磁波，但如果波导的尺寸选择得合适，可使其中只能传输单一波型.

在实际应用中，总是把波导设计成只能传输单一波型. 现用标准矩形波导中，都只能传输 TE_{10} 波.

经分析讨论可得 TE_{10} 波的场方程为

$$E_y = -\frac{\mathrm{j}\omega\mu a}{\pi} H_0 \mathrm{e}^{\mathrm{j}(\omega t - \beta z)} \sin\frac{\pi x}{a}$$

$$H_x = \frac{\mathrm{j}\beta a}{\pi} H_0 \mathrm{e}^{\mathrm{j}(\omega t - \beta z)} \sin\frac{\pi x}{a}$$

$$H_z = H_0 \mathrm{e}^{\mathrm{j}(\omega t - \beta z)} \cos\frac{\pi x}{a}$$

$$E_x = H_y = E_z = 0 \tag{1.7.1}$$

式中，相位常量

$$\beta = 2\frac{\pi}{\lambda} \tag{1.7.2}$$

波导波长

$$\lambda_{\mathrm{g}} = \frac{\lambda}{\sqrt{1-\left(\frac{\lambda}{\lambda_{\mathrm{c}}}\right)^2}} \tag{1.7.3}$$

临界波长

$$\lambda_{\mathrm{c}} = 2a \tag{1.7.4}$$

自由空间波长

$$\lambda = \frac{c}{f} \tag{1.7.5}$$

从式(1.7.1)和式(1.7.3)可以看到 TE_{10} 波具有以下特性：

(1) 存在一临界波长 λ_{c}，只有 $\lambda < \lambda_{\mathrm{c}}$ 的电磁波才能在波导中传输；

(2) 波导波长 $\lambda_{\mathrm{g}} >$ 自由空间波长 λ；

(3) 电场矢量垂直于波导宽壁，而磁场矢量在平行波导宽壁的平面内；

(4) 电磁场在 x 方向形成一个柱状半波；

(5) 电磁场在波导的纵方向 z 上形成行波，即在 z 方向上 E_y 和 H_x 的分布规律相同.

从以上电场的分布，可看出 TE_{10} 波的含义，TE_{10} 波的第一个下标“1”表示场沿波导的宽边方向有一个最大值，第二个下标“0”表示场沿波导的窄边方向没有变化.

2) 波导中的工作状态

在均匀无损耗和无限长的波导中，若只有 z 轴向前传播的波，而无反射波，则这种波称为“行波”. 其沿 z 方向的场强分布表达式为

$$E = E_0 \mathrm{e}^{\mathrm{i}(\omega t - \beta z)} \tag{1.7.6}$$

$$H = H_0 \mathrm{e}^{\mathrm{i}(\omega t - \beta z)} \tag{1.7.7}$$

式中，E_0、H_0分别是所传播的微波电场强度和磁场强度的模；ω是微波振荡的角频率；z是传播距离；β为相位常数，是行波的相位沿传播距离变化快慢的测量，有$\beta = 2\pi/\lambda_g$；λ_g称为波导波长.

在一般情况下，波导并非均匀和无限长，例如，在终端接入负载，就会有入射波和反射波存在，所以在波导传输线上就有入射波和反射波合成为驻波. 而当微波功率全部被终端负载所吸收(这种负载称为匹配负载)时，系统中就不存在反射波，波导中传播的是“行波”，所以行波状态也称匹配状态. 在一般微波传播时以及在测量系统中都尽量希望能达到匹配状态，沿z方向的场强分布如图 1.7.4(a)所示.

当波导终端用短路板短路时，波导中将产生全反射，出现全反射驻波. 驻波节点间距为$\lambda_g/2$，在驻波节点有$E_{min} = 0$，如图 1.7.4(b)所示，本实验就是根据这种状态来测波导波长的.

当波导终端开口(即不接入任何负载)时，波导中传播的不是单纯的行波或驻波，而是如图 1.7.4(c)所示的混波状态.

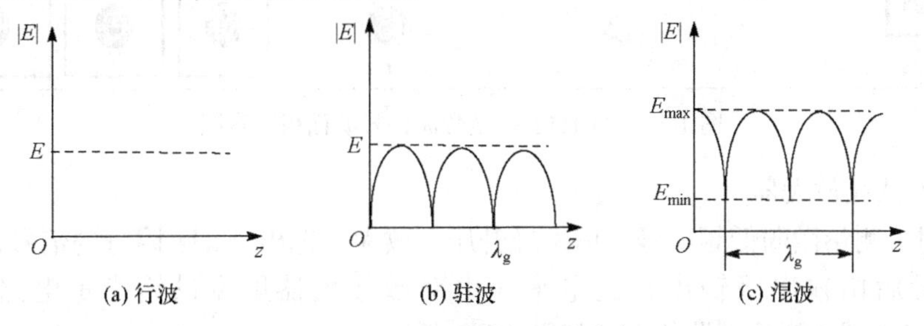

图 1.7.4　沿z方向的场强分布

【实验仪器】

1. 实验装置示意图

实验室使用的 3cm 波导测试系统如图 1.7.5 所示.

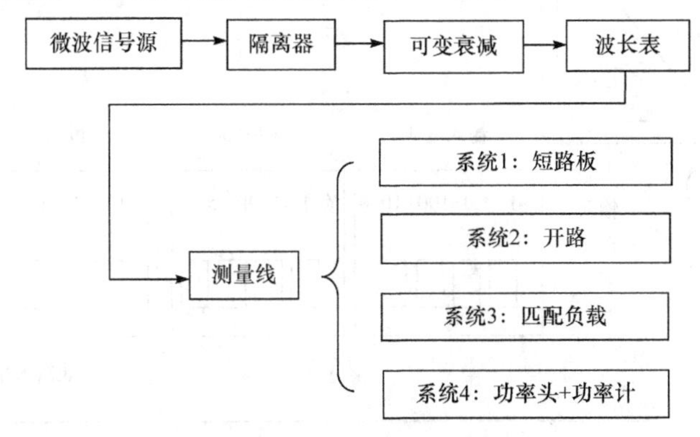

图 1.7.5　波导测试系统

2. 微波元件简介

1) 微波源

提供所需微波信号，频率范围在 8.6～9.6GHz 内可调，工作方式有等幅、方波、外调制等，实验时根据需要加以选择. DH1121C 型微波信号源面板如图 1.7.6 所示.

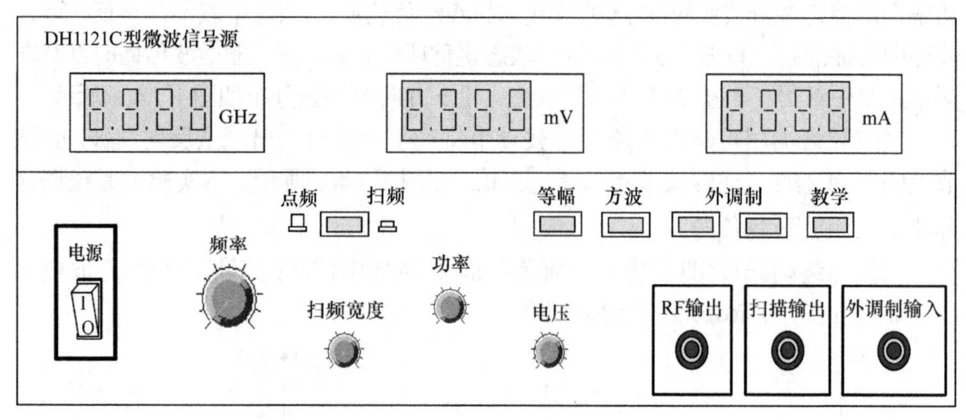

图 1.7.6　DH1121C 型微波信号源面板示意图

2) 选频放大器

用于测量微弱低频信号，信号经升压、放大，选出 1kHz 附近的信号，经整流平滑后由输出级输出直流电平，由对数放大器展宽供给指示电路检测. DH388A0 型选频放大器的面板如图 1.7.7 所示.

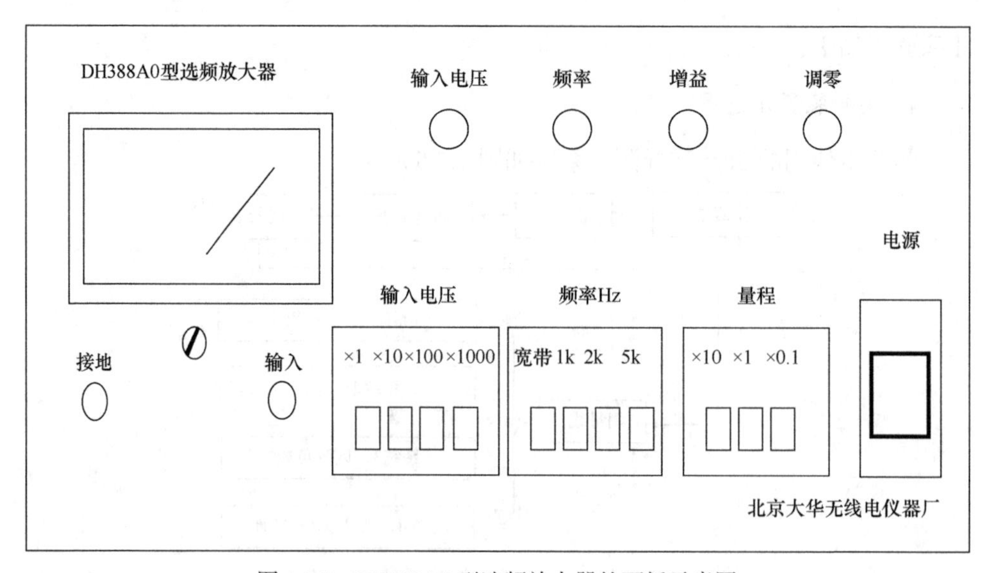

图 1.7.7　DH388A0 型选频放大器的面板示意图

3) 隔离器

为使信号的功率和频率保持稳定，一般在信号和负载之间放一个隔离器，以减小负载变化时对信号源振荡频率所产生的影响. 其作用是使正方向的电磁波通过(衰减为 0.5～1dB)，反方向的电磁波被吸收(衰减>−20dB).

4) 可变衰减器

可变衰减器用来改变波导中微波功率的大小，通常所用的衰减器是吸收式衰减器，其由一段波导组成，其中放有一段吸收材料制成的薄片，改变吸收薄片在波导中的位置就改变了吸收量的大小，被吸收得越多，相应的衰减量就越大.

5) 吸收式频率计(波长表)

吸收式频率计用来监视或测量微波输出的工作频率，它是由传输波导与圆柱形谐振腔组成. 当测微机构旋转时，使腔内活塞移动从而改变了腔的谐振频率. 当满足谐振时，出现吸收峰，晶体检波后的指示为最小值(图 1.7.8).

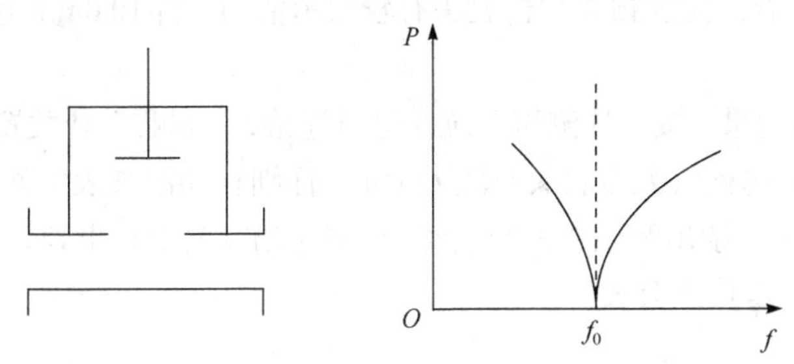

图 1.7.8　波长表原理图

6) 波导测量线

波导测量线测量波导中的各种工作状态，使探针沿波导轴向改变就可测量波导中的电场分布，因测量驻波的最大值和最小值，通常又称为驻波测量线.

7) 短路板

当测量线终端接上短路板时，信号全部被反射，在测量线中形成全反射驻波，从而可通过测量线测定波导中的驻波分布和波导波长.

8) 匹配负载

当测量线终端接上匹配负载时，信号被吸收，产生全匹配状态，即行波状态.

【实验内容】

1. 仪器调节

(1) 固态信号源：“点频/扫频” 选择 “点频”；“工作方式”选择“方波”；“电压” 旋钮置最小；频率调到 9.000GHz. 开机，预热 30min.

(2) 选频放大器：“增益”置较小位置；“输入电压”细调旋钮置中间位置；

“输入电压”步进开关置较大位置；“频率” 步进开关置“1k”位置；“量程”开关置“×10”位置. 开机，预热15min.

2. 实验内容

(1) 驻波测量(短路状态)：按波导测试系统1进行连接，“量程”开关置“×0.1”位置. 调节衰减器，使选频放大器表头有较大示值. 间隔1.0mm读出μV数值，作*I*-*X*曲线，求出*N*个最小值之距离*L*，则波导波长$\lambda_g = 2L/(N-1)$.

(2) 混波测量(开口状态)：按波导测试系统2进行连接，“量程”开关置“×0.1”位置. 调节衰减器，使选频放大器表头有较大示值. 间隔1.0mm读出μV数值，作*I*-*X*曲线.

(3) 行波测量(匹配状态)：按波导测试系统3进行连接，“量程”开关置“×0.1”位置. 调节衰减器，使选频放大器表头有较大示值. 间隔10.0mm读出μV数值，作*I*-*X*曲线.

(4) 频率的测量：按波导测试系统3进行连接，“量程”开关置“×0.1”位置. 调节衰减器，使选频放大器表头有较大示值. 仔细转动波长表的测微头，当出现吸收峰(跌落点)时，读出测微头读数，再从频率与刻度表上查出频率值，即是f_0. 将测得的波导波长λ_g代入公式

$$\lambda = \frac{2a\lambda_g}{\sqrt{\lambda_g^2 + 4a}} \quad \text{(其中 } a\text{=22.86mm 为波导宽边长)} \tag{1.7.8}$$

计算出自由空间波长λ，再求出光速c，并与公认值比较，求相对百分比误差.

(5) 测绘体效应管的伏安特性曲线：按波导测试系统3进行连接，在“教学”方式下，电压调节范围0.00～12.00V，间隔2.00V，读出电流值. 作*I*-*V*曲线.

(6) 功率的测量：按波导测试系统4进行连接，**功率头要先与系统短接，然后再安装，以免烧毁功率头**. “量程”开关置“×10”位置，调节衰减器使选频放大器表头有较大示值. 在“教学”方式下，电压调节范围8.00～12.00V，间隔1.00V，读出功率值. 作*V*-*P*曲线.

【思考题】

(1) 产生全反射驻波的条件是什么?

(2) 驻波相邻两个最大点之间距离为$\lambda_g/2$，为什么在测λ_g时不测最大点而测最小点呢?

1.7.2　微波光学实验

【实验目的】

(1) 了解微波分光仪结构和使用方法.

(2) 验证波的反射定律.

(3) 通过微波的衍射强度随衍射角的变化规律的测定，进一步认识波的衍射特性，验证单缝衍射和双缝干涉遵从的规律.

(4) 用微波作波源研究迈克耳孙干涉的基本原理和实验方法，并测出微波波长.

(5) 观测微波的偏振特性.

(6) 了解布拉格实验的基本原理，学习晶体分析的初步知识，熟悉微波的类光性.

【实验原理】

1. 微波的反射定律

微波反射也遵守光的反射定律，不同入射角时，反射角也不同，但每一次入射，对应的反射角等于入射角.

2. 微波的单缝衍射规律

微波的衍射原理与光波完全相同，如图 1.7.9 所示，当一平面波入射到一宽度为 a 的狭缝(a 和波长 λ 可比拟)，衍射角 ϕ 满足

$$a\sin\phi = \pm k\lambda, \quad k=1,2,\cdots \tag{1.7.9}$$

时，衍射波强度最小.

当衍射角 ϕ 满足

$$a\sin\phi = 0, \pm 1.43\lambda, \pm 2.46\lambda, \pm 3.47\lambda, \cdots \tag{1.7.10}$$

时，衍射波强度最大，单缝衍射光强分布如图 1.7.10 所示.

3. 微波的双缝干涉规律

如图 1.7.11 所示，当一平面波垂直入射到金属板的两狭缝上时，每一狭缝就相当于一个波源，由于两狭缝发出的波是相干的，因此就在金属板背后的空间中产生干涉现象.

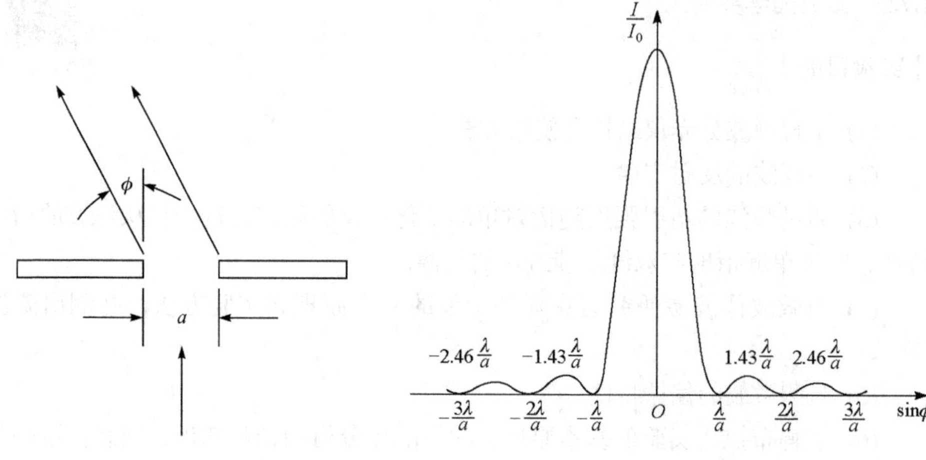

图 1.7.9　单缝衍射图　　　　图 1.7.10　单缝衍射波强分布

设缝宽为 a，两缝间距离为 b，则由波的干涉条件得

$$\text{干涉加强：}(a+b)\sin\phi=\pm k\lambda,\quad k=0,1,2,\cdots \tag{1.7.11}$$

$$\text{干涉减弱：}(a+b)\sin\phi=\pm(2k+1)\frac{\lambda}{2},\quad k=0,1,2,\cdots \tag{1.7.12}$$

双缝干涉波强分布如图 1.7.12 所示.

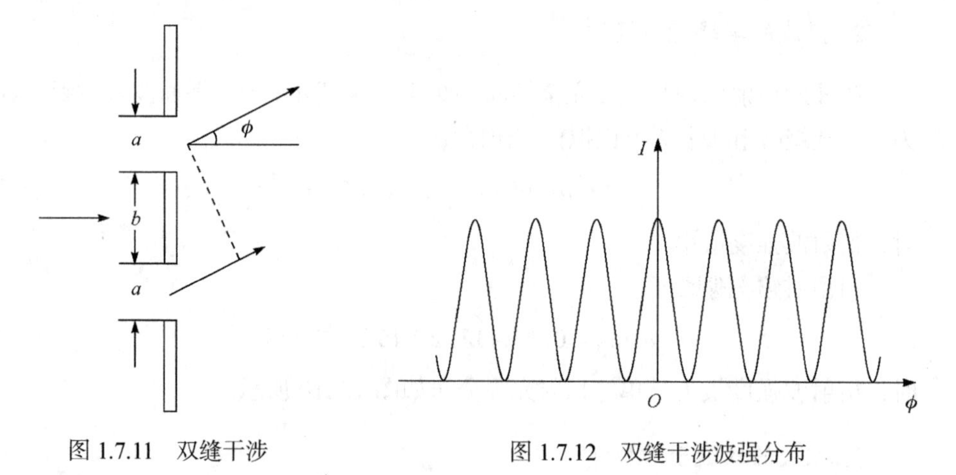

图 1.7.11　双缝干涉　　　　图 1.7.12　双缝干涉波强分布

4. 微波的迈克耳孙干涉实验

如图 1.7.13 所示，发射喇叭发出的微波，经与发射喇叭成 45°的分波玻璃板 MM 把一束微波分成两束微波，其中经 MM 反射后的一束微波射向固定金属反射

板 A，经固定金属反射板反射后再透过 MM 到达接收喇叭，而透过 MM 的另一束微波射向可移动的金属反射板 B，经金属反射板反射后再于 MM 面上反射到接收喇叭. 这样接收喇叭就同时接收到两束微波，它们是相干波，其干涉的基本原理与光波的迈克耳孙干涉相同.

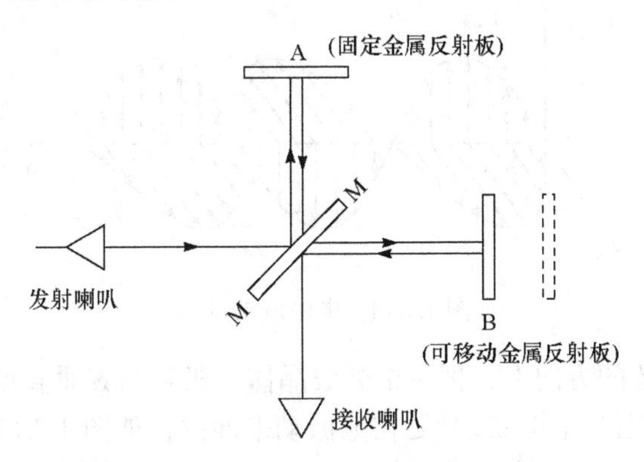

图 1.7.13　迈克耳孙干涉

设微波波长为 λ，经 A 和 B 后到达接收喇叭的波程差 δ 满足

$$\delta = \pm k\lambda, \quad k=0,1,2, \cdots \tag{1.7.13}$$

时为干涉加强(微安表有最大的指示). 当 δ 满足

$$\delta = \pm(2k+1)\frac{\lambda}{2}, \quad k=0,1,2, \cdots \tag{1.7.14}$$

时为干涉减弱(微安表有最小的指示).

当 A 固定不动时，移动 B 板位置，即改变 B 与 MM 间的距离，如果 B 移动了距离 L，其波程差就改变了$\Delta\delta=2L$，假设从某一级最大值开始计数，使 B 移动，然后在接收喇叭中测出 n+1 个最大值，在刻度尺上读出 B 移动的距离为 L，则由式(1.7.13)可得

$$2L=n\lambda$$

即

$$\lambda = \frac{2L}{n} \tag{1.7.15}$$

5. 微波的偏振实验

由电磁场理论知道，电磁波是横波，它的电矢量 $\boldsymbol{E}$ 与磁矢量 $\boldsymbol{H}$ 和电磁波的传播方向 $\boldsymbol{S}$ 永远呈正交关系，如图 1.7.14 所示. 它们的振动面的方向总是保持不变.

电振动的平面总是在 ***EOS*** 面内，而磁振动的平面总是在 ***HOS*** 面内. ***E***、***H***、***S*** 之间的关系遵从乌莫夫-坡印亭矢量关系

$$\boldsymbol{S} = \boldsymbol{E} \times \boldsymbol{H}$$

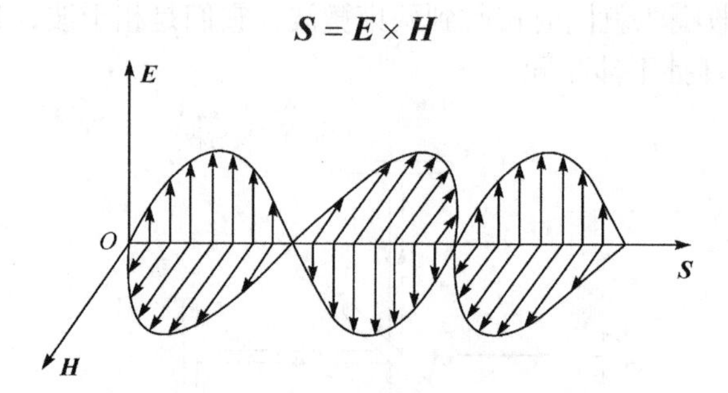

图 1.7.14　电磁波矢量图

今在微波传播的方向上，把一个微波晶体二极管与 ***S*** 垂直放置，且可在 ***E***、***H*** 面向内旋转. 假设晶体二极管处在电振动平面内，如图 1.7.15(a)所示，则交变电磁场的电场强度矢量加在微波晶体二极管的两端，使其导通，因而在电路中就形成了电流，由微安表显示出来. 假设晶体二极管与电振动平面成某一夹角α，如图 1.7.15(b)所示，则电场强度相对晶体二极管，可分解为平行于晶体管的分量和垂直于它的分量. 我们知道仅有平行于晶体管的分量对晶体管导通起作用，而垂直于它的分量不起作用.

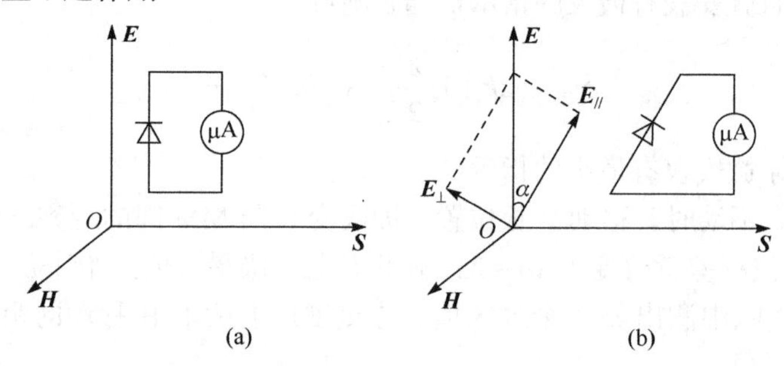

图 1.7.15　马吕斯定律图示

因为电场能量与电振动振幅的平方成正比，所以当晶体管与电振动平面成α角时的能量为

$$I = (E\cos\alpha)^2 = E^2\cos^2\alpha = I_0\cos^2\alpha \tag{1.7.16}$$

式(1.7.16)就是偏振光中马吕斯定律的表达式，对微波同样适用.

6. 微波的布拉格衍射实验

(1) 结晶学的基本知识.

X 射线晶体分析实验证明，晶体是由一些相同的结点在空间有规律的、周期性的分布构成的，结点可以是原子、分子、离子或其他集团的重心，这些结点的总体称为晶体点阵. 通过结点可以作平行的直线族和平行的晶面族，使点阵成为网格，这种网格又称晶格，如图 1.7.16 所示. 由于晶格具有周期性，可取以一结点为顶点、以某一方向的晶格周期为边长的平行六面体作为重复单元来概括晶格的特性，这样的重复单元称为晶胞，晶胞可以用三个方向轴的长度(称为晶格常数)a、b、c 及它们的夹角$\alpha=bc$，$\beta=ca$，$\gamma=ab$ 这六个参数来表示. 按晶胞形状的不同，晶体分为如下七个晶系.

立方晶系：$a=b=c$,　$\alpha=\beta=\gamma=90°$

四方晶系：$a=b\neq c$,　$\alpha=\beta=\gamma=90°$

正交晶系：$a\neq b\neq c$,　$\alpha=\beta=\gamma=90°$

六角晶系：$a=b\neq c$,　$\alpha=\beta=90°$,　$\gamma=120°$

三角晶系：$a=b=c$,　$\alpha=\beta=\gamma\neq 90°$

单斜晶系：$a\neq b\neq c$,　$\alpha=\beta=90°$,　$\gamma\neq 90°$

三斜晶系：$a\neq b\neq c$,　$\alpha\neq\beta\neq\gamma\neq 90°$

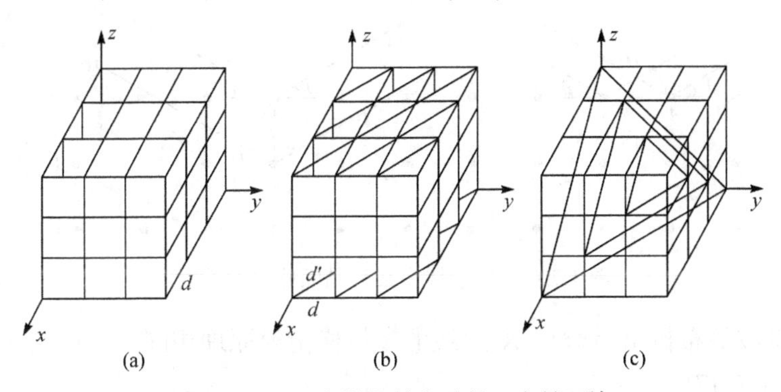

图 1.7.16　以密勒指数表示的三个晶面族

晶体点阵也可由晶面族来表示. 为了表示某一晶面族的取向，可以在一坐标系中，给出该晶面族法线的方向余弦；或者给出该晶面族中某一晶面在三个坐标轴上的截距. 在选取晶胞的三个基矢 $\boldsymbol{a}$、$\boldsymbol{b}$、$\boldsymbol{c}$ 为坐标轴的坐标系中，可以证明：某一晶面在三个坐标轴上截距的倒数可以用来表示晶面的取向，而且此三个倒数可化为互质的整数，称为密勒指数. 图 1.7.16(a)所示晶面平行于 yz 平面，在 y、z 轴上截距的倒数为零，因此该面的密勒指数为(100). 同理可知，图 1.7.16(b)所示晶面的密勒指数为(110)，图 1.7.16(c)所示晶面的密勒指数为(111). 可以证明晶面间距离 d 与该晶面的密勒指数关系为$d=\dfrac{a}{\sqrt{h^2+k^2+l^2}}$，$a$ 为晶格常数，h、k、l

为密勒指数.

(2) 晶体中 X 射线衍射理论——布拉格方程.

研究 X 射线在晶体中的衍射时，把晶体看成是由晶面族组成的，只研究某一晶面族的衍射，并且只考虑平行入射的情况. 如图 1.7.17 所示，对于第一晶面 A，据惠更斯原理，当一束射线以与晶面成θ角的方向向晶面掠射时，结点将成为子波波源，向各方向发射散射波. 在与晶面成θ角方向上，各结点散射线的光程差为零. 它们之间相互干涉，使这个方向的光强最大. X 射线还能在 B、C 等其他界面产生衍射. 相邻两晶面衍射线的光程差不等于零. 图 1.7.17 右侧所示两衍射线 1A 与 1B 间的光程差为

$$CB+BD=2d\sin\theta$$

其中，θ为掠射角，d 为两晶面间距. 将 X 射线波长记为λ，1A 与 1B 干涉加强的条件为

$$2d\sin\theta=k\lambda,\quad k=1,2,3,\cdots \tag{1.7.17}$$

式(1.7.17)即是布拉格方程，用此公式，可在λ已知时，测定晶面间距 d，若 d 已知，则可测定λ. 公式本身决定只有当$\lambda<2d$ 时，才能存在衍射极大.

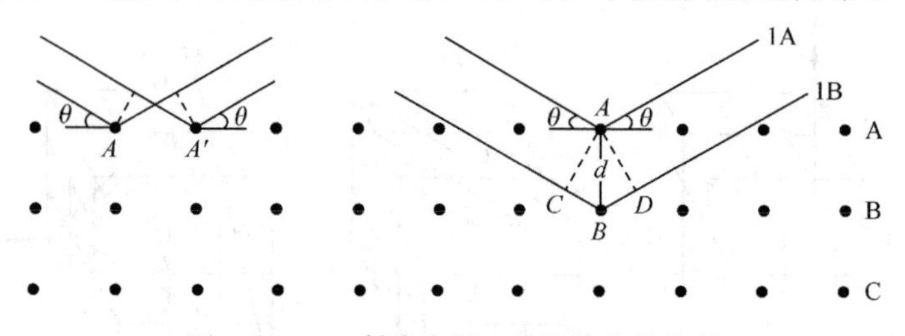

图 1.7.17　X 射线在某一晶面族上的衍射

(3) 微波的布拉格衍射与 X 射线的布拉格衍射原理相同. 其干涉加强的条件可参见式(1.7. 17).

【实验仪器】

微波分光仪、反射板、单缝金属板、双缝金属板、半反射玻璃板、金属反射板、模拟晶体小铝球架.

图 1.7.18 中画出了微波分光仪的主要部分. 1 为 3cm 固态振荡器，由耿氏二极管产生微波振荡，输出幅度可以调节；2 为可变衰减器；3 为微波发射的喇叭天线，发出微波相当于单色偏振光束，$\boldsymbol{E}$ 矢量的振动方向与喇叭宽边垂直；4 为由活动臂支持的接收喇叭；5 为晶体检波器，可将微波信号转变为直流；6 为微安表，以显示信号的强弱；7 为分度转台，转台可绕其中心转动，边缘刻有分度，转台可与活动臂连接，活动臂可以绕转台中心转动，转角可由刻度盘的刻度读出.

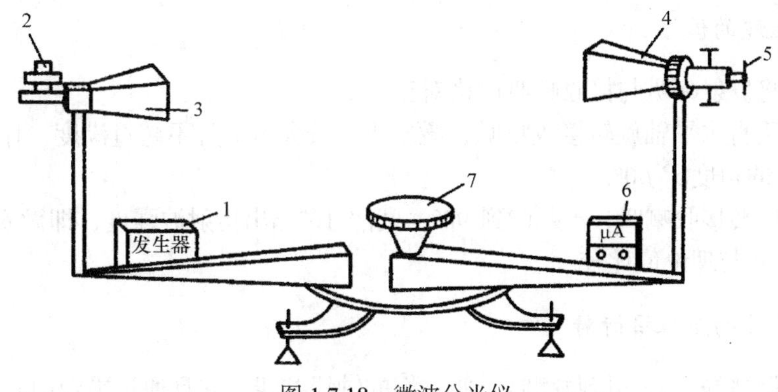

图 1.7.18　微波分光仪

【实验内容】

1. 微波的反射

(1) 接通微波信号源，按仪器要求预热，待正常工作后开始实验.

(2) 调节两个喇叭口面使其互相正对，将反射金属板置于小平台上.

(3) 旋转小平台使入射角 i 从 30°到 70°，间隔 10°测出反射波强度，即微安表对应的读数.

2. 微波的单缝衍射

(1) 把单缝金属板放在小平台上(取缝宽 a=7.00cm)，使发射喇叭与接收喇叭的中心连线通过单缝的中心处，使单缝与发射喇叭严格对正.

(2) 衍射角 ϕ 从 0°到 50°，间隔 2°测出衍射波强度，即微安表对应的读数.

3. 微波的双缝干涉

(1) 将双缝金属板放在小平台上，使双缝与发射喇叭严格对正，并取两缝间距 b=7.00cm，缝宽 a=4.00cm.

(2) 衍射角 ϕ 从 0°到 50°，间隔 2°测出衍射波强度，即微安表对应的读数.

4. 微波的迈克耳孙干涉

(1) 按图 1.7.13 安置好迈克耳孙干涉实验装置，注意将发射喇叭和接收喇叭严格地安置成互相正交的位置，并使两束波的波程尽可能接近相等.

(2) 改变 B 板的位置，观察微安表的指示是否有明显的变化(有最大和最小的变化)，否则要按要求认真细心地进行调节.

(3) 移动反射板 B，读出 n+1 个极大值之间的距离 L，只测一次 L 值.

5. 微波的偏振

(1) 将发射喇叭与接收喇叭严格对正.

(2) 垂直水平轴旋转接收喇叭，微安表有较大示值且不超过满度，作为 I_0，此时对应的角度α为 0°.

(3) 旋转接收喇叭，α从 0°到 90°，间隔 10°测出衍射波强度，即微安表对应的读数，并与理论值比较.

6. 微波的布拉格衍射

(1) 调整好发射和接收喇叭，使它们的轴线共线，并且通过平台中心.

(2) 调整好模拟晶体小铝球间距，组成完好的立方晶体(d=4cm).

(3) 用(100)晶面作衍射面：掠射角θ从 10°到 50°，间隔 2°测出衍射波强度，即微安表对应的读数.

(4) 用(110)面作衍射面：掠射角θ从 30°到 50°，间隔 2°测出衍射波强度，即微安表对应的读数.

【数据处理】

1. 微波的反射实验

将测量值填入表 1.7.1 并作误差讨论和分析.

表 1.7.1 微波的反射实验数据表

入射角 i	30°	40°	50°	60°	70°
反射角 i'					
$i-i'$					
误差分析					

2. 微波的单缝衍射实验

将测量值填入表 1.7.2 中.

(1) 用坐标纸作 I-sinϕ 曲线.

(2) 由实验曲线求出一级极小值、一级极大值并在图中标出.

(3) 求得的一级极小值、一级极大值分别与理论值比较求相对百分比误差.

表 1.7.2 微波的单缝衍射实验数据表

ϕ	0°	2°	4°	…	50°
I/μA					

3. 微波的双缝干涉实验

将测量值填入表 1.7.3 中.

(1) 用坐标纸作 I-$\sin\phi$ 曲线.

(2) 由曲线求出零级极小值、一级极大值，并在图中标出.

(3) 求得的零级极小值、一级极大值分别与理论值比较求相对百分比误差.

表 1.7.3　微波的双缝干涉实验数据表

ϕ	0°	2°	4°	…	50°
I/μA					

4. 微波的迈克耳孙干涉实验

(1) 写出所测 n+1 个极大值之间的距离 L 值.

(2) 代入公式$\lambda=2L/n$ 求出微波波长,并与标准值(λ=28.60mm)比较求相对百分比误差.

5. 微波的偏振实验

(1) 将测得的各角度下的衍射波强度，即微安表对应的读数，填入表 1.7.4.

表 1.7.4　微波的偏振实验数据表

α	0°	10°	20°	30°	40°	50°	60°	70°	80°	90°
I/μA										
$I_0\cos^2\alpha$										

(2) 实际测量值 I 与理论值比较，求出误差最大的一组相对百分比误差，分析产生误差的原因.

6. 微波的布拉格衍射实验

(1) 将测量值填入表 1.7.5 中. 描绘 I-$\sin\theta$ 曲线，求出一级极大θ_1、二级极大θ_2，并与理论值比较求相对百分比误差.

表 1.7.5　微波的布拉格衍射实验数据表 1

固定臂	10°	12°	14°	…	50°
活动臂	10°	12°	14°	…	50°
I/μA					

(2) 将测量值填入表 1.7.6 中. 作 I-$\sin\theta$ 曲线，求出一级极大θ_1，由晶格常数

(5.00cm)求出晶面间距 d，代入布拉格方程，计算微波波长λ，并与理论值比较求相对百分比误差.

表 1.7.6 微波的布拉格衍射实验数据表 2

固定臂	30°	32°	34°	…	50°
活动臂	30°	32°	34°	…	50°
I/μA					

【思考题】

(1) 说明经 MM 分成的两束波为什么是相干的.

(2) 在光的迈克耳孙干涉实验中加补偿片，为什么在微波实验中可以不用?

(3) 判断一下本实验所用发射喇叭发出的微波的电矢量方向和磁矢量方向.

(4) 如果保持发射喇叭和接收喇叭的对正位置不变，在两喇叭连线之间，并在垂直于连线方向放一块多栅缝的平板，使平板以连线为轴旋转，则接收喇叭所接收到的电磁能是否有变化?为什么?

1.8 气体放电中等离子体的研究

气体放电中等离子体的研究

固体、液体和气体是我们常见的物质形态，等离子体是物质存在的第四状态. 固体从外界获得能量可以转变为液体，液体受热后获得能量可以成为气体，气体再从外界获得能量也会发生部分或全部的自身电离. 此时，整个体系所带的正负电荷总数相等，在宏观上保持电中性，这种状态称为等离子状态. 确切地说，等离子体是由带电粒子和中性粒子构成. 其表现出的集体行为是一种准中性气体，它广泛地存在于自然中，火焰、雷电、核武器爆炸、地球外层大气的电离层中都存在着等离子体. 宇宙空间物质存在的主要形态是等离子体状态，太阳就是一个较大的等离子体球，按质量计算，宇宙中 90%以上的物质都处于等离子体状态.

目前，等离子体作为物理学中重要的学科——等离子体物理，已取得迅速的发展，并且在工程技术领域中获得广泛的应用，不论在受控热核反应的研究、新型磁流发电机的研究，还是在空间技术、电子工业、金属加工、广播通信及医疗技术上，等离子体都是不可缺少的. 本实验的目的就是了解等离子体的产生及有关参量的物理意义，采用静电探针法测定气体等离子体内的电子温度和电子密度.

【实验目的】

(1) 了解气体放电等离子体产生的基本原理.

(2) 掌握气体放电等离子体的电子温度和电子密度的测量方法.

【实验原理】

等离子体分为高温等离子体和放电等离子体两种类型,它们都具有高度电离、良好导电、加热气体等特性.

1. 等离子体的粒子密度

等离子体的粒子密度表示单位体积内所含有粒子数目的多少. 等离子体内同时存在着正离子、电子和中性粒子，通常要对各种性能的粒子密度分别表示，n_o表示中性粒子密度，n_i表示正离子的密度，n_e表示电子密度.

等离子体中带电粒子与中性粒子的密度之比称为等离子体的电离度，用α表示，即

$$\alpha = \frac{n_i}{n_o} = \frac{n_e}{n_o}$$

2. 等离子体温度

由热力学理论知，物质处于热平衡状态时，可以用一个确定温度来描述，对等离子体，热平衡的建立与粒子密度、电离度及外界磁场等诸因素有关，假定粒子的能量只取决于粒子的平动，不考虑转动等因素的贡献，那么粒子的能量 E 与温度 T 间的关系为

$$E = \frac{3}{2}kT$$

其中，k 为玻尔兹曼常量；在等离子体中，表示温度时经常需要将各种带电粒子的温度分别描述，如离子温度 T_i 和电子温度 T_e.

3. 等离子体频率

等离子体频率是指等离子体中电子集体振荡的频率，它的大小表示等离子体对电中性的破坏反应的快慢. 这种电子集团的振荡是由于等离子体内某一小范围内出现了电子“过剩”，这些过剩的电子集团必然产生一个电场，这个电场迫使电子离开这个范围，“过剩”很快消失. 相应的电场也开始消失，但电子离开时具有一定的速度，惯性使得离开这一区域的电子数目过多，反而造成该区域电子数目不足，正离子数目“过剩”，形成新的电场又把大量电子吸引到这一范围，从而又形成电子“过剩”，这样在等离子体内部形成电子集团的往返运动，这种振荡的频率用f_p表示，其值为

$$f_p = \frac{1}{2\pi}\sqrt{\frac{n_e e^2}{\varepsilon_0 m_e}} = \frac{e}{2\pi}\sqrt{\frac{n_e}{\varepsilon_0 m_e}} \tag{1.8.1}$$

式中，m_e为电子质量.

4. 德拜长度

处于等离子体内的点电荷$+q$，由于吸引异性电荷而在周围形成一个“鞘层”. 这时空间某点的电势就应该是这两种电荷所形成的电势之和，可以写成

$$\varphi(r)=\frac{q}{r}\mathrm{e}^{-\frac{r}{\lambda_D}} \tag{1.8.2}$$

这里，r为某点到点电荷$+q$的距离；λ_D称为德拜长度，其值取决于电子温度和电子密度，大小为

$$\lambda_D=\left(\frac{kT_e}{4\pi n_e e^2}\right)^{1/2} \tag{1.8.3}$$

其中，e为电子电量.

德拜长度的物理意义是表示所形成“鞘层”的半径(或称屏蔽半径)，当$r>\lambda_D$时，某点的电场可以认为不受$+q$电荷的影响，电子鞘层屏蔽了$+q$所形成的电场. 当$r<\lambda_D$时，正负电荷不保持电中性. λ_D的值实际上是区域性电荷分离的空间尺度. 等离子体的特性复杂，研究气体放电等离子体参量的方法有静电探针法、微波法、霍尔效应法和光谱法等，在朗缪尔对气体放电形成的等离子体以及用来测量等离子体中电子温度和电子密度的探针做了假设及限定之后，用静电探针法来处理复杂的等离子体问题得到了令人满意的结果. 因此，用静电探针法研究气体放电等离子体的特性目前仍被广泛采用.

静电探针法模型和条件如下：气体放电过程中产生的等离子体电子密度和离子密度相同；电子和离子无规则运动速度符合麦克斯韦分布，其值远大于定向漂移速度；电子温度远高于离子温度. 要求测量用的探针(金属丝)半径要远大于德拜长度，同时还要远小于电子和离子的平均自由程，气体放电应保持稳定状态，放电电流恒定. 气体放电是在一长直放电管内进行的，管内保持 10～10^2Pa 的压强(通常为氮气)，管两端装有一对平行板电极，当电极加上高压后，管内气体产生放电，放电电流随电压变化，其伏安特性曲线见图 1.8.1，C点称为“着火”点，DE 部分就是要研究的正常辉光放电形成的等离子体区域，观察放电管在整个放电空间内被若干明暗相间的光层所分隔，形成 8 个区域，其分布如图 1.8.2 所示. 8 个区域分别为：1 阿斯顿区、2 阴极辉区、3 阴极暗区、4 负辉区、5 法拉第暗区、6 辉区(即正辉柱)、7 阳极暗区、8 阳极辉区.

假定气体等离子体放电过程中，单位时间内阳极接收的电子数为N_a，则阳极电流应为

$$I_a=eN_a \tag{1.8.4}$$

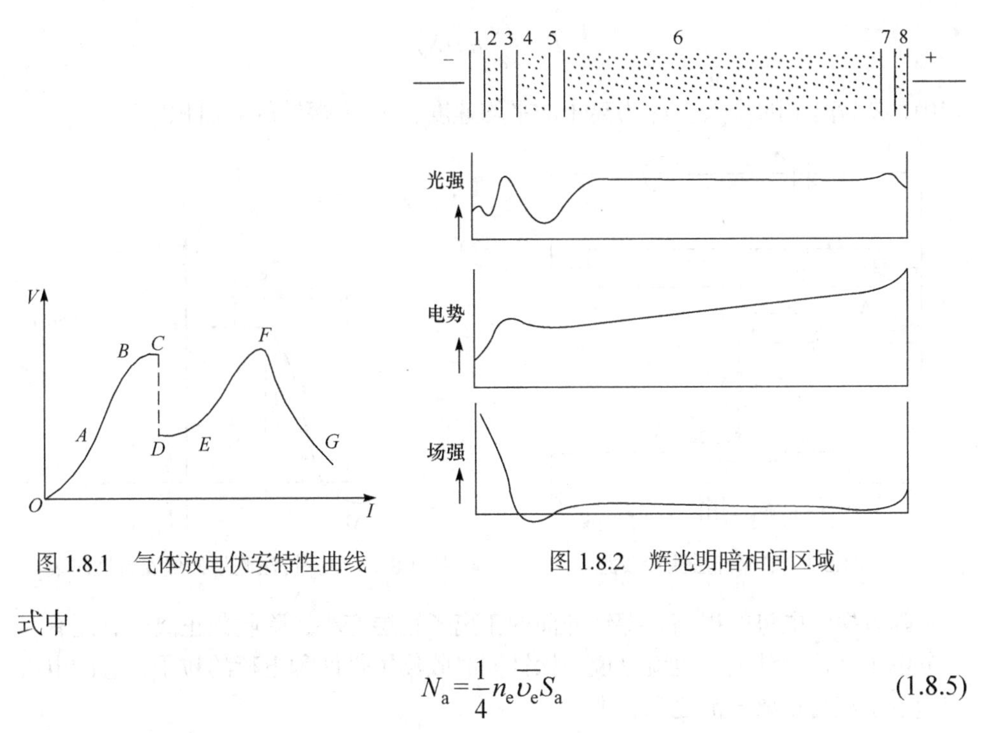

图 1.8.1　气体放电伏安特性曲线

图 1.8.2　辉光明暗相间区域

式中

$$N_{\mathrm{a}}=\frac{1}{4}n_{\mathrm{e}}\overline{\upsilon_{\mathrm{e}}}S_{\mathrm{a}} \tag{1.8.5}$$

其中，S_{a}为阳极板面积，$\overline{\upsilon_{\mathrm{e}}}$为电子的平均速度.

静电探针法测量等离子体参量是朗缪尔提出的，又称朗缪尔探针法，它包括单探针法和双探针法.

单探针法测量线路如图 1.8.3 所示，A 为阳极，K 为阴极，P 为探针，它是以阳极 A 为参考电势，改变阳极附近探针 P 的电势就可以得到探针上电压和电流的关系. 刚开始探针未加电压，等离子体内电子的平均热运动速度远大于正离子的速度，因而在单位时间内打在探针表面上的电子数目远大于离子数目，探针表面累积起了负电荷，电势相对于附近未被扰动的等离子体电势的差为负值. 这个负电势排斥电子吸收离子，使电子电流变小，离子电流变大，最后单位时间进入探针表面的正电荷数等于负电荷数，探针电流为零. 这是一种动态平衡，探针与附近等离子体的电势差也不再改变，我们称其为“悬浮电势”. 单探针法测量的伏安特性曲线如图 1.8.4 所示. 由测得的伏安特性曲线可以看出，探针 P 的电势很负时(即在曲线 N 区)，几乎所有的电子受到排斥而形成一个正离子鞘层，收集全部飞向探针方向的正离子，单位时间收集的正离子数目应为

$$N_{\mathrm{i}}=\frac{1}{4}n_{\mathrm{i}}\overline{\upsilon_{\mathrm{i}}}S_{\mathrm{P}}$$

那么，形成的离子流的大小为

$$I_{\mathrm{i}}=\frac{Ze}{4}n_{\mathrm{i}}\overline{\upsilon_{\mathrm{i}}}S_{\mathrm{P}}$$

式中，Z 为离子的价数，$\overline{\upsilon_{\mathrm{i}}}$ 为离子的平均速度，S_{P} 为探针的表面积.

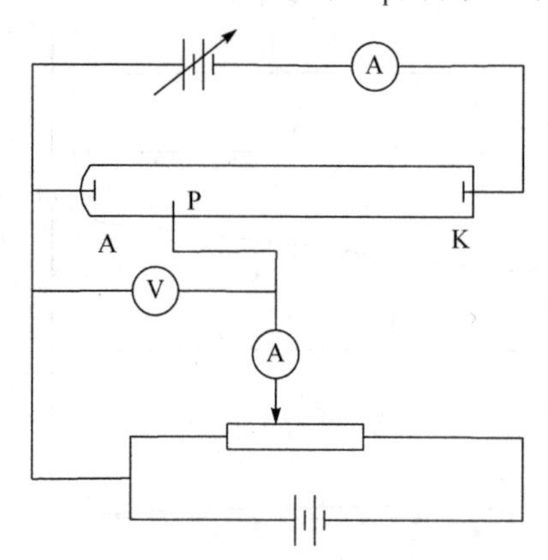

图 1.8.3 单探针法测量线路

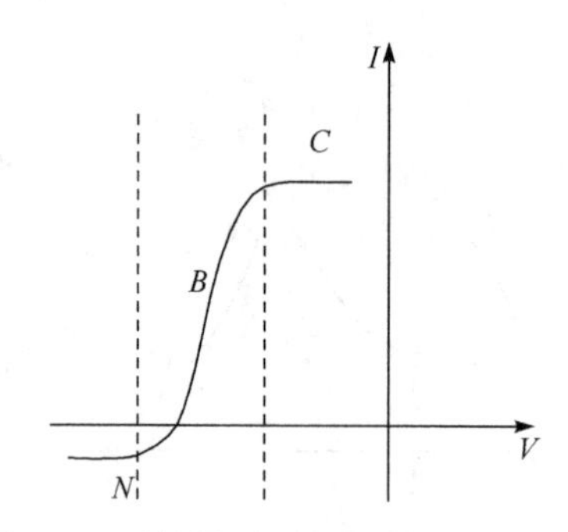

图 1.8.4 单探针法测量的伏安特性曲线

随着探针电势的提高，探针外面的正离子鞘层变小，除收集正离子，还有一部分电子到达探针上，也就是说，探针同时收集了带两种电荷的粒子，总的电流应为电子流与正离子流之和，即

$$I=I_{\mathrm{i}}-I_{\mathrm{e}} \tag{1.8.6}$$

式中，I_{e} 为电子流，它与离子流方向相反. 图 1.8.4 曲线的 B 区域表示了该电压范围的电流与电压的关系.

当探针电势和等离子体的空间电势相等时，正离子鞘消失，全部电子都能到达探针，此时电流达到饱和，并且随着探针电压的增加，理论上电流将不会增加. 图 1.8.4 曲线的 C 区域表示了该电压范围的电流与电压的关系. 但是，如果探针电势过高，会导致探针周围的气体被电离，使探针电流迅速增大，甚至烧毁探针.

探针法的理论只适用于 B 区域，下面讨论一下在 B 区域中电子流 I_{e} 的大小和空间电势的关系.

设等离子体内 X 点的空间电势为 V_X(图 1.8.3)，V 为施加在探针上的电压(相对阳极)，电子从阴极 K 向探针方向运动时必然会受到减速电势(V_X-V)的作用，只有电子能量大于势能 $e(V_X-V)$ 的那一部分电子能穿过鞘层到达探针上，并形成电子流. 当电子只受单方向电场作用时，根据麦克斯韦分布，单位体积内具有速度 υ_x 到 $\upsilon_x+\mathrm{d}\upsilon_x$ 的电子数 $\mathrm{d}n_{\mathrm{e}}$ 应为

$$\mathrm{d}n_{\mathrm{e}}=n_{\mathrm{e}}\left[\frac{m_{\mathrm{e}}}{2\pi kT_{\mathrm{e}}}\right]^{\frac{1}{2}}\mathrm{e}^{\frac{-m_{\mathrm{e}}\upsilon_x^2}{2kT_{\mathrm{e}}}}\mathrm{d}\upsilon_x \tag{1.8.7}$$

那么电子流 dI_e 为

$$dI_e = S_P e \upsilon_x dn_e \tag{1.8.8}$$

如果 υ_0 是电子能够达到探针上的最低速度，则总电子流可由式(1.8.7)代入式(1.8.8)，并从 $\upsilon_0 \to \infty$ 积分得到

$$I_e = S_P n_e e \left[\frac{2\pi m_e}{kT_e}\right]^{-\frac{1}{2}} e^{\frac{-m_e \upsilon_0^2}{2kT_e}} \tag{1.8.9}$$

由于

$$\frac{1}{2} m_e \upsilon_0^2 = e(V_X - V)$$

将上式代入式(1.8.9)得

$$I_e = S_P n_e e \left[\frac{kT_e}{2\pi m_e}\right]^{\frac{1}{2}} e^{\frac{-e(V_X - V)}{kT_e}} \tag{1.8.10}$$

令 I_{es} 为饱和电子流

$$I_{es} = S_P e n_e \left(\frac{kT_e}{2\pi m_e}\right)^{\frac{1}{2}} \tag{1.8.11}$$

那么，总电子流可以写成

$$I_e = I_{es} e^{\frac{-e(V_X - V)}{kT_e}} \tag{1.8.12}$$

两边取对数后可得到

$$\ln I_e = \frac{e}{kT_e} V + \ln I_{es} - \frac{e}{kT_e} V_X \tag{1.8.13}$$

令

$$C = \ln I_{es} - \frac{e}{kT_e} V_X \tag{1.8.14}$$

则

$$\ln I_e = \frac{e}{kT_e} V + C \tag{1.8.15}$$

由式(1.8.14)可以看出 C 为常数，再令 $\tan\theta = \frac{e}{kT_e}$，那么 $\tan\theta$ 即为 $\ln I_e$ 和 V 关系直线的斜率. 因此，如果能从实验中测出探针相对阳极的电压 V 与收集的电子流之间的关系并直线化，再计算出 $\tan\theta$ 值，便可以知道电子温度.

如取 $e=1.6\times10^{-19}$C，$k=1.38\times10^{-23}$J/K，则电子温度表示为

$$T_e=\frac{e}{k\tan\theta}=\frac{11600}{\tan\theta}(\mathrm{K}) \tag{1.8.16}$$

当探针上所加的电压值与 X 点的空间电势相同时，离子鞘层完全消失，$\ln I_e$-V 关系曲线发生转折，转折点对应的电流为饱和电子流 I_{es}，由公式(1.8.11)可知电子密度 n_e 为

$$n_e=\frac{I_{es}}{eS_P}\sqrt{\frac{2\pi m_e}{kT_e}} \tag{1.8.17}$$

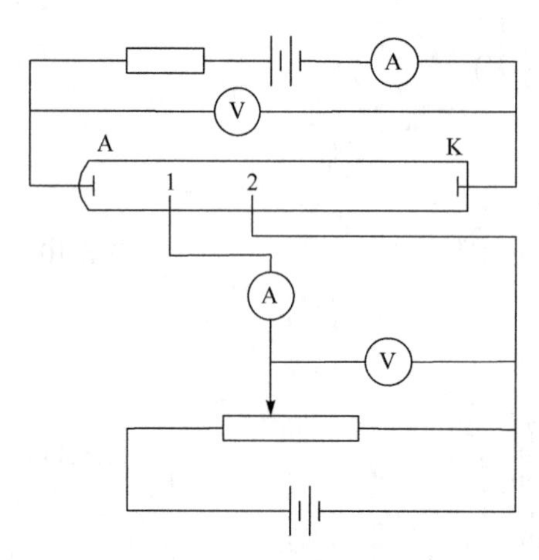

图 1.8.5 双探针法测量线路

一般来讲，电子流达到饱和状态后，不应随电压的提高而变化，事实上，由于探针的电压破坏了等离子体放电的状态，电子流没有出现明显的饱和拐点，准确地测定 I_{es} 比较困难，所以应用较多的还是双探针法.

双探针法是在气体等离子放电管阳极附近装有两个悬浮的探针 1 和 2(图 1.8.5)，探针间具有一定的距离，探针间的电压能够调节，从测得的放电管处于稳定状态下的两探针的伏安特性，计算出电子密度和电子温度.

单探针法中，外加探针电压必须有阳极作参考电势，双探针法中不需要参考电势，只需测得两个探针各自的饱和离子流. 饱和离子流的大小与探针的表面积成正比

$$\frac{I_{1+}}{I_{2+}}=\frac{S_1}{S_2} \tag{1.8.18}$$

式中，I_{1+}和 I_{2+}分别表示探针 1 和探针 2 上收集的饱和离子流，图 1.8.6 是两探针间的伏安特性曲线. 图中 I'为理论坐标轴，I 为实际坐标轴，O'为理论原点，O 为实际原点. 这一曲线比起单探针曲线，测量的是饱和离子流，因为探针、等离子体、电源三者构成一个闭合回路，从等离子体中流进探针 2(或 1)的电流必然准确地等于由探针 1(或 2)流出而达到等离子体的电流. 流入每个探针的最大电流将是它的饱和离子流，所以，双探针法中电

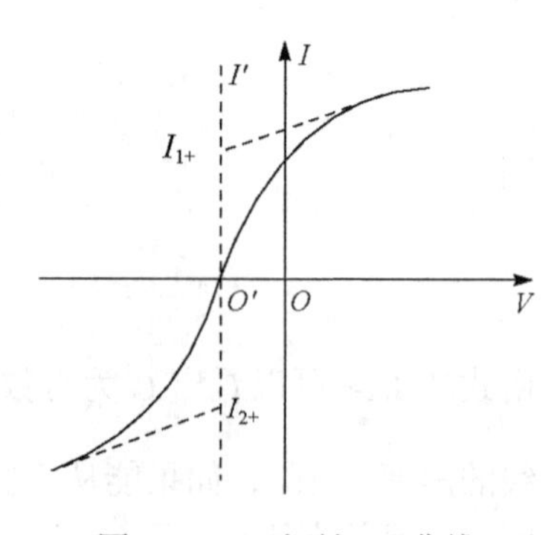

图 1.8.6 双探针 V-I 曲线

子流被饱和离子电流所限制，也就是说，流向系统的总电流低于饱和离子电流，这样就不会对气体放电产生干扰.

假定 I_{1+}、I_{1-}、I_{2+}、I_{2-}分别表示探针 1 和探针 2 的离子流和电子流(如流入探针为正，流出为负)，那么对于任意给定电压 V，系统的悬浮条件为

$$I_{1+}+I_{2+}-I_{1-}-I_{2-}=0 \tag{1.8.19}$$

则外回路的电流为

$$I_{2+}-I_{2-}-(I_{1+}-I_{1-})=2I \tag{1.8.20}$$

再规定等离子体内电流流动的方向为由探针 1 流到探针 2，则有

$$I=I_{1-}-I_{1+}=I_{2+}-I_{2-} \tag{1.8.21}$$

电子的速度分布服从麦克斯韦分布，由单探针法的式(1.8.10)知

$$I_{1-}=A_1 j\mathrm{e}^{\frac{eV_1}{kT}}$$

$$I_{2-}=A_2 j\mathrm{e}^{\frac{eV_2}{kT}}$$

令

$$j=n_\mathrm{e}e\left[\frac{kT_\mathrm{e}}{2\pi m_\mathrm{e}}\right]^{\frac{1}{2}}\mathrm{e}^{-\frac{eV_X}{kT_\mathrm{e}}}$$

若假定 $I_{1+}(I_{2+})$与 $V_1(V_2)$无关，计算在原点处$\dfrac{\mathrm{d}I}{\mathrm{d}V}$有

$$\frac{\mathrm{d}I}{\mathrm{d}V}=\frac{\mathrm{d}I_{1-}}{\mathrm{d}V_1}=-\frac{\mathrm{d}I_{2-}}{\mathrm{d}V_2}$$

由于 $V=V_1-V_2$，则 $\mathrm{d}V=\mathrm{d}V_1-\mathrm{d}V_2$ 或$\dfrac{\mathrm{d}V_1}{\mathrm{d}V}-\dfrac{\mathrm{d}V_2}{\mathrm{d}V}=1$，因此

$$\frac{\mathrm{d}I}{\mathrm{d}V}=\frac{\mathrm{d}I_{1-}}{\mathrm{d}V_1}\frac{\mathrm{d}V_1}{\mathrm{d}V}=-\frac{\mathrm{d}I_{2-}}{\mathrm{d}V_2}\frac{\mathrm{d}V_2}{\mathrm{d}V} \tag{1.8.22}$$

当 $V=0$ 时(即 $V_1=V_2$)得

$$\left.\frac{\mathrm{d}V_1}{\mathrm{d}V}\right|_{V=0}=\frac{\dfrac{\mathrm{d}I_{2-}}{\mathrm{d}V_2}}{\dfrac{\mathrm{d}I_{1-}}{\mathrm{d}V_1}+\dfrac{\mathrm{d}I_{2-}}{\mathrm{d}V_2}}=\frac{A_2}{A_1+A_2} \tag{1.8.23}$$

$$\left.\frac{\mathrm{d}I}{\mathrm{d}V}\right|_{V=0}=\frac{I_{1+}I_{2+}}{I_{1+}+I_{2+}}\frac{e}{kT_\mathrm{e}} \tag{1.8.24}$$

求出电子温度为

$$T_e = \frac{I_{1+}I_{2+}}{I_{1+}+I_{2+}}\frac{e}{k}\frac{1}{\left.\frac{dI}{dV}\right|_{V=0}} \tag{1.8.25}$$

这里，I_{1+}和I_{2+}分别为饱和离子流，可以在双探针 V-I 曲线(图 1.8.6)中，应用线性外推法计算出 I_{1+}、I_{2+}及$\left.\frac{dI}{dV}\right|_{V=0}$，代入式(1.8.25)，求出 T_e. $\left.\frac{dI}{dV}\right|_{V=0}$是 V-I 曲线在 V=0 处的斜率. 而饱和离子流的近似公式为

$$I_+ = Sen_e\frac{1}{2}\sqrt{\frac{kT_e}{m_+}} \tag{1.8.26}$$

m_+为离子的质量，因此电子密度为

$$n_e = \frac{2I_+}{Se}\sqrt{\frac{m_+}{kT_e}} \tag{1.8.27}$$

S 可以取 S_1 与 S_2 的平均值，饱和离子流 I_+也取 I_{1+}与 I_{2+}的算术平均值，I_{1+}与 I_{2+}不相等的主要因素是两探针的表面积不相等.

【实验仪器】

CSZ 型气体放电等离子实验仪是由真空系统、双探针气体放电管、稳压电源和探针电源集成于一体的实验仪器. 等离子体是物质存在的第四种状态，该仪器是利用放电的方法使气体电离，从而研究了解等离子体的产生以及有关物理参数和物理意义，该实验仪采用静电探针法可测定等离子体的电子温度和电子密度等物理参数. 实验仪操作界面如图 1.8.7 所示.

【实验内容】

1. 熟悉气体放电等离子实验仪，将仪器调整到工作状态

(1) 检查活塞真空阀是否处于放气状态(仪器面板上的真空阀手柄上端涂红点所对应的即为工作状态. 注意：真空阀只能沿顺时针方向旋进). “电压开关”处于下方的“O”；“探针电压调节”“放电管电压调节”旋钮逆时针旋至“0”.

(2) 打开真空泵开关，将真空阀门旋至抽空状态，抽 30min 以上，然后将真空阀旋至工作状态，关闭真空泵.

(3) 打开“放电”电压开关，缓慢按顺时针方向调节放电电压至 700～1200V，使得放电电流为 1～3mA. 如果没有放电，须退回放电电压调节旋钮，打开真空阀，沿顺时针方向旋至放气状态后，再旋至抽空状态，继续抽空，直至有放电电流为止.

(4) 在放电电流稳定的条件下即可正常工作，进行探针电压和电流的测量.

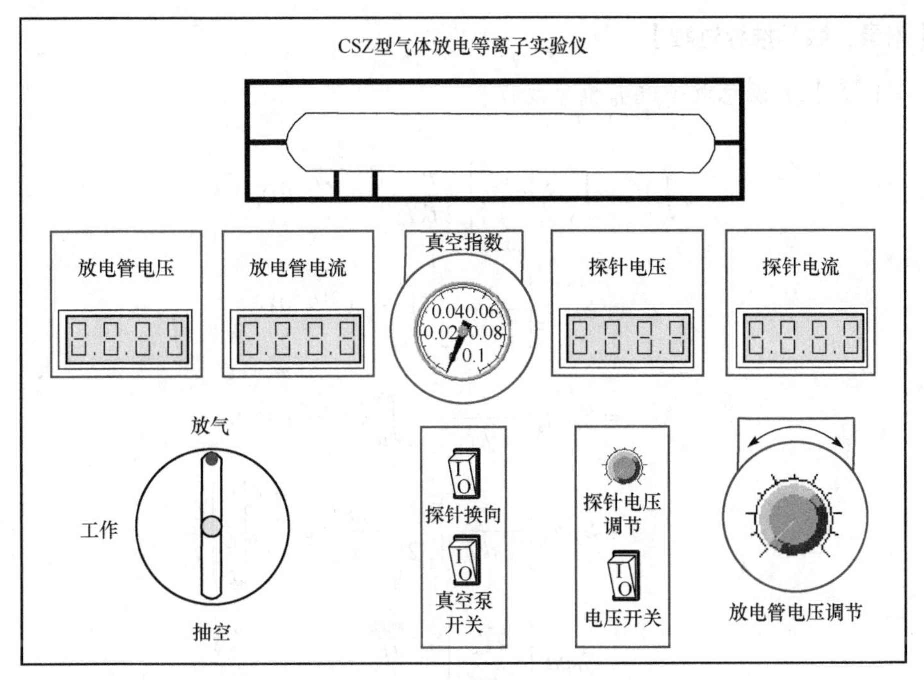

图 1.8.7　CSZ 型气体放电等离子实验仪操作界面图

2. 采用双探针法测量探针间的伏安曲线，根据公式计算出电子温度和电子密度

(1) 将“电压开关”拨到“1”状态；顺时针旋转“探针电压调节”旋钮，逐渐增加电压(每次增加 1V)至 150V，记录“探针电压”和“探针电流”的数据.

(2) 逆时针旋转“探针电压调节”旋钮，减少电压至 0V，然后将“探针换向”开关拨到“1”状态，顺时针旋转“探针电压调节”旋钮，逐渐增加电压(每次增加 1V)至 150V，记录“探针电压”和“探针电流”的数据.

(3) 根据数据绘制伏安曲线((1)步中电压为正，(2)步中电压为负)，根据作图法找到 I_{1+}与 I_{2+}，根据式(1.8.25)和式(1.8.27)分别计算出电子温度 T_e 和电子密度 n_e.

3. 关机

关机时应先将“探针电压调节”调至最小，“放电管电压调节”调至“0”位，然后关闭总电源. 缓慢将真空阀旋至放气状态，使放电管内压强与大气压相等.

【思考题】

(1) 气体放电中的等离子体有什么特征?

(2) 等离子体有哪些主要的参数?

(3) 探针法对探针有什么要求?

【附录：数学推导过程】

1. 单探针法总电子流 I_e 推导过程

$$\int \mathrm{d}I_e = \int_{\upsilon_0}^{\infty} S_P e \upsilon_x n_e \left[\frac{m_e}{2\pi k T_e}\right]^{\frac{1}{2}} e^{\frac{-m_e \upsilon_x^2}{2kT_e}} \mathrm{d}\upsilon_x$$

$$= S_P e n_e \left[\frac{m_e}{2\pi k T_e}\right]^{\frac{1}{2}} \int_{\upsilon_0}^{\infty} \upsilon_x e^{\frac{-m_e \upsilon_x^2}{2kT_e}} \mathrm{d}\upsilon_x$$

$$= S_P e n_e \left[\frac{m_e}{2\pi k T_e}\right]^{\frac{1}{2}} \frac{1}{2} \int_{\upsilon_0}^{\infty} e^{\frac{-m_e \upsilon_x^2}{2kT_e}} \mathrm{d}\upsilon_x^2$$

$$= S_P e n_e \left[\frac{m_e}{2\pi k T_e}\right]^{\frac{1}{2}} \frac{1}{2} \left(-\frac{2kT_e}{m_e} e^{\frac{-m_e \upsilon_x^2}{2kT_e}} \Bigg|_{\upsilon_0}^{\infty} \right)$$

$$= S_P e n_e \left[\frac{kT_e}{2\pi m_e}\right]^{\frac{1}{2}} e^{\frac{-m_e \upsilon_0^2}{2kT_e}}$$

2. 双探针法 $\left.\frac{\mathrm{d}V_1}{\mathrm{d}V}\right|_{V=0}$、$\left.\frac{\mathrm{d}I}{\mathrm{d}V}\right|_{V=0}$ 推导过程

已知

$$I_{2-} = S_2 j e^{\frac{eV_2}{kT_e}} \tag{1}$$

$$I_{1-} = S_1 j e^{\frac{eV_1}{kT_e}} \tag{2}$$

$$I = I_{1-} - I_{1+} = I_{2+} - I_{2-} \tag{3}$$

$$\frac{\mathrm{d}I}{\mathrm{d}V} = \frac{\mathrm{d}I_{1-}}{\mathrm{d}V} = -\frac{\mathrm{d}I_{2-}}{\mathrm{d}V} \tag{4}$$

$$\mathrm{d}V = \mathrm{d}V_1 - \mathrm{d}V_2 \tag{5}$$

$$\frac{\mathrm{d}I}{\mathrm{d}V} = \frac{\mathrm{d}I_{1-}}{\mathrm{d}V_1}\frac{\mathrm{d}V_1}{\mathrm{d}V} = -\frac{\mathrm{d}I_{2-}}{\mathrm{d}V_2}\frac{\mathrm{d}V_2}{\mathrm{d}V} \tag{6}$$

$$V_1 = V_2 \tag{7}$$

$$\frac{I_{1+}}{I_{2+}} = \frac{S_1}{S_2} \tag{8}$$

由式(5)、式(6)可得

$$\frac{\mathrm{d}I_{1-}}{\mathrm{d}V_1}\frac{\mathrm{d}V_1}{\mathrm{d}V}=\frac{\mathrm{d}I_{2-}}{\mathrm{d}V_2-\mathrm{d}V_1} \tag{9}$$

则

$$\begin{aligned}\left.\frac{\mathrm{d}V_1}{\mathrm{d}V}\right|_{V=0}&=\frac{\mathrm{d}I_{2-}}{\frac{\mathrm{d}I_{1-}}{\mathrm{d}V_1}(\mathrm{d}V_2-\mathrm{d}V_1)}\\&=\frac{\frac{\mathrm{d}I_{2-}}{\mathrm{d}V_2}}{\frac{\mathrm{d}I_{1-}}{\mathrm{d}V_1}\left(1-\frac{\mathrm{d}V_1}{\mathrm{d}V_2}\right)}\\&=\frac{\frac{\mathrm{d}I_{2-}}{\mathrm{d}V_2}}{\frac{\mathrm{d}I_{1-}}{\mathrm{d}V_1}-\frac{\mathrm{d}I_{1-}}{\mathrm{d}V_2}}\end{aligned} \tag{10}$$

由式(4)可得 $\mathrm{d}I_{1-}=-\mathrm{d}I_{2-}$，代入式(10)可得

$$\left.\frac{\mathrm{d}V_1}{\mathrm{d}V}\right|_{V=0}=\frac{\frac{\mathrm{d}I_{2-}}{\mathrm{d}V_2}}{\frac{\mathrm{d}I_{1-}}{\mathrm{d}V_1}+\frac{\mathrm{d}I_{2-}}{\mathrm{d}V_2}} \tag{11}$$

将式(1)、式(2)代入式(11)得

$$\begin{aligned}\left.\frac{\mathrm{d}V_1}{\mathrm{d}V}\right|_{V=0}&=\frac{\frac{\mathrm{d}S_2 j\,\mathrm{e}^{\frac{eV_2}{kT_\mathrm{e}}}}{\mathrm{d}V_2}}{\frac{\mathrm{d}S_1 j\,\mathrm{e}^{\frac{eV_1}{kT_\mathrm{e}}}}{\mathrm{d}V_1}+\frac{\mathrm{d}S_2 j\,\mathrm{e}^{\frac{eV_2}{kT_\mathrm{e}}}}{\mathrm{d}V_2}}\\&=\frac{S_2 j\frac{e}{kT_\mathrm{e}}\mathrm{e}^{\frac{eV_2}{kT_\mathrm{e}}}}{S_1 j\frac{e}{kT_\mathrm{e}}\mathrm{e}^{\frac{eV_1}{kT_\mathrm{e}}}+S_2 j\frac{e}{kT_\mathrm{e}}\mathrm{e}^{\frac{eV_2}{kT_\mathrm{e}}}}\end{aligned} \tag{12}$$

式(7)要求 $V_1=V_2$，代入式(12)得

$$\left.\frac{\mathrm{d}V_1}{\mathrm{d}V}\right|_{V=0}=\frac{S_2}{S_1+S_2}$$

$$
\begin{aligned}
\left.\frac{\mathrm{d}I}{\mathrm{d}V}\right|_{V=0} &= \frac{\mathrm{d}I_{1-}}{\mathrm{d}V_1}\frac{\mathrm{d}V_1}{\mathrm{d}V} \\
&= \frac{\mathrm{d}I_{1-}}{\mathrm{d}V_1}\frac{S_2}{S_1+S_2} \\
&= \frac{\mathrm{d}S_1 j \mathrm{e}^{\frac{eV_1}{kT_\mathrm{e}}}}{\mathrm{d}V_1}\frac{S_2}{S_1+S_2} \\
&= \frac{S_2}{S_1+S_2}\frac{e}{kT_\mathrm{e}}S_1 j \mathrm{e}^{\frac{eV_1}{kT_\mathrm{e}}} \\
&= \frac{S_2}{S_1+S_2}\frac{e}{kT_\mathrm{e}}I_{1-}
\end{aligned}
\tag{13}
$$

在理想状态下，V=0，I=0，即曲线通过坐标原点，根据式(3)得 $I_{1-}=I_{1+}$，代入式(13)得

$$
\left.\frac{\mathrm{d}I}{\mathrm{d}V}\right|_{V=0} = \frac{S_2 I_{1+}}{S_1+S_2}\frac{e}{kT_\mathrm{e}} \tag{14}
$$

将式(8)代入式(14)得

$$
\left.\frac{\mathrm{d}I}{\mathrm{d}V}\right|_{V=0} = \frac{I_{1+}I_{2+}}{I_{1+}+I_{2+}}\frac{e}{kT_\mathrm{e}} \tag{15}
$$

1.9 全 息 照 相

全息照相

全息技术最初由英国科学家丹尼斯 · 伽博(Dennis Gabor)于 1947 年提出，继而在 1962 年美国科学家利思(Leith)提出了离轴全息图以后，全息技术的研究日趋广泛深入，逐渐开辟了全息应用的新领域，成为近代光学的重要分支.

【实验目的】

(1) 了解全息照相的基本原理，熟悉制作全息图的基本条件.
(2) 学习全息照相的实验技术，了解全息照相的基本特性，拍摄合格的全息图.
(3) 掌握全息照相的记录和再现技术.

【实验原理】

全息照相的原理与普通照相根本不同，普通照相是以光的直线传播，光的反射、折射等几何光学规律为基础，只能记录物体发出的光强(即振幅信息)，故是平面像. 全息照相是以光的干涉和衍射等物理光学规律为基础，能同时记录物体光波的振幅和相位(即全部信息)，故是三维立体像. 全息照相包含两个过程：第一，

利用波的干涉原理把物体光波的全部信息记录在感光材料上，称为记录(拍摄)过程；第二，利用所选定的光源照明已记录全部信息的感光材料，根据波的衍射原理，使其再现原始物体的过程，称为再现过程.

1. 激光再现全息照相(平面全息)

图 1.9.1 是激光全息照相记录过程中所使用的光路,相干性极好的氦氖激光器发出激光束光开关后，通过分束镜分成两束光：一束经平面镜反射，通过扩束镜，将光束扩大后，一部分光束均匀地照射到被摄物体上，经物体表面反射(或透射)后再照射到底片(实验中采用的是全息感光胶片)上，一般称这束光为物光；另一束经平面镜反射，再经过扩束镜后，直接均匀地照射到全息感光胶片上，一般称这束光为参考光. 这两部分光束在胶片上叠加干涉，出现了许多明暗不同的条纹、小环和斑点等干涉图样，被胶片曝光记录下来，再经过线性冲洗，成了一张有干涉条纹的“全息照片”(或称全息图). 干涉图样的形状反映了物光和参考光之间的相位关系，干涉条纹明暗对比程度(称为反差)反映了光的强度，干涉条纹的疏密则反映了物光和参考光的夹角情况.

人之所以能看到物体，是因为从物体发出或反射的光波被人的眼睛所接收. 所以，如果想要从全息图上看原来物体的像，直接观察是看不到的，只能看到复杂的干涉条纹. 要看到原来物体的像，必须使全息图再现原来物体发出的光波，这个过程就称为全息图的再现过程，它所利用的是光的衍射原理.

再现过程的观察光路如图 1.9.2 所示，一束特定方向或与原来参考光方向相同的激光束(通常称为再现光)照射全息图. 全息图上每一组干涉条纹相当于一个复杂的光栅，按光的衍射原理，再现光将发生衍射，其+1 级衍射光是发散光，与物体在原来位置时发出的光波完全一样，将形成一个虚像，与原物体完全相同，称为真像；–1 级衍射光是会聚光，将形成一个共轭实像，称为赝像. 当沿着衍射方向透过全息图朝原来被摄物的方位观察时，就可以看到那个逼真的三维立体图像(真像).

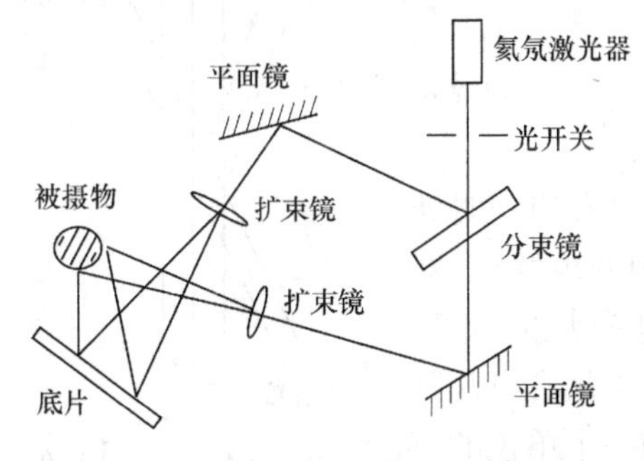

图 1.9.1　激光全息照相记录的光路图

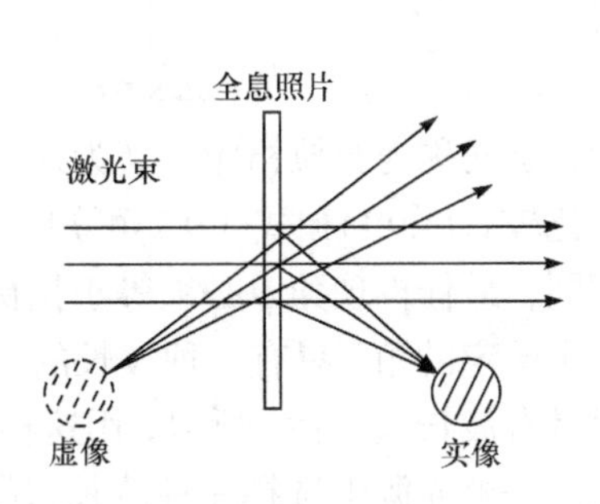

图 1.9.2　全息图的再现

2. 白光再现全息照相(体全息)

由于记录时物点和参考点源位于全息干板的两侧，考虑到干板的感光层有一定的厚度，因而形成的干涉场曲面与干板平面几乎是平行的. 再现时照明光与再现的物光波在全息图的两侧，观察者必须背着照明光方向方可看到再现的像，故称为反射体全息. 反射体全息对再现波长极其敏感，只有用记录波长再现时，才能满足布拉格条件得到像，这样就可以实现白光再现得到其单色像，故通常用于白光再现的全息图称为反射全息图. 反射全息图实际上是一个三维全息图. 如图 1.9.3 所示，在反射全息图制作中，参考光和物光分别从全息干板的正反两面照射，在物光束和参考光束相干光重叠的区域，都将发生干涉现象，以两束平行光的干涉为例，形成的条纹平行于两束光的夹角的角平分线. 也就是说，在三维空间内产生干涉条纹，如果将具有很厚感光层的全息干板置于干涉区域(其厚度比干涉区域内干涉条纹的间距还大很多)，就能在感光层中形成平行于感光面的一层一层的银粒密度分布，它对应于三维的干涉条纹. 这种记录了三维干涉条纹的全息干板，即称为三维全息照片或者体全息照片.

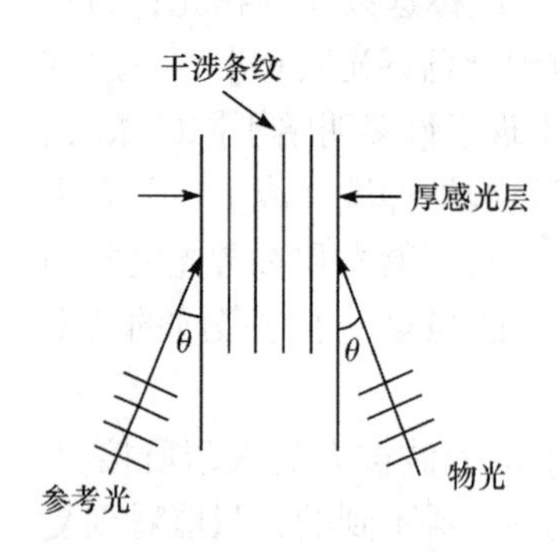

图 1.9.3　干涉条纹的产生图

照相底片经线性冲洗后，在干涉极大处银密度较高，形成了高密度的银粒层，也是一个类似镜面的小反射平面，称为布拉格平面. 设相邻两布拉格面之间的距离为d，则根据平行光的干涉理论可得

$$d = \lambda / (2\sin\theta) \tag{1.9.1}$$

其中，λ为参考光和物光的波长.

再现时，如图 1.9.4 所示，用一平面波来照射，在含有布拉格平面的厚感光层中，由于布拉格平面反射形成再现光，由相干加强条件可得

$$2d\sin\varphi = \lambda \tag{1.9.2}$$

式中，φ又称为布拉格角，λ为入射光波长.

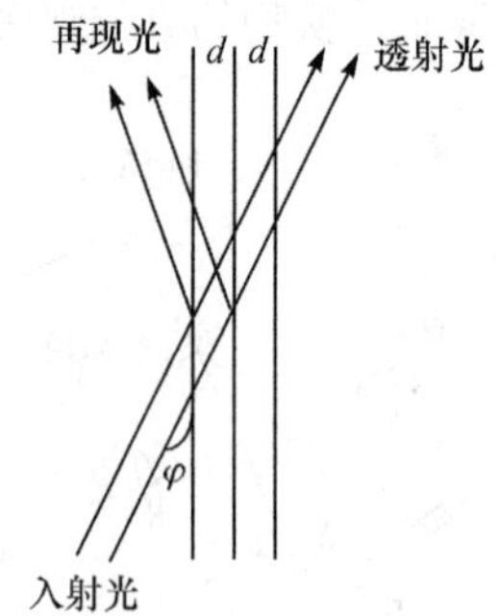

图 1.9.4　布拉格反射

比较式(1.9.1)和式(1.9.2)可知，如果记录和再现时波长相同，最佳再现角φ必须等于拍摄时所用的角度θ. 对于一个给定的角，只有一种波长的反射率是最大的. 这种反射具有波长选择性，所以，用这种方法可以从含有几种波长的一个光源中选择一种波长，从而得到一个单色的再现像，这就是白光再现全息图的原理.

由式(1.9.1)可知，当$\theta = 90°$时，布拉格平面间距d最小，应等于$\lambda/2$. 由于

可见光的波长约为 0.5μm，而感光层的厚度应该比间距 d 大得多，因此在厚度为 10～20μm 的感光层中，就可以记录多达 40～80 个布拉格平面. 这个数目足以记录一张反射全息图并以白光再现. 如果用更厚一点的感光层来增加布拉格平面的数量，则可进一步改善再现像的质量.

拍摄反射全息图的光路如图 1.9.5 所示，扩束后的激光束从具有厚感光乳剂层的全息干板的背面照在全息干板上作为参考光. 透过干板的光束照射到被拍摄物体上，经物体漫反射回来的光作为物光，从全息干板的前面射到干板上. 物光和参考光的夹角为 180°，由于常用感光乳剂材料的透过率为 30%～50%，因而适合于拍摄表面漫反射强的物体，否则很难满足参考光与物光的分束比要求. 被拍摄物体与全息干板之间的距离通常被控制在 1 cm 以内，感光乳剂层朝向拍摄物体的目的是减小物光和参考光的光程差，且尽量使物面大致平行于全息干板.

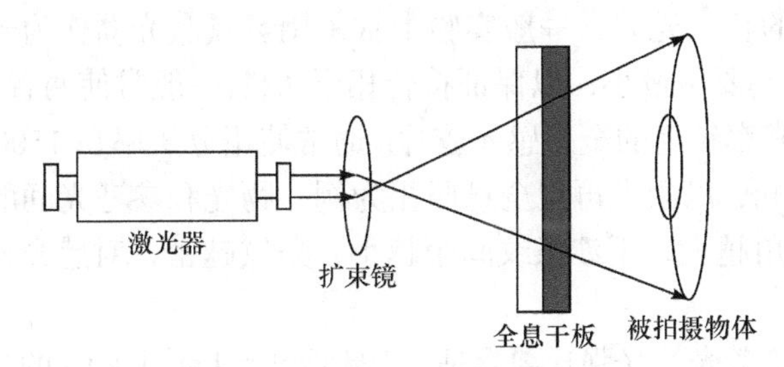

图 1.9.5　拍摄反射全息图的光路

再现时，乳剂面朝上(对着白光)可看到再现实像，乳剂面朝下(背着光)则可看到再现虚像.

3. 全息图的主要特点和应用

(1) 全息图的立体视觉特性：全息图再现的被摄物体是一幅完全逼真的三维立体图像，因此，当移动眼睛从不同角度去观察时，就好像面对原物体一样，可看到原来被遮住的侧面.

(2) 全息图的可分割性：全息图上的任一小区域都分别记录了从不同物点发出的物光信息. 因此，通过全息图的任一碎片仍能再现出物体完整的像.

(3) 全息图的多重记录性：在一次全息照相拍摄曝光后，只要稍微改变感光胶片的方位，例如，转过一定角度，或改变参考光的入射方向，就可以在一张感光胶片上进行第二次、第三次的重叠记录. 再现时，只要适当转动全息图即可获得各自独立，互不干扰的图像.

由于全息照相技术具有上述独特之处，所以，在许多领域中已得到较广泛的应用. 例如，利用全息图的立体视觉特性，可作三维显示、立体广告、立体电影、立体电视等，利用全息图的可分割性和多重记录特性，可作信息存储、全息干涉计量、无损检测和测量位移等.

4. 全息照相的技术要求

为了拍摄符合要求的全息图，对拍摄系统有一定的技术要求：

(1) 对于全息照相的光学系统，要求有特别高的机械稳定性. 如果物光和参考光的光程稍有不规则的变化，就会使干涉图样模糊不清. 地面振动而引起工作台面的振动，光学元件及物体夹得不牢固而引起的抖动，强烈声波振动而引起空气密度的变化等，都会引起干涉条纹的不规则漂移而使图像模糊，因此，拍摄系统必须安装在具有防振装置的平台上，系统中光学元件和各种支架都要用磁钢牢固地吸在钢板上. 在曝光过程中，人们不要走动，不要高声说话，以保证干涉条纹无漂移.

(2) 要有好的相干光源，一般实验中常采用氦氖激光器作为光源，同时物光和参考光的光程差要尽量小，以保证符合相干条件(一般常使两者光程大致相等).

(3) 要有分辨率较高的全息感光胶片. 通常使用分辨率在 1500～2000 线每毫米的感光胶片即可. 以激光再现全息照相为例，物光和参考光间的夹角常常要小于 45°，因为夹角越大，干涉条纹间距越小，条纹越密，对感光材料分辨率的要求也越高.

(4) 物光和参考光的光强比要合适. 一般取 1：4 到 1：15 的光强比，均能得到较为满意的全息照片.

【实验仪器】

FD-LHL-A 激光全息实验仪控制主机包括激光功率计、曝光定时器、激光电源，面板示意图如图 1.9.6 所示，激光全息减振平台用于安装各种光学元件，如氦氖激光器、电子快门、反射镜(三维可调)、扩束镜、干板固定架及载物台，激光功率探测器用于测量扩束后截面各点光强. 白炽灯光源用于再现过程，四个冲洗器皿、异丙醇、量桶、竹夹、电吹风、玻璃刀等用于全息干板的切割与冲洗.

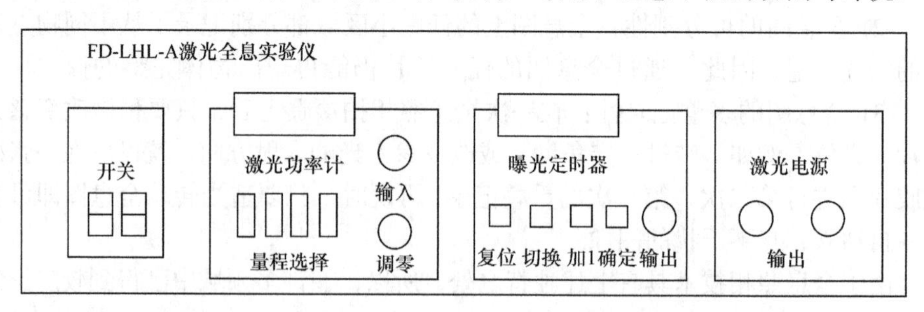

图 1.9.6 FD-LHL-A 激光全息实验仪面板示意图

【实验内容】

体全息(白光再现全息)照片的拍摄.

(1) 配制药水(异丙醇水溶液，浓度 40%、60%、80%、100%各一份)，然后分别置于 4 只器皿中，尽量做好标记，以防止冲洗干板时搞错.

(2) 在避免红色光直射的环境中，裁切尺寸为 50mm×40mm 左右的干板，并遮红光包装.

(3) 光路调整和拍摄(按图 1.9.7 布置光路进行拍摄). 要求使光路中各光学元件的光学中心共铀，具体方法如下.

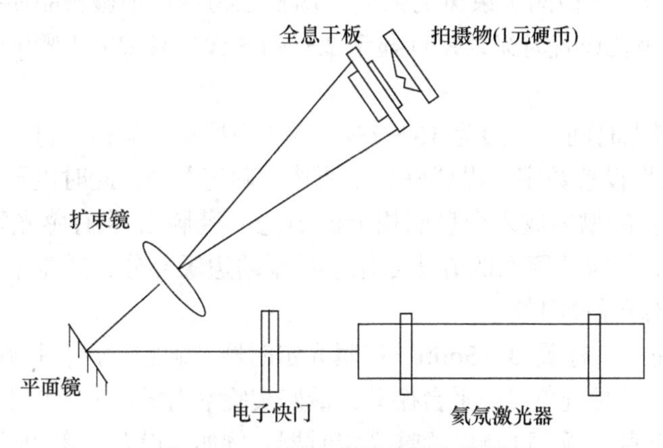

图 1.9.7　拍摄全息照片的光路图

(a) 先固定氦氖激光器的高度，使激光束的高度大致满足该平台实验的要求.

(b) 用连接线将电子快门与曝光定时器相连，将光电探测器与实验仪主机上的激光功率计相连，将激光器电源线与控制主机上激光器电源相连，**注意：红色插头接入红色孔，黑色插头接入黑色孔，千万不能接错**，以免损坏氦氖激光器，接通主机电源.

(c) 调节激光束使之与台面平行，反复调节激光管夹架，用带孔光屏测量激光束前后两点，要求两次都能够完整通过小孔.

(d) 放入反射镜并调整之，使光束经反射镜的反射光与激光器的光束等高，并用带孔光屏检查反射光的前后两点.(注意：调节步骤(b)、(c)过程可能要反复多次进行.)

(e) 激光器出口附近放上电子快门，按曝光定时器上的“复位”键，使电子快门通光. 调整电子快门并使激光束处于电子快门的进出光孔中央，接着按动“确定”键(按动“复位”键后再按“确定”键可以实现电子快门的关断)，试验快门对激光束的关断能力，确定可以后按动“切换”和“加 1”键设定曝光时间，再按“确定“键，试验曝光定时器对电子快门的固定时间控制能力，确定无误后即可以完成后面实验.

(f) 安放扩束镜，使扩束镜尽量靠近平面镜，再用光屏检查光斑(激光束应该先进入扩束镜两端较大孔的一端，再从较小孔的一端出射，以避免衍射)，应是一个完整的高斯圆斑.

(g) 放载物台于扩束斑的线路上，在载物台上装有用小磁石吸附的凹凸立体图样的拍摄物品(如 1 元硬币等)，打开电子快门，让扩束斑照射拍摄物品上，调整载物台，使拍摄样品正对激光光束. (要求激光束完全照射到硬币，建议激光束直径为硬币直径的 2 倍.)

(h) 用光功率计检测扩束斑的强度，调整载物台及拍摄物品使扩束斑的光强满足光阑第四小孔设置时**光功率计显示 2.5～4.5μW**. (注意：步骤(g)、(h)需要反复调节.)

(i) 设置曝光时间，**一般为 15～25s**，方法为按动“切换”键设置位数，按动“加 1”键，循环设置数字，设置好后不要按“确定”键，此时电子快门处于关断状态，在载物台的槽内放入全息照相干板(注意：药膜面(涂有感光乳剂的表面)应朝向拍摄物品. 分辨药膜面的方法是用手摸干的边缘部分，感觉不光滑的一面是药膜面)，将螺钉轻轻固紧.

(j) 安装完毕，**静置 3～5min**，按曝光定时器“确定”键，打开快门. 曝光一定时间. 注意曝光时避免实验平台振动，最好实验室内操作人员也不要来回走动.

(k) 取出全息干板. 重新设置曝光定时器，例如，设置“1000s”按动“确定”键，此时曝光定时器作为电子秒表计使用.

(4) 白光再现全息照片的显影、定影处理.

(a) 将拍好的全息干板按 40%→100%次序依次放入配好的异丙醇溶液中脱水显影，**浸泡时间为(供参考)：40%溶液——10s，60%溶液——60s，80%溶液——15s，100%溶液——150s 左右**，浸至出现彩色影像. (注意：浸入 100%溶液中时须经常注意是否有彩色衍射花纹出现.)

(b) 当彩色影像出现后，即取出，用吹风机热风吹干，并在白炽灯下随时观察. 当吹干到某一程度时，即会观察到白光再现的立体图像，此时即可停止吹风.

(c) 保存处理：将干净的薄玻璃板紧贴住全息照片药膜面，四周用环氧胶或硅胶封闭，以防干板药膜受潮而使图像消失. (实验室内一般完成立体图像后，即可以交给教师检查实验情况，故不加以做保存处理.)

(5) 全息再现：再现的虚像是由全息图的反射光形成的. 处理好的全息照片在白光照射下，按一定角度观察，即可看到所拍摄的立体图像.

【注意事项】

(1) 切全息干板时尽量避免强光，并尽量放置在干燥环境下.

(2) 拍摄前的光路调整应该按照光路前进的顺序来调整各部件.

(3) 尽量把反射镜放置在靠近平台边缘，便于为载物台的调节留出较大空间.

(4) 尽量把扩束镜靠向反射镜，原因同上.

(5) 扩束斑要调成光强均匀的圆斑，直径尽量大于硬币的两倍，硬币放置在光斑中心，并且圆斑最好是在激光束的原始线路上.

(6) 测光强时需要测量硬币所在位置圆斑的最大光强.

(7) 平台静置期间，最好不要干扰平台及桌子.

(8) 严格遵守 40%、60%、80%三种异丙醇溶液的冲洗时间.

(9) 触摸全息干板两面边缘，粗面为药物面，光滑面为玻璃面.

(10) 在每种溶液浸泡期间，干板要药物面朝下，悬浮在液体中，并且时刻晃动着，以使反应充分.

(11) 干板从一种溶液换到下一种溶液时，要尽量快速，以避免前一种的反应时间延长.

(12) 显影时最难把握的是 100%溶液中的情况，可以参考如下经验.

(a) 浸在 100%异丙醇溶液中 80s 左右，会呈现隐约的影像，对着日光灯可看得更加清晰.

(b) 在下列情况下，即可以完成 100%的冲洗.

(i) 整个像的各个部位完全呈现，且全部为绿色，此乃最佳效果，用电吹风吹干药物面即可以.

(ii) 若长时间(大于 180s)没有完整的影像，也可取出，此情况可以通过电吹风来处理，整个显影过程，图像是由红色→绿色→蓝色→紫色来过渡的，最终消失，但我们只要求呈现绿色，且没有达到蓝色即停止. 注：整个步骤中，浸在 100%异丙醇溶液中的过程，对于初作者较难掌握，希望慢慢总结并积累经验.

(13) 用电吹风吹干干板的药物面，并在日光灯下随时观察，要求把影像吹成绿色及吹干干板上的液体，注意电吹风不能直接长时间地对着药物面，可晃动着，用流动的风吹.

【思考题】

(1) 全息照相与普通照相有哪些不同？全息图的主要特点是什么？

(2) 为什么反射全息图可以用白光来再现？

(3) 三维全息图和平面全息图的主要区别是什么？

(4) 绘出拍摄全息图的基本光路，说明拍摄时的技术要求.

(5) 为什么在拍摄全息图时，需要考虑参考光束与物光光束的光强比？

1.10 迈克耳孙干涉仪

1887 年，波兰裔美国籍物理学家阿尔伯特·亚伯拉罕·迈克耳孙(Albert Abraham Michelson)与美国物理学家、化学家爱德华·莫雷(Edward Morley)用迈克耳孙发明的迈克耳孙干涉仪合作完成了著名的迈克耳孙-莫雷实验,否定了以太的存在，为爱因斯坦狭义相对论的基本假设提供了实验依据. 1907 年迈克耳孙因精密光学仪器，以及借助它们所做的光谱学和计量学研究成为美国第一个物理诺贝尔奖获得者. 迈克耳孙干涉仪在天文学中有着广泛而重要的应用，例如，激光干涉引力波天文台(LIGO)就是借助于激光干涉仪来聆听来自宇宙深处的引力波的大型研究仪器，激光干涉空间天线(LISA)也应用了迈克耳孙干涉仪的原理. 如今，迈克耳孙干涉仪是光学领域里最常见的干涉仪，是近代物理学的重要实验仪器之一.

【实验目的】

(1) 掌握迈克耳孙干涉仪的原理、结构及其调节方法.

(2) 使用干涉仪测量钠黄光的波长和波长差.

【实验原理】

迈克耳孙干涉仪是一种根据分振幅干涉原理来实现双光束干涉现象的精密光学仪器，主要适于实验中观察光的干涉现象，如等厚、等倾、白光干涉条纹等，也可测定单色光波长、非单色光波长差、光源及滤光片相干长度等.

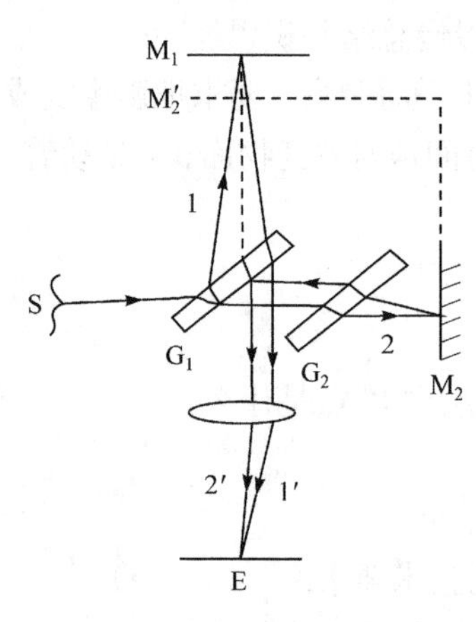

图 1.10.1 迈克耳孙干涉仪光路图

迈克耳孙干涉仪的光路如图 1.10.1 所示，其中 M_1 和 M_2 为在相互垂直的两臂上放置的相互垂直的平面反射镜，镜面均由光学平面镀金属反射膜制成，且 M_1 可沿臂轴方向移动. 在两臂轴相交处，放一个与两臂轴各成 45°的平行平面板 G_1，且 G_1 的背面镀有半反射膜(或称半透膜). 该膜的特点：它能将入射光分成振幅(或光强度)近于相等的一束反射光和一束透射光，称为分光板. 在 G_1、M_2 的臂上另加一块与分光板厚度和折射率均相同的平行平面板 G_2，它起到补偿光程的作用，称为补偿板.

图 1.10.1 中由扩展光源 S 发出的光线，射

到分光板 G_1 的半透膜处被分解成反射光1和透射光2，两光有近似相等的振幅或光强度. 1光垂直地射到平面反射镜 M_1 后，沿原路被反射回来且透过分光板 G_1 到达E处(1′)；2光通过补偿板 G_2 后垂直射到平面反射镜 M_2 上，沿原路被返回至分光板 G_1，且 G_1 上的半反射膜将光部分地反射到E处(2′). 这样1′光和2′光是相干光. E处是接收装置(眼睛或照相物镜等)，所以可以观察到(或拍摄到)干涉图样. 从以上分析可知：1光两次透过玻璃片 G_1，放置 G_2 的目的就是使2光也同样两次通过玻璃片 G_2，以避免1和2两束光的光程差过大，不满足相干条件. 因此，G_2 称为补偿板.

下面分析条纹产生的形状和原因. 为讨论方便，若 $M_2 \perp M_1$，不妨认为半反射膜使 M_2 在 M_1 附近形成一个平行于 M_1 的虚像 M_2'，因此，光线由 M_1 和 M_2 的反射可以认为是来自 M_2' 和 M_1 的反射. 这样，迈克耳孙干涉仪产生的干涉与厚度为 d 的空气平行平板的干涉一样，d 为虚像 M_2' 和平面镜 M_1 的间隔. 显然，自 M_2' 和 M_1 反射的两光的光程差为

$$\delta = 2d\cos i \tag{1.10.1}$$

i 为1光线在平面镜 M_1 上的入射角.

当 M_2' 和 M_1 完全平行，即 $M_1 \perp M_2$，所得到的干涉为等倾干涉，干涉条纹位于无限远或透镜焦面上，其条纹形状取决于具有相同入射角的光线在垂直于观察方向平面上的轨迹，如图1.10.2所示. 在光源平面S上，以 O 点为中心的圆周上各点发出的光有相同的倾角，因而干涉图样是由同心环状条纹组成的.

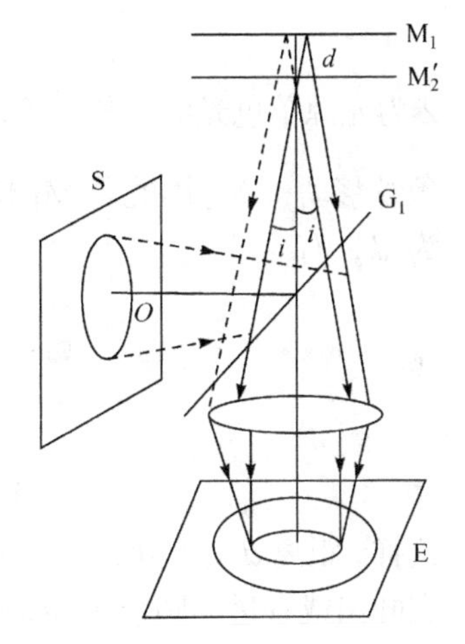

图1.10.2 产生干涉条纹的光路图

由干涉理论可知，1光和2光所经路径都经历两次半波损失，可以相互抵消，故两反射光的光程差为

$$\delta = 2d\cos i_k = \begin{cases} k\lambda, & \text{亮纹} \\ (2k+1)\dfrac{\lambda}{2}, & \text{暗纹} \end{cases} \quad k=0,1,2,\cdots \tag{1.10.2}$$

因此，第 k+1 级亮条纹满足

$$2d\cos i_{k+1} = (k+1)\lambda \tag{1.10.3}$$

比较式(1.10.2)和式(1.10.3)可发现：因为(k+1>k)，为了使式子满足条件，d 不变时只有 $i_k > i_{k+1}$，即高级次(k+1级)的干涉条纹在较低级次(k级)干涉条纹的内侧，越向边缘，干涉条纹的级次越小，这点同牛顿环干涉条纹正好相反.

平行的 M_2' 和 M_1 之间的距离 d 发生变化(M_1 是安置在可以转动的精密螺旋导

轨上，以改变空气层 d 的厚度)，会使条纹级次发生变化. 若 d 逐渐增大，对于任一级干涉条纹，如第 k 级，它必须以减小其 $\cos i_k$ 值来保持满足 $2d\cos i_k = k\lambda$，故条纹向 i_k 变大($\cos i_k$ 变小)的方向移动. 这样，条纹向外扩展，中心处条纹向外扩张，间隔 d 每加 $\frac{\lambda}{2}$，中心处向外冒出一个条纹. 所以间隔 d 由小变大时，观察者可以看到自干涉条纹图样中心，条纹不断地涌出. 反之，间隔 d 由大变小时靠近中心的条纹将一个一个地“陷入”中心，且每陷入一个条纹，间隔 d 改变也是 $\frac{\lambda}{2}$.

为了方便，现在考查环心处“暗点”光程差的变化，此位置光线的入射角 $i=0$，则 $\cos i=1$，所以光程差满足

$$\delta = 2d = \left(k + \frac{1}{2}\right)\lambda \tag{1.10.4}$$

λ 为光源单色光的波长. 当 δ 变化 λ(即 d 变化 $\frac{\lambda}{2}$)，环心又重复变成“暗点”，即条纹移动一次，因此若 M_1 和 M_2' 之间距离的变化为 Δd，则相应的条纹数目的变化为 Δk，有

$$2 \cdot \Delta d = \Delta k \cdot \lambda$$

或

$$\lambda = \frac{2 \cdot \Delta d}{\Delta k} \tag{1.10.5}$$

这样，距离 d 的变化同 k 及其光波波长 λ 就联系在一起了. 若改变 d 的大小，则会有吐出或吞进的圆形干涉条纹，因此，测出 M_1 和 M_2' 间隔 d 的变化 Δd 及相应条纹数目的变化 Δk，便可求得入射光的波长 λ.

干涉条纹的可见度分析如下.

实验过程中发现，在改变 d 的大小时，干涉条纹出现有时很清晰，有时很模糊，甚至有消失的现象. 条纹的清晰度常用条纹的可见度 γ 来量度. 例如，用钠光做光源，由于钠光是由两个波长相近的 λ_1 和 λ_2 的单色光组成的合成光束，在光场中两条接近的条纹相互非相干叠加，叠加后的强度 I 随光程差 δ 的变化为(参阅本实验的参考文献[1])

$$I(\delta) = I_0\left(1 + \cos\frac{2\pi\delta}{\lambda}\right) \tag{1.10.6}$$

其中，I_0 代表强度的平均值，因此，钠光的双线 λ_1 和 λ_2 产生的干涉强度分别为

$$I_1(\delta) = I_{10}\left(1 + \cos\frac{2\pi\delta}{\lambda_1}\right) \tag{1.10.7}$$

$$I_2(\delta)=I_{20}\left(1+\cos\frac{2\pi\delta}{\lambda_2}\right) \tag{1.10.8}$$

设两谱线强度的平均值相等即 $I_{10}=I_{20}=I_0$，非相干叠加的强度为公式

$$\begin{aligned} I(\delta) &= I_1(\delta)+I_2(\delta) \\ &= 2I_0\left\{1+\cos\left[\pi\left(\frac{1}{\lambda_1}-\frac{1}{\lambda_2}\right)\delta\right]\cos\left[\pi\left(\frac{1}{\lambda_1}+\frac{1}{\lambda_2}\right)\delta\right]\right\} \end{aligned} \tag{1.10.9}$$

干涉条纹的可见度

$$\gamma(\delta)=\left|\cos\left[\pi\left(\frac{1}{\lambda_1}-\frac{1}{\lambda_2}\right)\delta\right]\right| \tag{1.10.10}$$

图 1.10.3 画出 I_1、I_2 和 I、γ 随 δ 变化的曲线.

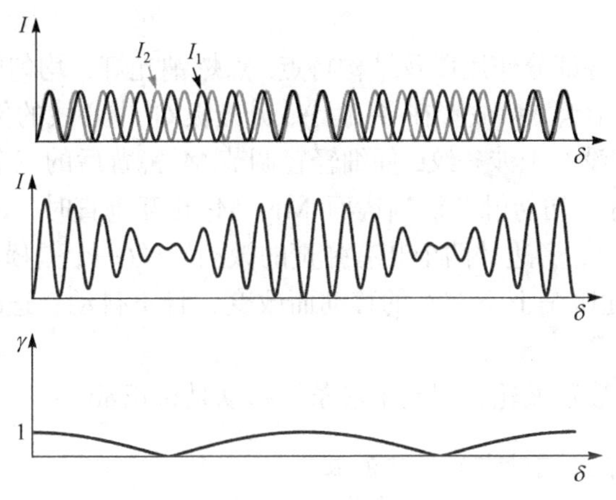

图 1.10.3　双线结构对条纹可见度的影响

对于视场中心 $i=0$，式(1.10.1)可表示为

$$\delta=2d \tag{1.10.11}$$

于是干涉条纹的可见度随 d 的变化为

$$\gamma(d)=\left|\cos\left[2\pi\left(\frac{1}{\lambda_1}-\frac{1}{\lambda_2}\right)d\right]\right| \tag{1.10.12}$$

可见，改变虚像 M_2' 和平面镜 M_1 之间的间隔 d 时，由于两光的光程差发生改变，会看到可见度随着 d 的改变而发生周期性变化，即出现条纹模糊，清晰，模糊，清晰现象. 若分别测得相邻两次条纹可见度最低时位置变化 Δd，则条纹的反衬度变化空间频率为 $1/\Delta d$，再与根据式(1.10.12)求得的条纹的反衬度变化空间频率比较得

$$\frac{1}{\Delta d}=2\left(\frac{1}{\lambda_1}-\frac{1}{\lambda_2}\right) \tag{1.10.13}$$

设 $\Delta\lambda$ 是 λ_2 与 λ_1 的差，$\bar{\lambda}$ 为 λ_1 和 λ_2 的平均值. 对于钠光的双线 λ_1 和 λ_2 分别为589.0nm 和 589.6nm. 则由式(1.10.13)可得钠光灯两谱线的波长差$\Delta\lambda$ 为

$$\Delta\lambda=\frac{\bar{\lambda}^2}{2\Delta d} \tag{1.10.14}$$

【实验仪器】

迈克耳孙干涉仪、氦氖激光器、白炽光源、扩束镜.

【实验内容】

1. 调节仪器

(1) 了解仪器各部分作用以及结构特点. 点燃钠光灯，均匀照亮视场.

(2) 大致在反射镜 M_1(放置在导轨上)、分光板 G_1 中心线的位置，用眼睛直接观察干涉现象. 若没有干涉条纹，仔细轻轻调节 M_2 镜背后的三个小螺丝(注意 M_1 背后的螺丝已调好、切勿触动). 当镜面 M_1、M_2 相互垂直时，即可出现条纹. 此时，仔细轻轻调节 M_2 旁边的两个装有弹簧的微动螺丝(一个是横向，一个是纵向)，调到干涉条纹不随眼睛上下左右的移动而改变，且不抖动，这时 M_1 和 M_2 严格垂直.

(3) 转动大的读数鼓轮，观察干涉条纹移动是否正常.

2. 利用等倾条纹测钠光的光波波长

(1) 在前面调节中，将整个干涉条纹的视场调整到很清晰的程度.

(2) 中心处出来一暗点(暗点容易确认)为起点，记下此时镜面 M_1 的位置读数 S_1(根据大的鼓轮和小微调的读数，最小读数 10^{-4}mm，可估计到 10^{-5}mm). 沿某一方向缓慢转动微调手轮，同时数从中心冒出(收缩)的条纹数，每隔 50 个条纹数记录一次镜面 M_1 的位置读数 S_1，每次注意中心暗点应该同开始记录时是一致的. 记录 5 次.

3. 测量钠光双线的波长差

在前面测量中可以发现干涉条纹的可见度从很清晰可以变到很模糊，可利用可见度最小值来测量. 在可见度最小值(干涉条纹最模糊)，记下 M_1 的位置读数；再调到相邻条纹最模糊的位置记下 M_1 的位置读数；这样连续测量数次. 注意，由于钠光双线的强度实际上并不完全相等，这样条纹可能是模糊的，不一定为零，

因此实验时一定要仔细观察干涉条纹变化情况，以观察最模糊的位置.

4. 数据处理要求

(1) 计算钠黄光光波的波长.

表格自己设计. 根据测量值按照式(1.10.5)计算入射光波长，并计算出波长的不确定度，给出最后结果(U_b取最小刻度的一半).

(2) 测量钠光双线波长差.

连续记下 6 个相邻的条纹最模糊时的位置，可得 5 个条纹最模糊的间距Δd，将Δd 代入式(1.10.14)可得钠黄光双线结构的波长差$\Delta\lambda$. 计算$\Delta\lambda$时λ可取 589.3nm(也可取自己测出来的波长).

【注意事项】

(1) 干涉仪是精密仪器，各光学零件(镜面 M_1、M_2，分光板 G_1，补偿板 G_2 等)均绝对不准用手触摸，不准擦拭.

(2) 螺旋丝杆加工精密度很高，使用时一定倍加注意和爱护，转动手轮时一定要轻轻缓慢转动，有的仪器一定要注意大鼓轮上紧固螺丝的使用. 不得频繁来回转动手轮.

(3) 反射镜 M_2 背后的三个螺丝，以及附近的两个微动螺丝，只能轻微转动，不能来回频繁拧动. 使用稍有不当，很容易造成反射镜 M_2 的形变和弹簧的形变，因此倍加注意.

【思考题】

(1) 迈克耳孙干涉仪上为什么要安置补偿片 G_2?

(2) 反射镜 M_1 和 M_2 不垂直(M_2' 和 M_1 不平行有一个小的角度)，能不能看见干涉条纹？如何看见干涉条纹?这种现象叫什么干涉?

(3) 光源若采用点光源能否看见等倾干涉条纹?

【参考文献】

赵凯华. 2004. 新概念物理教程. 北京: 高等教育出版社.

1.11　新能源电池综合特性实验

能源短缺和地球生态环境污染已经成为人类面临的最大问题. 21 世纪初进行的世界能源储量调查显示，全球剩余煤炭只能维持约 216 年，石油只能维持 45 年，天然气只能维持 61 年，用于核发电的铀也只能维持 71 年. 另一方面，煤炭、石油等矿物能源的使用，产生大量的 CO_2、SO_2 等温室气体，造成全球变暖、冰川融化、海平面升高、暴风雨和酸雨等自然灾害频繁发生，给人类带来无穷的烦恼. 根据计算，现在全球每年排放的 CO_2 已经超过 500 亿吨. 我国能源消费以煤为主，CO_2 的排放量占世界的 15%，仅次于美国，所以减少排放 CO_2、SO_2 等温室气体，已经成为刻不容缓的大事. 由此可以看出，大力推广使用太阳辐射能、水能、风能、生物质能等可再生能源是今后发展的必然趋势. 本实验包括太阳能电池及燃料电池两个典型的新能源电池特性研究.

太阳能电池特性实验

1.11.1 太阳能电池特性实验

广义地说，太阳光的辐射能、水能、风能、生物质能、潮汐能都属于太阳能，它们随着太阳和地球的活动，周而复始地循环，几十亿年内不会枯竭，因此我们把它们称为可再生能源. 太阳的光辐射可以说是取之不尽、用之不竭的能源. 太阳与地球的平均距离约为 1 亿 5 千万千米. 在地球大气圈外，太阳辐射的功率密度为 1.353kW/m^2，称为太阳常数. 到达地球表面时，部分太阳光被大气层吸收，光辐射的强度降低. 在地球海平面上，正午垂直入射时，太阳辐射的功率密度约为 1kW /m^2 ，通常被作为测试太阳能电池性能的标准光辐射强度. 太阳光辐射的能量非常巨大，从太阳到地球的总辐射功率比目前全世界的平均消费电力还要大数十万倍. 每年到达地球的辐射能相当于 49000 亿吨标准煤的燃烧能. 太阳能不但数量巨大，用之不竭，而且是不会产生环境污染的绿色能源，所以大力推广太阳能的应用是世界性的趋势.

太阳能发电有两种方式. 光-热-电转换方式通过利用太阳辐射产生的热能发电，一般是由太阳能集热器将所吸收的热能转换成蒸气，再驱动汽轮机发电，太阳能热发电的缺点是效率很低而成本很高. 光-电直接转换方式是利用光生伏特效应将太阳光能直接转化为电能，光-电转换的基本装置就是太阳能电池.

与传统发电方式相比，太阳能发电目前成本较高，所以通常用于远离传统电源的偏远地区，2002 年，国家有关部委启动了“西部省区无电乡通电计划”，通过太阳能和小型风力发电解决西部七省区无电乡的用电问题. 随着研究工作的深入与生产规模的扩大，太阳能发电的成本下降很快，而资源枯竭与环境保护导致传统电源成本上升. 太阳能发电有望在不久的将来在价格上可以与传统电源竞争，太阳能应用具有光明的前景.

根据所用材料的不同，太阳能电池可分为硅太阳能电池、化合物太阳能电池、聚合物太阳能电池、有机太阳能电池等，其中硅太阳能电池是目前发展最成熟的，在应用中居主导地位.

【实验目的】

(1) 学习和掌握太阳能电池的结构与原理.

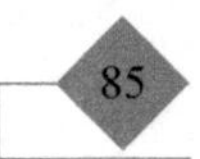

(2) 学习和掌握测量太阳能电池特性的方法.

(3) 研究单晶硅太阳能电池、多晶硅薄膜太阳能电池、非晶硅薄膜太阳能电池三种太阳能电池的特性.

【实验原理】

太阳能电池利用半导体 pn 结受光照射时的光伏效应发电，太阳能电池的基本结构就是一个大面积平面 pn 结，图 1.11.1 为 pn 结示意图.

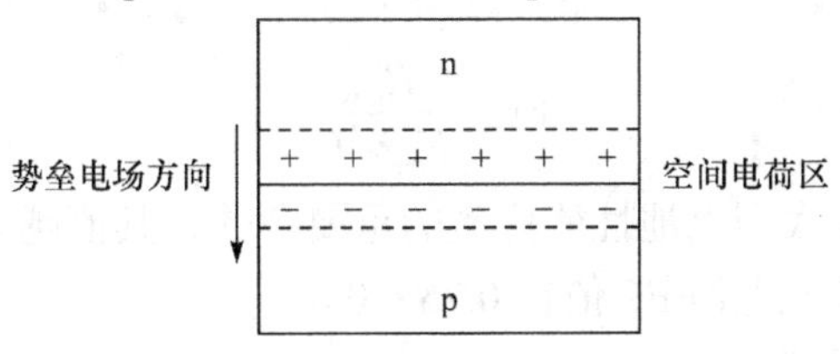

图 1.11.1　pn 结示意图

p 型半导体中有相当数量的空穴，几乎没有自由电子. n 型半导体中有相当数量的自由电子，几乎没有空穴. 当两种半导体结合在一起形成 pn 结时，n 区的电子(带负电)向 p 区扩散，p 区的空穴(带正电)向 n 区扩散，在 pn 结附近形成空间电荷区与势垒电场. 势垒电场会使载流子向扩散的反方向做漂移运动，最终扩散与漂移达到平衡，使流过 pn 结的净电流为零. 在空间电荷区内，p 区的空穴被来自 n 区的电子复合，n 区的电子被来自 p 区的空穴复合，使该区内几乎没有能导电的载流子，又称为结区或耗尽区.

当光电池受光照射时，部分电子被激发而产生电子-空穴对，在结区激发的电子和空穴分别被势垒电场推向 n 区和 p 区，使 n 区有过量的电子而带负电，p 区有过量的空穴而带正电，pn 结两端形成电压，这就是光伏效应，若将 pn 结两端接入外电路，就可向负载输出电能.

在一定的光照条件下，改变太阳能电池负载电阻的大小，测量其输出电压与输出电流，得到输出伏安特性，如图 1.11.2 实线所示.

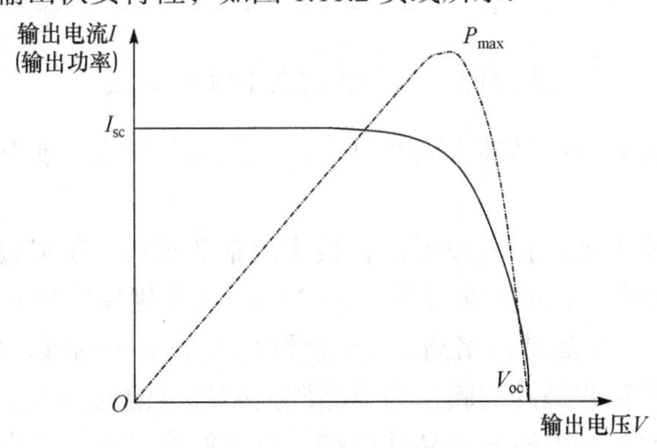

图 1.11.2　太阳能电池的输出特性

负载电阻为零时测得的最大电流 I_{sc} 称为短路电流.

负载断开时测得的最大电压 V_{oc} 称为开路电压.

太阳能电池的输出功率为输出电压与输出电流的乘积. 同样的电池及光照条件下，负载电阻大小不一样时，输出的功率是不一样的. 若以输出电压为横坐标，输出功率为纵坐标，绘出的 P-V 曲线如图 1.11.2 点画线所示.

输出电压与输出电流的最大乘积值称为最大输出功率 P_{max}.

填充因子 FF 定义为

$$\mathrm{FF}=\frac{P_{max}}{V_{oc}\times I_{sc}} \tag{1.11.1}$$

填充因子是表征太阳电池性能优劣的重要参数，其值越大，电池的光电转换效率越高，一般的硅光电池 FF 值在 0.75～0.8.

转换效率 η_s 定义为

$$\eta_s(\%)=\frac{P_{max}}{P_{in}}\times 100\% \tag{1.11.2}$$

P_{in} 为入射到太阳能电池表面的光功率.

理论分析及实验表明，在不同的光照条件下，短路电流随入射光功率线性增长，而开路电压在入射光功率增加时只略微增加，如图 1.11.3 所示.

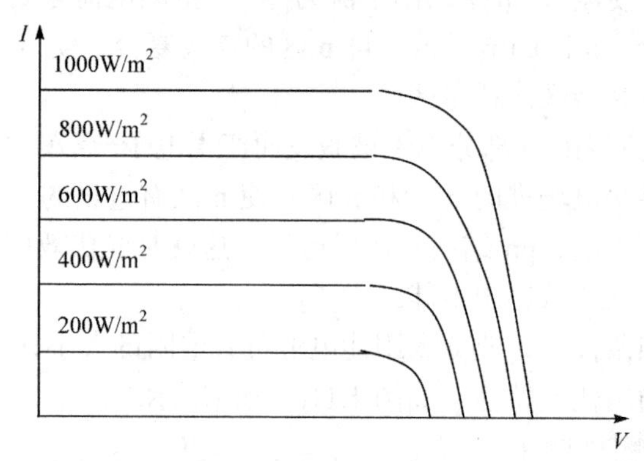

图 1.11.3 不同光照条件下的 I-V 曲线

硅太阳能电池分为单晶硅太阳能电池、多晶硅薄膜太阳能电池和非晶硅薄膜太阳能电池三种.

单晶硅太阳能电池转换效率最高，技术也最为成熟. 在实验室里最高的转换效率为 24.7%，规模生产时的效率可达到 15%. 在大规模应用和工业生产中仍占据主导地位. 但由于单晶硅价格高，大幅度降低其成本很困难，为了节省硅材料，发展了多晶硅薄膜和非晶硅薄膜作为单晶硅太阳能电池的替代产品.

多晶硅薄膜太阳能电池与单晶硅比较，成本低廉，而效率高于非晶硅薄膜电池，其实验室最高转换效率为 18%，工业规模生产的转换效率可达到 10%. 因此，多晶硅薄膜电池可能在未来的太阳能电池市场上占据主导地位.

非晶硅薄膜太阳能电池成本低，重量轻，便于大规模生产，有极大的潜力. 如果能进一步解决稳定性及提高转换率，无疑是太阳能电池的主要发展方向之一.

【实验仪器】

太阳能电池特性实验仪面板如图 1.11.4 所示.

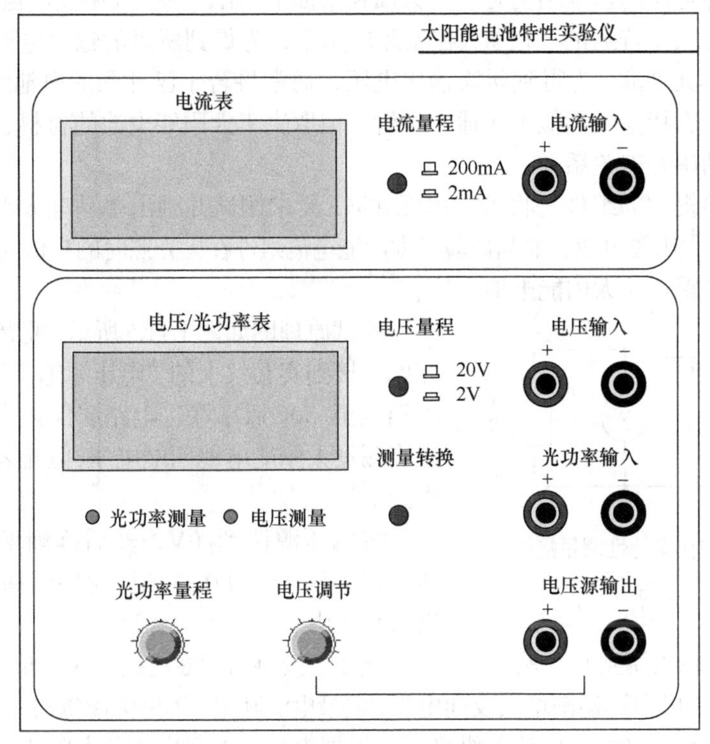

图 1.11.4　太阳能电池特性实验仪面板

光源采用碘钨灯，它的输出光谱接近太阳光谱. 调节光源与太阳能电池之间的距离可以改变照射到太阳能电池上的光功率，具体数值由光功率计测量. 测试仪为实验提供电源，同时可以测量并显示电流、电压以及光功率的数值.

电压源：可以输出 0～8V 连续可调的直流电压，通过电压调节旋钮进行调节，为太阳能电池伏安特性测量提供电压.

电压/光功率表：通过“测量转换”按键，可以测量输入“电压输入”接口的电压，或接入“光功率输入”接口的光功率计探头测量到的光功率数值. 表头下方的指示灯确定当前的显示状态. 通过“电压量程”或“光功率量程”，可以选择适当的显示范围.

电流表：可以测量并显示 0～200mA 的电流，通过“电流量程”选择适当的显示范围.

【实验内容】

1. 硅太阳能电池的暗伏安特性测量

暗伏安特性是指无光照射时，流经太阳能电池的电流与外加电压之间的关系.

太阳能电池的基本结构是一个大面积平面 pn 结，单个太阳能电池单元的 pn 结面积已远大于普通的二极管. 在实际应用中，为得到所需的输出电流，通常将若干电池单元并联. 为得到所需输出电压，通常将若干已并联的电池组串联. 因此，它的伏安特性虽类似于普通二极管，但取决于太阳能电池的材料、结构及组成组件时的串并连关系.

本实验提供的组件是将若干单元并联. 要求测试并画出单晶硅太阳能电池、多晶硅薄膜太阳能电池、非晶硅薄膜太阳能电池组件在无光照时的暗伏安特性曲线.

用遮光罩罩住太阳能电池.

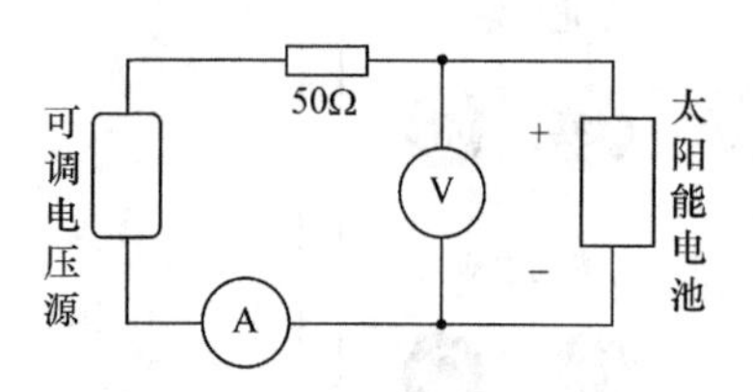

图 1.11.5 暗伏安特性测量接线原理图

测试原理图如图 1.11.5 所示. 将待测的太阳能电池接到实验仪上的“电压源输出”接口，电阻箱调至 50Ω后串联进电路起保护作用，用电压表测量太阳能电池两端电压，电流表测量回路中的电流.

将电压源调到 0V，然后逐渐增大输出电压，每间隔 1V 和 0.3V 记一次电流值. 记录到表 1.11.1 中.

将电压输入调到 0V. 然后将“电压输出”接口的两根连线互换，即给太阳能电池加上反向的电压. 逐渐增大反向电压，记录电流随电压变换的数据于表 1.11.1 中.

以电压作横坐标，电流作纵坐标，根据表 1.11.1 画出 3 种太阳能电池的暗伏安特性曲线.

表 1.11.1 3 种太阳能电池的暗伏安特性测量

电压/V	电流/mA		
	单晶硅太阳能电池	多晶硅薄膜太阳能电池	非晶硅薄膜太阳能电池
−8			
−7			
−6			
−5			

续表

电压/V	电流/mA		
	单晶硅太阳能电池	多晶硅薄膜太阳能电池	非晶硅薄膜太阳能电池
−4			
−3			
−2			
−1			
0			
0.3			
0.6			
0.9			
1.2			
1.5			
1.8			
2.1			
2.4			
2.7			
3			
3.3			
3.6			
3.9			

讨论太阳能电池的暗伏安特性与一般二极管的伏安特性有何异同.

2. 开路电压、短路电流与光强关系测量

打开光源开关，预热 5min.

打开遮光罩. 将光功率探头装在太阳能电池板位置，探头输出线连接到太阳能电池特性实验仪的“光功率输入”接口上. 实验仪设置为“光功率测量”. 由近及远移动滑动支架，测量距光源一定距离的光强 $I=P/S$，P 为测量到的光功率，$S=0.2\text{cm}^2$ 为探头采光面积. 将测量到的光强记入表 1.11.2.

将光功率探头换成单晶硅太阳能电池，实验仪设置为“电压表”状态. 按图 1.11.6(a)接线，按测量光强时的距离值(光强已知)，记录开路电压值于表 1.11.2 中.

按图 1.11.6(b)接线，记录短路电流值于表 1.11.2 中.

将单晶硅太阳能电池更换为多晶硅太阳能电池，重复测量步骤，并记录数据.

将多晶硅薄膜太阳能电池更换为非晶硅薄膜太阳能电池，重复测量步骤，并记录数据.

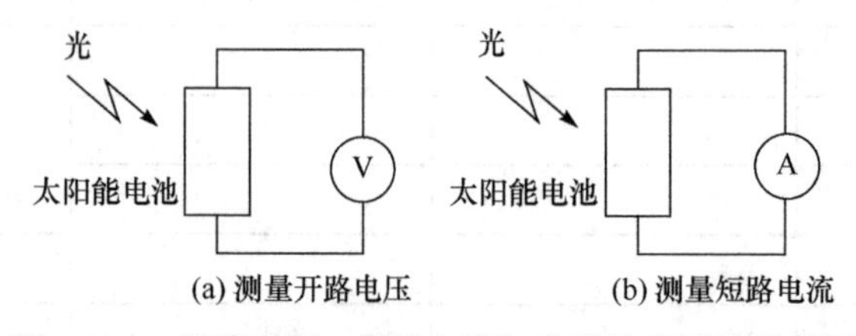

图 1.11.6　开路电压、短路电流与光强关系测量示意图

表 1.11.2　3 种太阳能电池开路电压与短路电流随光强变化关系

距离/cm		10	15	20	25	30	35	40	45	50
光功率/W										
光强 $I=P/S$/(W/m^2)										
单晶硅太阳能电池	开路电压 V_{oc}/V									
	短路电流 I_{sc}/mA									
多晶硅薄膜太阳能电池	开路电压 V_{oc}/V									
	短路电流 I_{sc}/mA									
非晶硅薄膜太阳能电池	开路电压 V_{oc}/V									
	短路电流 I_{sc}/mA									

根据表 1.11.2 数据，画出三种太阳能电池的开路电压随光强变化的关系曲线.

根据表 1.11.2 数据，画出三种太阳能电池的短路电流随光强变化的关系曲线.

3. 太阳能电池输出特性实验

按图 1.11.7 接线，以电阻箱作为太阳能电池负载. 在一定光照强度下(将滑动支架固定在导轨上某一个位置，通常为 1000W/m^2)，分别将三种太阳能电池板安装到支架上，通过改变电阻箱的电阻值，记录太阳能电池的输出电压 V 和电流 I，并计算输出功率 $P_o=V\times I$，填于表 1.11.3 中.

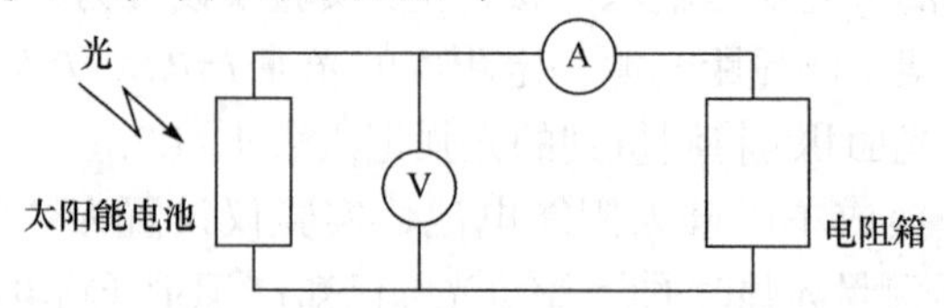

图 1.11.7　测量太阳能电池输出特性

表 1.11.3　3 种太阳能电池输出特性实验

光强 I=　　　W/m^2

单晶硅太阳能电池	输出电压 V/V	0	0.2	0.4	0.6	0.8	1	1.2	1.4	1.6	…
	输出电流 I/A										
	电阻 R/Ω										
	输出功率 P_o/W										
多晶硅薄膜太阳能电池	输出电压 V/V	0	0.2	0.4	0.6	0.8	1	1.2	1.4	1.6	…
	输出电流 I/A										
	电阻 R/Ω										
	输出功率 P_o/W										
非晶硅薄膜太阳能电池	输出电压 V/V	0	0.2	0.4	0.6	0.8	1	1.2	1.4	1.6	…
	输出电流 I/A										
	电阻 R/Ω										
	输出功率 P_o/W										

根据表 1.11.3 数据作 3 种太阳能电池的输出伏安特性曲线及功率曲线，并与图 1.11.2 比较. 找出最大功率点，对应的电阻值即为最佳匹配负载. 由式(1.11.1)计算填充因子. 由式(1.11.2)计算转换效率. 入射到太阳能电池板上的光功率 $P_{in}=I\times S_1$，S_1 为太阳能电池板面积.

若时间允许，可改变光照强度(改变滑动支架的位置)，重复前面的实验.

【注意事项】

(1) 在预热光源的时候，需用遮光罩罩住太阳能电池，以降低太阳能电池的温度，减小实验误差；

(2) 光源工作及关闭后的约 1h 期间，灯罩表面的温度都很高，请不要触摸；

(3) 可变负载只能适用于本实验，否则可能烧坏可变负载；

(4) 220V 电源需可靠接地.

【思考题】

(1) 太阳能电池的内阻对电池的转换效率有何影响?

(2) 如果太阳能电池长时间在强光下照射，其转换效率有何变化?

(3) 请列举出除硅太阳能电池以外的三种太阳能电池.

1.11.2 燃料电池特性实验

燃料电池
特性实验

燃料电池以氢和氧为燃料，通过电化学反应直接产生电力，能量转换效率高于燃烧燃料的热机. 燃料电池的反应生成物为水，对环境无污染，单位体积氢的储能密度远高于现有的其他电池. 因此，它的应用从最早的宇航等特殊领域，到现在人们积极研究将其应用到电动汽车、手机电池等日常生活的各个方面，各国都投入巨资进行研发.

1839 年，英国人格罗夫(Grove)发明了燃料电池，历经近两百年，在材料、结构、工艺不断改进之后，进入了实用阶段. 按燃料电池使用的电解质或燃料类型，可将现在和近期可行的燃料电池分为碱性燃料电池、质子交换膜燃料电池、直接甲醇燃料电池、磷酸燃料电池、熔融碳酸盐燃料电池和固体氧化物燃料电池 6 种主要类型，本实验研究其中的质子交换膜燃料电池.

燃料电池的燃料氢(反应所需的氧可从空气中获得)可通过电解水获得，也可由矿物或生物原料转化制成. 本实验通过电解水制取氢气(电能-氢能转换)，燃料电池发电(氢能−电能转换)几个环节，形成了完整的能量转换、储存、使用的链条. 实验内含物理内容丰富，实验内容紧密结合科技发展热点与实际应用，实验过程环保清洁.

能源为人类社会发展提供动力，长期依赖矿物能源使我们面临环境污染之害，资源枯竭之困. 为了人类社会的持续健康发展，各国都致力于研究开发新型能源. 未来的能源系统中，太阳能将作为主要的一次能源替代目前的煤、石油和天然气，而燃料电池将成为取代汽油、柴油和化学电池的清洁能源.

【实验目的】

(1) 了解燃料电池的工作原理.

(2) 测量燃料电池输出特性，作出所测燃料电池的伏安特性(极化)曲线，电池输出功率随输出电压的变化曲线. 计算燃料电池的最大输出功率及效率.

(3) 测量质子交换膜电解池的特性，验证法拉第电解定律.

【实验原理】

1. 燃料电池

质子交换膜(proton exchange membrane，PEM)燃料电池在常温下工作，具有启动快速，结构紧凑的优点，最适宜作汽车或其他可移动设备的电源，近年来发展很快，其基本结构如图 1.11.8 所示.

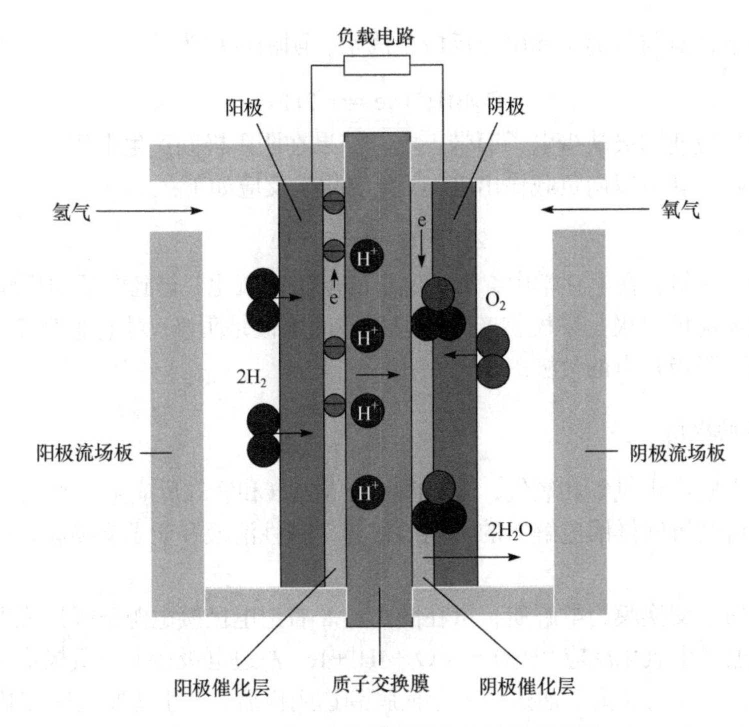

图 1.11.8　质子交换膜燃料电池结构示意图

目前广泛采用的全氟璜酸质子交换膜为固体聚合物薄膜，厚度 0.05～0.1mm，它提供氢离子(质子)从阳极到达阴极的通道，而电子或气体不能通过.

催化层是将纳米量级的铂粒子用化学或物理的方法附着在质子交换膜表面，厚度约 0.03mm，对阳极氢的氧化和阴极氧的还原起催化作用.

膜两边的阳极和阴极由石墨化的碳纸或碳布做成，厚度 0.2～0.5mm，导电性能良好，其上的微孔提供气体进入催化层的通道，又称为扩散层.

商品燃料电池为了提供足够的输出电压和功率，需将若干单体电池串联或并联在一起，流场板一般由导电良好的石墨或金属做成，与单体电池的阳极和阴极形成良好的电接触，称为双极板，其上加工有供气体流通的通道. 教学用燃料电池为直观起见，采用有机玻璃做流场板.

进入阳极的氢气通过电极上的扩散层到达质子交换膜. 氢分子在阳极催化剂的作用下解离为 2 个氢离子，即质子，并释放出 2 个电子，阳极反应为

$$H_2 = 2H^+ + 2e \tag{1.11.3}$$

氢离子以水合质子 $H^+(nH_2O)$的形式，在质子交换膜中从一个磺酸基转移到另一个磺酸基，最后到达阴极，实现质子导电，质子的这种转移导致阳极带负电.

在电池的另一端，氧气或空气通过阴极扩散层到达阴极催化层，在阴极催化

层的作用下，氧与氢离子和电子反应生成水，阴极反应为

$$O_2+4H^++4e = 2H_2O \tag{1.11.4}$$

阴极反应使阴极缺少电子而带正电，结果在阴阳极间产生电压，在阴阳极间接通外电路，就可以向负载输出电能. 总的化学反应如下：

$$2H_2+O_2 = 2H_2O \tag{1.11.5}$$

阴极与阳极：在电化学中，失去电子的反应叫氧化，得到电子的反应叫还原. 产生氧化反应的电极是阳极，产生还原反应的电极是阴极. 对电池而言，阴极是电的正极，阳极是电的负极.

2. 水的电解

将水电解产生氢气和氧气，与燃料电池中氢气和氧气反应生成水互为逆过程.

水电解装置同样因电解质的不同而各异，碱性溶液和质子交换膜是最好的电解质.

若以质子交换膜为电解质，可在图 1.11.8 右边电极接电源正极形成电解的阳极，在其上产生氧化反应 $2H_2O = O_2+4H^++4e$. 左边电极接电源负极形成电解的阴极，阳极产生的氢离子通过质子交换膜到达阴极后，产生还原反应 $2H^++2e = H_2$. 即在右边电极析出氧，左边电极析出氢.

作燃料电池或作电解器的电极在制造上通常有些差别，燃料电池的电极应利于气体吸纳，而电解器需要尽快排出气体. 燃料电池阴极产生的水应随时排出，以免阻塞气体通道，而电解器的阳极必须被水淹没.

质子交换膜必须含有足够的水分，才能保证质子的传导. 但水含量又不能过高，否则电极被水淹没，水阻塞气体通道，燃料不能传导到质子交换膜参与反应. 如何保持良好的水平衡关系是燃料电池设计的重要课题. 为保持水平衡，我们的电池正常工作时排水口打开，在电解电流不变时，燃料供应量是恒定的. 若负载选择不当，电池输出电流太小，未参加反应的气体从排水口泄漏，燃料利用率及效率都低. 在适当选择负载时，燃料利用率约为 90%.

气水塔为电解池提供纯水(2 次蒸馏水)，可分别储存电解池产生的氢气和氧气，为燃料电池提供燃料气体. 每个气水塔都是上下两层结构，上下层之间通过插入下层的连通管连接，下层顶部有一输气管连接到燃料电池. 初始时，下层近似充满水，电解池工作时，产生的气体会汇聚在下层顶部，通过输气管输出. 若关闭输气管开关，气体产生的压力会使水从下层进入上层，而将气体储存在下层的顶部，通过管壁上的刻度可知储存气体的体积. 两个气水塔之间还有一个水连通管，加水时打开使两塔水位平衡，实验时切记关闭该连通管.

风扇作为定性观察时的负载，可变负载作为定量测量时的负载.

【实验仪器】

测试仪面板如图 1.11.9 所示. 测试仪可测量电流、电压. 若不用太阳能电池作电解池的电源，可从测试仪供电输出端口向电解池供电. 实验前需预热 15min.

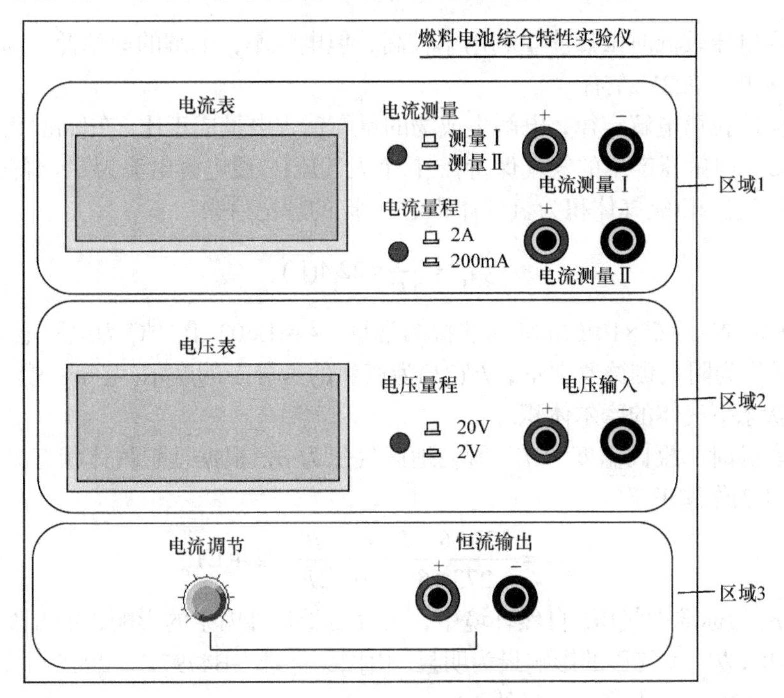

图 1.11.9　测试仪面板图

如图 1.11.9 所示为燃料电池综合特性实验仪系统的测试仪前面板图.

区域 1——电流表部分：作为一个独立的电流表使用. 其中两个挡位：2A 挡和 200mA 挡，可通过电流挡位切换开关选择合适的电流挡位测量电流.

两个测量通道：电流测量Ⅰ和电流测量Ⅱ. 通过电流测量切换键可以同时测量两条通道的电流.

区域 2——电压表部分：作为一个独立的电压表使用. 共有两个挡位：20V 挡和 2V 挡，可通过电压挡位切换开关选择合适的电压挡位测量电压.

区域 3——恒流源部分：为燃料电池的电解池部分提供一个从 0～350mA 的可变恒流源.

【实验内容】

1. 质子交换膜电解池的特性测量

理论分析表明，若不考虑电解器的能量损失，在电解器上加 1.48V 电压就可

使水分解为氢气和氧气，实际由于各种损失，输入电压高于 1.6V 电解器才开始工作. 电解器的效率为

$$\eta_{电解}=\frac{1.48}{U_{输入}}\times100\% \tag{1.11.6}$$

输入电压较低时虽然能量利用率较高，但电流小，电解的速率低，通常使电解器输入电压在 2V 左右.

根据法拉第电解定律，电解生成物的量与输入电量成正比. 在标准状态下(温度为 0℃，电解器产生的氢气保持在 1 个大气压)，设电解电流为 I，经过时间 t 生产的氢气体积(氧气体积为氢气体积的一半)的理论值为

$$V_{氢气}=\frac{It}{2F}\times22.4(\mathrm{L}) \tag{1.11.7}$$

式中，$F=eN=9.65\times10^4\mathrm{C/mol}$ 为法拉第常量，$e=1.602\times10^{-19}\mathrm{C}$ 为电子电量，$N=6.022\times10^{23}$ 为阿伏伽德罗常量，$It/(2F)$为产生的氢分子的摩尔(克分子)数，22.4L 为标准状态下气体的摩尔体积.

若实验时的摄氏温度为 T，所在地区气压为 p，根据理想气体状态方程，可对式(1.11.7)作修正

$$V_{氢气}=\frac{273.16+T}{273.16}\cdot\frac{p_0}{p}\cdot\frac{It}{2F}\cdot22.4(\mathrm{L}) \tag{1.11.8}$$

式中，p_0 为标准大气压. 自然环境中，大气压受各种因素的影响，如温度和海拔等，其中海拔对大气压的影响最为明显. 由国家标准 GB4797.2—2005 可查到，海拔每升高 1000m，大气压下降约 10%.

由于水的分子量为 18，且每克水的体积为 $1\mathrm{cm}^3$，故电解池消耗的水的体积为

$$V_{水}=\frac{It}{2F}\times18(\mathrm{cm}^3)=9.33It\times10^{-5}(\mathrm{cm}^3) \tag{1.11.9}$$

应当指出，式(1.11.8)和式(1.11.9)的计算对燃料电池同样适用，只是其中的 I 代表燃料电池输出电流，$V_{氢气}$ 代表燃料消耗量，$V_{水}$ 代表电池中水的生成量.

确认气水塔水位在水位上限与下限之间.

将测试仪的电压源输出端串联电流表后接入电解池，将电压表并联到电解池两端.

将气水塔输气管止水夹关闭，调节恒流源输出到最大(旋钮顺时针旋转到底)，让电解池迅速地产生气体. 当气水塔下层的气体低于最低刻度线时，打开气水塔输气管止水夹，排出气水塔下层的空气，如此反复 2～3 次后，气水塔下层的空气基本排尽，剩下的就是纯净的氢气和氧气了. 根据表 1.11.4 中的电解池输入电流大小，调节恒流源的输出电流，待电解池输出气体稳定后(约 1min)，关闭气水塔输气管. 测量输入电流、电压及产生一定体积的气体的时间，记入表 1.11.4 中.

表 1.11.4　电解池的特性测量

输入电流 I/A	输入电压/V	时间 t/s	电量 It/C	氢气产生量测量值/L	氢气产生量理论值
0. 10					
0. 20					
0. 30					

由式(1.11.8)计算氢气产生量的理论值，与氢气产生量的测量值比较. 若不管输入电压与电流大小，则氢气产生量只与电量成正比，且测量值与理论值接近，即验证了法拉第定律.

2. 燃料电池输出特性的测量

在一定的温度与气体压力下，改变负载电阻的大小，测量燃料电池的输出电压与输出电流之间的关系，如图 1.11.10 所示. 电化学家将其称为极化特性曲线，习惯用电压作纵坐标，电流作横坐标.

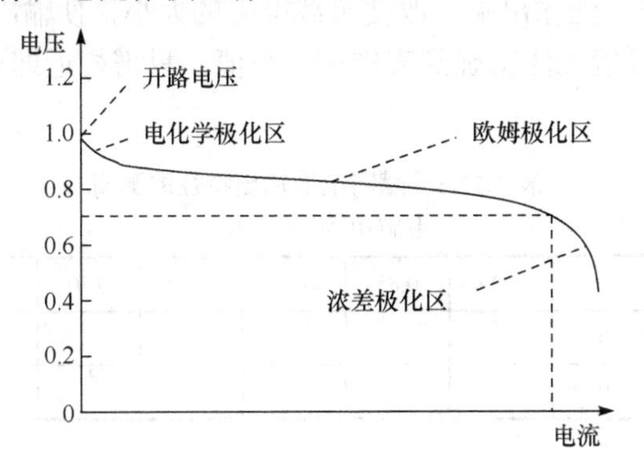

图 1.11.10　燃料电池的极化特性曲线

理论分析表明，如果燃料的所有能量都被转换成电能，则理想电动势为 1.48V. 实际燃料的能量不可能全部转换成电能，例如，总有一部分能量转换成热能，少量的燃料分子或电子穿过质子交换膜形成内部短路电流等，故燃料电池的开路电压低于理想电动势.

随着电流从零增大，输出电压有一段下降较快，主要是因为电极表面的反应速度有限，有电流输出时，电极表面的带电状态改变，驱动电子输出阳极或输入阴极时，产生的部分电压会被损耗掉，这一段被称为电化学极化区.

输出电压的线性下降区的电压降，主要是电子通过电极材料及各种连接部件，离子通过电解质的阻力引起的，这种电压降与电流成比例，所以被称为欧姆极化区.

输出电流过大时，燃料供应不足，电极表面的反应物浓度下降，使输出电压迅速降低，而输出电流基本不再增加，这一段被称为浓差极化区.

综合考虑燃料的利用率(恒流供应燃料时可表示为燃料电池电流与电解电流之比)及输出电压与理想电动势的差异，燃料电池的效率为

$$\eta_{电池}=\frac{I_{电池}}{I_{电解}}\cdot\frac{U_{输出}}{1.48}\times 100\%=\frac{P_{输出}}{1.48\times I_{电解}}100\% \tag{1.11.10}$$

在某一输出电流时燃料电池的输出功率相当于图 1.11.10 中虚线围出的矩形区，在使用燃料电池时，应根据伏安特性曲线，选择适当的负载匹配，使效率与输出功率达到最大.

实验时让电解池输入电流保持在 300mA，关闭风扇.

将电压测量端口接到燃料电池输出端. 打开燃料电池与气水塔之间的氢气、氧气连接开关，等待约 10min，让电池中的燃料浓度达到平衡值，电压稳定后记录开路电压值.

将电流量程按钮切换到 200mA. 可变负载调至最大，电流测量端口与可变负载串联后接入燃料电池输出端，改变负载电阻的大小，使输出电压值如表 1.11.5 所示(输出电压值可能无法精确到表中所示数值，只需相近即可)，稳定后记录电压电流值.

表 1.11.5 燃料电池输出特性的测量

电解电流=　　mA

输出电压 *U*/V		0.90	0.85	0.80	0.75	0.70	0.65	0.60	…
输出电流 *I*/mA	0								
功率 *P*=*U*×*I*/(mW)	0								

负载电阻猛然调得很低时，电流会猛然升到很高，甚至超过电解电流值，这种情况是不稳定的，重新恢复稳定需较长时间. 为避免出现这种情况，输出电流高于 210mA 后，每次调节减小电阻 0.5Ω，输出电流高于 240mA 后，每次调节减小电阻 0.2Ω，每测量一点的平衡时间稍长一些(约需 5min). 稳定后记录电压电流值.

作出所测燃料电池的极化曲线. 作出该电池输出功率随输出电压的变化曲线.

计算该燃料电池最大输出功率以及最大输出功率时对应的效率. 实验完毕，关闭燃料电池与气水塔之间的氢气、氧气连接开关，切断电解池输入电源.

【注意事项】

(1) 使用前应首先详细阅读说明书.

(2) 实验系统必须使用去离子水或二次蒸馏水，容器必须清洁干净，否则将

损坏系统.

(3) PEM 电解池的最高工作电压为 6V，最大输入电流为 1000mA，否则将极大地伤害 PEM 电解池.

(4) PEM 电解池所加的电源极性必须正确，否则将毁坏电解池并有起火燃烧的可能.

(5) 绝不允许将任何电源加于 PEM 燃料电池输出端，否则将损坏燃料电池.

(6) 气水塔中所加入的水面高度必须在上水位线与下水位线之间，以保证 PEM 燃料电池正常工作.

(7) 该系统主体系由有机玻璃制成，使用中需小心，以免打坏和损伤.

(8) 配套“可变负载”所能承受的最大功率是 1W，只能使用于此实验系统中.

(9) 电流表的输入电流不得超过 2A，否则将烧毁电流表.

(10) 电压表的最高输入电压不得超过 25V，否则将烧毁电压表.

(11) 实验时必须关闭两个气水塔之间的连通管.

【思考题】

(1) PEM 电解池所加的电源极性，能否加反，会导致什么后果?

(2) 燃料电池的效率和哪些因素有关?

1.12　铁磁材料居里温度测试

磁性材料在电力、通信、电子仪器、汽车、计算机和信息存储等领域有着十分广泛的应用,近年来已成为促进高新技术发展和当代文明进步不可替代的材料,因此在物理实验中开设关于磁性材料基本性质的研究显得尤为重要. 居里温度是表征磁性材料基本特性的物理量. 反映了磁性材料由铁磁性转变为顺磁性的相变温度.

【实验目的】

铁磁材料居里温度测试

(1) 了解铁磁物质由铁磁性转变为顺磁性的微观机理.

(2) 了解交流电桥的测量原理.

(3) 测量铁氧体材料的居里温度.

【实验原理】

1. 铁磁质的磁化规律

根据物质的磁性，可把处于磁场中的物质分为反铁磁性(抗磁性)、顺磁性和铁磁性三种. 在铁磁性物质中，在无外磁场的情况下，它们的自旋磁矩能在一个个微小区域内“自发地”整齐排列起来，形成自发磁化小区域，称为磁畴. 在未经磁化的铁磁质中，由于大量磁畴的磁化方向各不相同，因而整个铁磁质不显磁性. 当铁磁质处于外磁场中时，将会经过“畴壁位移”和“畴壁转动”等过程，这时铁磁质对外呈现宏观磁性. 当外磁场增大时，上述效应相应增大，直到所有磁畴都沿外磁场排列好，介质的磁化就达到饱和. 由于在每个磁畴中元磁矩已完全排列整齐，因此具有很强的磁性. 这就是铁磁质的磁性比顺磁质强得多的原因.

铁磁性是与磁畴结构分不开的. 当铁磁体受到强烈的震动，或在高温下由于剧烈运动的影响，磁畴便会瓦解，这时与磁畴联系的一系列铁磁性质(如高磁导率、磁滞等)全部消失. 对于任何铁磁物质都有这样一个临界温度，高过这个温度铁磁性就消失，变为顺磁性，这个临界温度叫做铁磁质的居里温度(也称居里点).

对非铁磁性的各向同性的磁介质，磁场强度 H 和磁感应强度 B 之间满足线性关系

$$B = \mu H \tag{1.12.1}$$

其中，μ 为磁导率.

然而，铁磁性介质的 μ 、B 与 H 之间关系比较复杂. 图 1.12.1 是典型的磁化曲线(即 B-H 曲线)和 μ-H 曲线，它反映了铁磁质的共同磁化特点：随着 H 的增加，开始时 B 缓慢地增加，此时 μ 较小；而后随 H 的增加 B 急剧增大，μ 也迅速增加；最后随 H 增加，B 趋向于饱和，而此时的 μ 值在到达最大值后又急剧减小. 另一方面，铁磁质的磁导率 μ 还是温度的函数，如图 1.12.2 中所示，当温度升高到某个值时，铁磁质由铁磁状态转变成顺磁状态，在曲线突变点所对应的温度就是居里温度 T_C .

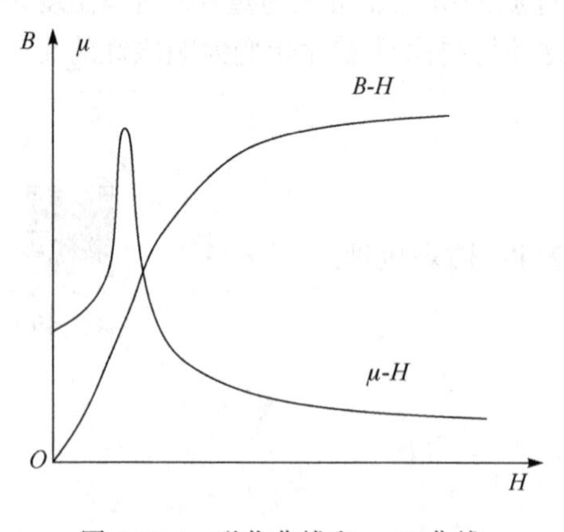

图 1.12.1 磁化曲线和 μ-H 曲线

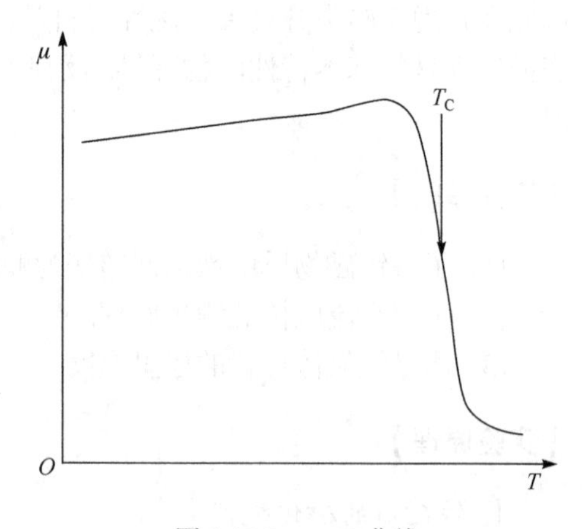

图 1.12.2 μ-T 曲线

2. 用交流电桥测量居里温度

铁磁质的居里温度可用交流电桥测量. 交流电桥种类很多，如麦克斯韦电桥、欧文电桥等，但大多数电桥可归结为如图 1.12.3 所示的四臂阻抗电桥，电桥的四个臂可以是电阻、电容、电感的串联或并联的组合. 调节电桥的桥臂参数，使得 CD 两点间的交流电压为零，电桥达到平衡，则各臂的交流复阻抗满足

$$\frac{Z_1}{Z_2}=\frac{Z_3}{Z_4} \tag{1.12.2}$$

设

$$Z_i=|Z_i|\mathrm{e}^{\mathrm{j}\varphi_i},\quad i=1,2,3,4$$

则

$$|Z_1|\mathrm{e}^{\mathrm{j}\varphi_1}\times|Z_4|\mathrm{e}^{\mathrm{j}\varphi_4}=|Z_2|\mathrm{e}^{\mathrm{j}\varphi_2}\times|Z_3|\mathrm{e}^{\mathrm{j}\varphi_3}$$

若要上式成立，必须使复数等式的模量和辐角分别相等，于是有

$$\frac{|Z_1|}{|Z_2|}=\frac{|Z_3|}{|Z_4|} \tag{1.12.3}$$

$$\varphi_1+\varphi_4=\varphi_2+\varphi_3 \tag{1.12.4}$$

由此可见，交流电桥平衡时，除了阻抗大小满足式(1.12.3)外，阻抗的相角还要满足式(1.12.4)，这是它和直流电桥的主要区别.

本实验采用如图 1.12.4 所示的 RL 交流电桥，在电桥中的输入电源由信号发

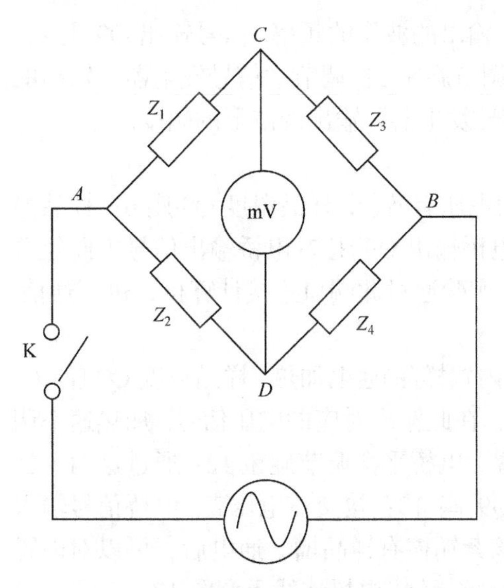

图 1.12.3　交流电桥的基本电路

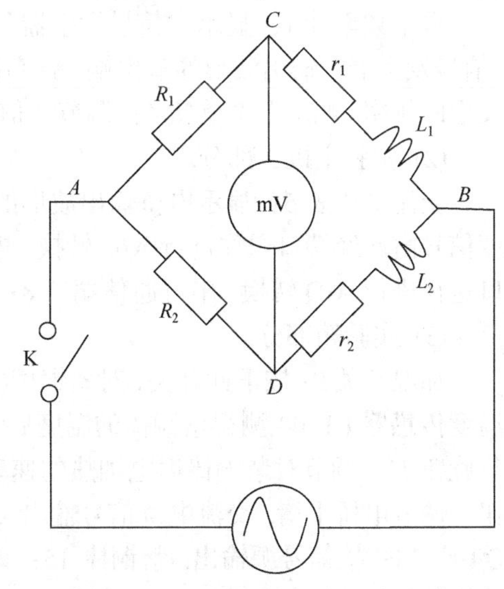

图 1.12.4　RL 交流电桥

生器提供，在实验中应适当选择较高的输出频率，ω 为信号发生器的角频率. 其中，Z_1 和 Z_2 为纯电阻，Z_3 和 Z_4 为电感(包括电感的线性电阻 r_1 和 r_2，本实验用的铁磁材料居里温度测试实验仪中还接入了一个可调电阻 R_3)，其复阻抗为

$$Z_1 = R_1,\quad Z_2 = R_2,\quad Z_3 = r_1 + \mathrm{j}\omega L_1,\quad Z_4 = r_2 + \mathrm{j}\omega L_2 \tag{1.12.5}$$

当电桥平衡时有

$$R_1(r_2 + \mathrm{j}\omega L_2) = R_2(r_1 + \mathrm{j}\omega L_1) \tag{1.12.6}$$

实部与虚部分别相等，得

$$r_2 = \frac{R_2}{R_1} r_1,\quad L_2 = \frac{R_2}{R_1} L_1 \tag{1.12.7}$$

选择合适的电子元件相匹配，在未放入铁氧体时，调节使电桥平衡. 当其中一个电感放入铁氧体后，电感大小发生了变化，引起电桥不平衡. 随着温度上升到某一个值时，铁氧体的铁磁性转变为顺磁性，*CD* 两点间的电势差发生突变并趋于零，电桥又趋向于平衡，这个突变的点对应的温度就是居里温度.

【实验仪器】

实验仪器包括主机两台，手提实验箱一台，必要时还可以借用示波器检查交流信号输出. 仪器面板示意图如图 1.12.5 所示.

仪器面板及功能说明.

(1) 实验主机 1 部分.

数字频率计 1：显示“信号发生器”输出的波形的频率. 信号输出 Q9 座 2：“信号发生器”输出波形的输出端. 频率调节旋钮 3：调节“信号发生器”输出的波形的频率. 幅度调节旋钮 4：调节“信号发生器”输出的波形的幅度.

(2) 实验主机 2 部分.

交流电压表 5：显示电桥输出波形的电压有效值. 样品温度 Q9 座 6：样品温度信号由此经端口送往进行 A/D 转换. 电桥输出 Q9 座 7：电桥输出信号由此经端口送往进行 A/D 转换. 串行通信端口 8：实验通过此端口连接计算机，进行通信.

(3) 实验箱部分.

加温开关 9：按下此开关，对紫铜棒(内置样品)通电加热. 样品温度 Q9 座 10：温度传感器 PT100 测得紫铜棒的温度后，在此输出对应的电压信号. 加热速率调节旋钮 11：调节对紫铜棒通电加热的速率. 电桥平衡调节旋钮 12：通过这两个旋钮，调节电桥平衡. 交流电桥信号输出 Q9 座 13：接交流电压表. 电桥信号输入 Q9 座 14：接信号源输出. 紫铜棒 15：该紫铜棒有样品槽，通电后，可以对内置的样品加热. 电感线圈 16：电桥的重要组成部分. 电桥连线示意图 17.

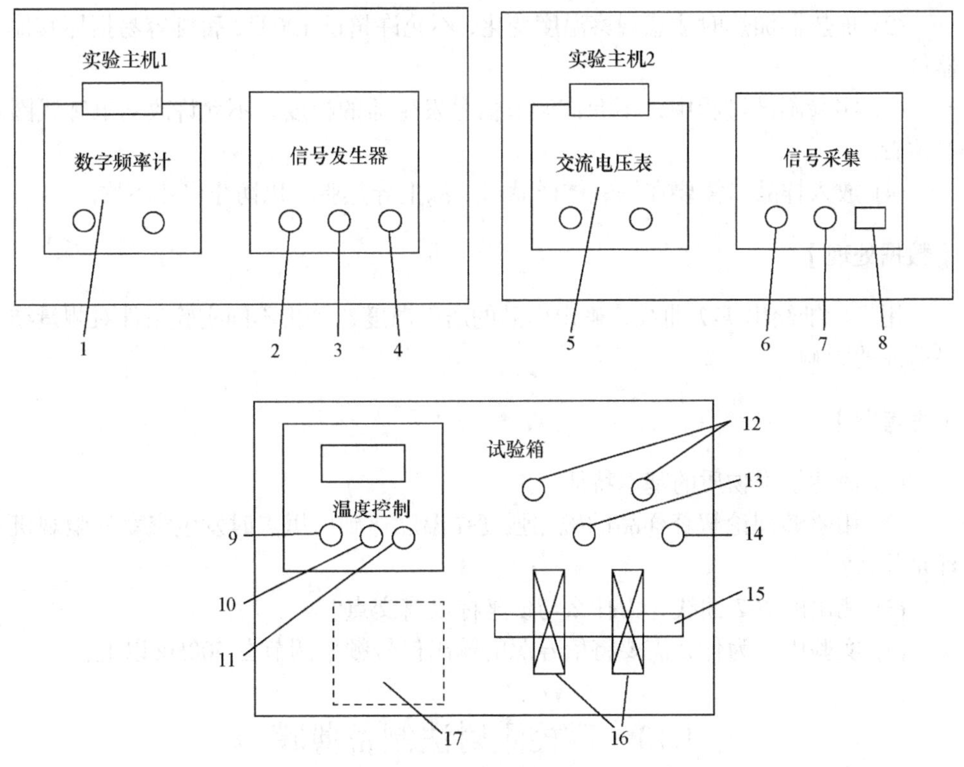

图 1.12.5　居里温度测试实验仪面板示意图

【实验内容】

(1) 根据交流电桥连线示意图，连接电桥.

(2) 分别将 2～14、7～13 和 6～10 用 Q9 线连接.

(3) 将输出信号频率调节在 500Hz 以上，调节交流电桥平衡，放入样品.

(4) 利用升温法，手动读取 V、T 数据，温度范围：室温到 110℃、80℃附近每隔约 2℃读一次，其他每隔约 5℃读一次数据，绘制铁氧体样品 V-T 曲线，计算样品的居里温度.

(5) 利用降温法，手动读取 V、T 数据，温度范围：110℃到室温、80℃附近每隔约 2℃读一次，其他每隔约 5℃读一次数据，绘制铁氧体样品 V-T 曲线，计算样品的居里温度.

(6) 用串口连接线将实验主机与计算机连接，改变加热速率和信号发生器的频率，重复上述实验步骤，分析加热速率和信号频率对实验结果的影响.

【注意事项】

(1) 样品架加热时温度较高，实验时勿用手触碰，以免烫伤.

(2) 加热器加热时注意观察温度变化，不允许超过 120℃，否则容易损坏其他器件.

(3) 实验测试过程中，不允许调节信号发生器的幅度，不允许改变电感线圈的位置.

(4) 放入样品时需要在铁氧体样品棒上涂上导热脂，以防止受热不均.

【数据处理】

用坐标纸绘出 V-T 曲线，确定样品的居里温度，分析不同实验条件对测量结果造成的影响.

【思考题】

(1) 简述铁磁物质的基本特征?

(2) 用磁畴理论解释样品的磁化强度在温度达到居里点时发生突变的微观机理是什么?

(3) 测出的 V-T 曲线，为什么与横坐标没有交点?

(4) 实验中，为什么需要将信号源的输出信号频率调节在 500Hz 以上?

1.13 磁控溅射法制备薄膜

磁控溅射方法是 20 世纪 70 年代发展起来的一种物理气相沉积设备，于 20 世纪 80 年代得到了飞速的发展. 其具有设备简单、易于控制、镀膜面积大和附着力强等优点，且可以制备各种金属、半导体、铁磁材料及氧化物绝缘材料，以及在低温下可制备出高质量的 10nm 以下的连续薄膜，目前已在真空镀膜领域占有举足轻重的地位，在工业生产和科学研究领域都发挥着巨大的作用. 本实验以生长 ZnO 半导体纳米薄膜材料为例，学习磁控溅射设备的使用，对理工科学生进一步的学习与研究均有重要意义.

【实验目的】

磁控溅射法制备薄膜

(1) 了解机械泵、油扩散泵和分子泵的工作原理.

(2) 了解热偶真空计、电离真空计的工作原理.

(3) 学习磁控溅射设备的原理及其操作规程.

(4) 掌握薄膜的制备方法.

【实验原理】

当容器中气体很稀薄，单位体积中的气体分子数目较少，压强远低于一个大气压时，通常就称为“真空”.

衡量容器中气体稀薄的程度为“真空度”，真空度用气体的压强来表示，压强越小，真空度越高，压强越大，真空度越低，按照压强的大小，一般把真空的情况分作以下几个区域：

(1) 压强大于 1.33×10^{3}Pa 粗真空；

(2) 压强在 $1.33\times10^{3}\sim1.33\times10^{-1}$Pa 低真空；

(3) 压强在 $1.33\times10^{-1}\sim1.33\times10^{-6}$Pa 高真空；

(4) 压强小于 1.33×10^{-6}Pa 超高真空.

真空技术在工业生产与科学研究上有广泛的应用，生产半导体元件，制造电子管、显像管以及真空冶炼、真空镀膜、真空热处理等方面都要用到真空技术，真空技术在近数十年间有着很大的发展，已成为一门基本技术.

磁控溅射的基本原理：溅射过程就是高能粒子入射到靶材表面，靶材表面的原子(分子)吸收入射粒子的能量而挣脱靶材表面的束缚向真空中溅出的过程. 在磁控溅射装置中,溅射粒子一般为由高压电离惰性气体产生的气体离子. 图 1.13.1 描述了入射离子和靶材表面相互作用后的产物.

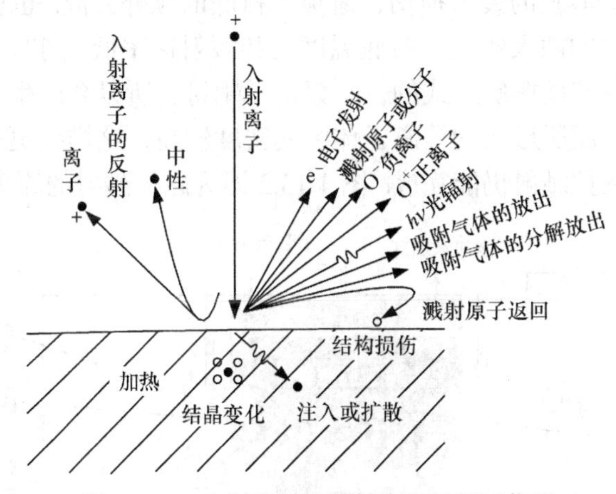

图 1.13.1　入射离子和靶材表面的相互作用

在进入靶材的过程中，入射离子和靶材表面原子碰撞，部分能量会在碰撞过程中传给了靶材中的原子，若被碰撞靶材中的原子获得能量后的动能比由其他周围的原子所形成的势垒大时，该原子就会由晶格点阵中的位置被撞出，这就产生了离位原子，该原子进一步与周围靶材原子反复发生碰撞，产生碰撞级联. 碰撞级联到达靶材表面时，若靠近靶材表面原子的动能比靶材原子表面结合能大很多时，就会被溅射出靶材的表面，进入真空，并沉积到衬底上形成薄膜.

溅射技术是一种薄膜制备方法，即定量地在真空中加入一些惰性气体，等离子体由气体的辉光放电产生，被电场加速后的等离子体中的正离子以较高的速度轰击阴极靶材，被溅射出阴极靶表面的原子便沉积到衬底上形成薄膜. 根据辉光放电性质，溅射可分为直流溅射和射频溅射两种. 对于导电性能比较好的靶材直流溅射就可以用来溅射，而对于不良导电靶材则无能为力. 因为不良导电靶材被直流溅射去溅射时，正离子会被吸附在靶材的表面使其电势迅速升高，这就排斥了后来的正离子，致使溅射停止. 采用射频溅射则可以解决这一问题，所以一般采用射频溅射去溅射不良的导电靶材.

磁控溅射是在一般溅射的基础上加入一个与电场方向垂直的磁场，这样带电粒子的运动就由正交的电场与磁场共同来约束. 为了使磁场只对等离子体中的电子起作用，减少影响等离子体中的离子，所加磁场的强度尽量在 50～200mT.

等离子体中的电子在电场和磁场的共同作用下由原来的直线运动变成螺旋线和摆线的复合运动，这就大大地增加了电子的运动路径，增大了惰性气体原子和电子碰撞的概率，同时大大提高了离化率，这就实现了高速溅射. 由于大多电子被磁场束缚在靶材附近的区域，那么到达衬底的电子数减少，而且又因为碰撞次数增多和路径的延长，所以即使电子到达了衬底其能量也会大大地减少，这就显著地减少了电子对薄膜的轰击损伤，避免了衬底的额外升温. 也就是说，该方法解决了一般溅射中的两大弱点：衬底温度高和溅射速率低. 同时，由于电子在靶材表面的运动是高速摇摆旋进式的，并轰击了靶材，所以会产生更多的离子和电子，所以在靶材表面所形成的等离子体区的密度较高，这样在更小的放电电流或更低的气压下，磁控溅射仍能完成. 图 1.13.2 即为磁控溅射的原理图.

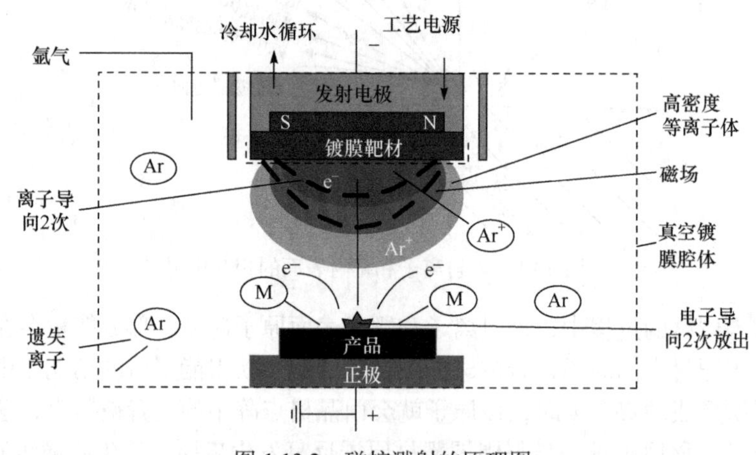

图 1.13.2 磁控溅射的原理图

磁控溅射是把普通溅射技术与磁控原理相结合，电场中的电子运动轨迹由磁场的分布来控制. 若高速溅射要在低气压下进行，那么气体的离化率必须得到有效的提高. 引入正交电磁场的磁控溅射，提高了5%～6%的离化率，提高了十倍左右的溅射速率，所以很多材料的溅射速率甚至可以到达电子束的蒸发速率.

电子在正交电磁场中运动，受到的作用力可表示为

$$\boldsymbol{F}=-e\boldsymbol{E}-e(\boldsymbol{V}\times\boldsymbol{B}) \tag{1.13.1}$$

式中，$\boldsymbol{V}$ 和 e 分别是电子运动速度和电子电荷量；$\boldsymbol{B}$ 和 $\boldsymbol{E}$ 分别为磁感应强度和电场强度，$\boldsymbol{B}$ 沿 z 轴正方向，$\boldsymbol{E}$ 沿 x 轴负方向. 设电子在 t=0 时处于坐标原点，沿三个方向的速度分量分别为 $\boldsymbol{V}_{x0}$、$\boldsymbol{V}_{y0}$ 和 $\boldsymbol{V}_{z0}$，由物理学知识，可得电子运动轨迹的方程

$$\begin{aligned}
&x=A\sin(Kt+\phi)-A\sin\phi\\
&y=\frac{E}{H}t-A\cos(Kt+\phi)+A\sin\phi\\
&z=V_{z0}t
\end{aligned} \tag{1.13.2}$$

式(1.13.2)中

$$\begin{aligned}
&A=\frac{m}{e\boldsymbol{B}}\left[V_{x0}^2+\left(V_{y0}-\frac{E}{\boldsymbol{B}}\right)^2\right]^{\frac{1}{2}}\\
&\phi=\cos^{-1}\left\{V_{x0}\Big/\left[V_{x0}^2+\left(V_{y0}-\frac{E}{\boldsymbol{B}}\right)^2\right]^{\frac{1}{2}}\right\}\\
&K=\frac{e\boldsymbol{B}}{m}
\end{aligned} \tag{1.13.3}$$

其中，m 是电子质量. 该方程为螺旋线方程，参变量为 t. 在正交电磁场中电子的运动由直线变成了螺旋线，与气体分子碰撞的概率也被增加了，从而提高了离化率. 由于离子的质量要远大于电子的质量，因此当离子以螺旋线运动的方式打到靶上时，所携带的全部能量几乎都会传递给靶材.

根据使用电源类型，磁控溅射分为两种类型：交流和直流. 根据设备装置，磁控溅射分成三种形式：圆柱形、平面和 S 枪磁控溅射.

溅射时，电流和电压的关系如下：

$$I=KV^n \tag{1.13.4}$$

其中，K 和 n 为常数，具体取值与电场、磁场、靶材及气压等有关. 气压高时，阻抗较小，其伏安特性曲线就比较陡. 那么溅射功率的变化可用下式表示：

$$\mathrm{d}P_\mathrm{e}=\mathrm{d}(IV)=I\mathrm{d}V+V\mathrm{d}I=(1+n)I\mathrm{d}V \tag{1.13.5}$$

显然电流引起的功率变化是电压的 n 倍，所以要保持溅射速率的恒定，除了要稳压，更要稳流，也就是说必须保持功率的稳定. 当确定了靶材和气压等因素

以后，在功率不太大的情况下，溅射速率基本上与功率呈一次线性关系. 然而如果功率太大，则可能出现饱和现象.

磁控溅射有两个主要的优点：其一能够溅射速率高；其二，可以避免在溅射金属时二次电子轰击，从而保持衬底接近冷态，这对塑料和单晶衬底有着重要的意义.

虽然用磁控溅射技术沉积薄膜有比较直观的原理和过程，但是因为薄膜在沉积的过程中，控制薄膜生长的参数(如靶与衬底的距离、溅射气压、衬底温度、溅射功率和退火温度等)较多，并且这些参数之间还有着很复杂的相互作用，因此，高质量薄膜的获得方法仍是一个非常有挑战性的课题. 所以，系统研究磁控溅射过程中溅射工艺参数对磁控溅射过程的影响等问题，对于获得高质量的薄膜，更好地利用磁控溅射技术推动新型光电子器件的开发和应用等，都具有非常关键的意义.

【实验仪器】

1. 真空的获得

获得真空的装置称真空泵，它的类型很多，旋片式机械泵和油扩散泵是最常用的真空泵.

旋片式机械泵如图 1.13.3 所示，在一个钢制的圆筒形定子内，偏心地装着一个钢制的实心圆柱作为转子，转子在电动机带动下，能绕自己的中心轴旋转，两个叶片 S 和S′ 横嵌在转子圆柱体的直径上，被夹在它们中间的一根弹簧所压紧，因此，两叶片把转子和定子间的空间分隔成两部分.

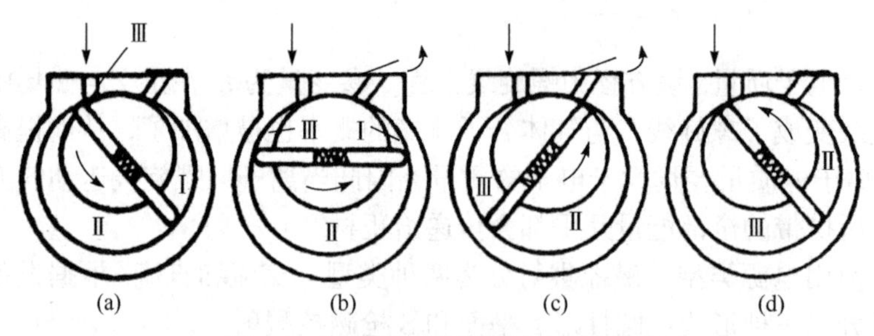

图 1.13.3 旋片式机械泵的抽气过程

转子从图 1.13.3(a)所示的位置开始转动时，空间Ⅲ增大，待抽空的容器里气体就向这增大的空间里扩散. 转子继续转动到图 1.13.3(c)所示位置时，叶片 S′ 将空间Ⅲ和被抽空的容器隔开，此后开始将空间Ⅲ内的气体向外排出. 转子不断转动，使上述过程重复进行，就能达到将容器内的气体抽去的目的.

旋片式机械泵的定子整个浸没在油里，以增加其密封、润滑和冷却作用. 旋片式机械泵能把容器中的气体从一个大气压抽到 1.33～1.33×10^{-1}Pa 的真空度.

三级油扩散泵如图 1.13.4 所示，和机械泵相比，用油扩散泵可以获得更高的真空度，泵底部油槽中的油(硅油)在电炉加热下沸腾变成蒸气，蒸气经过喷嘴后形成高速气流向下喷射，把被抽容器中扩散到泵内的大量气体分子带到排气管中聚集起来. 然后由机械泵将聚集起来的气体抽走. 其中油蒸气遇到外壳被水冷却，又凝结成油滴流入油槽，再次加热，循环工作.

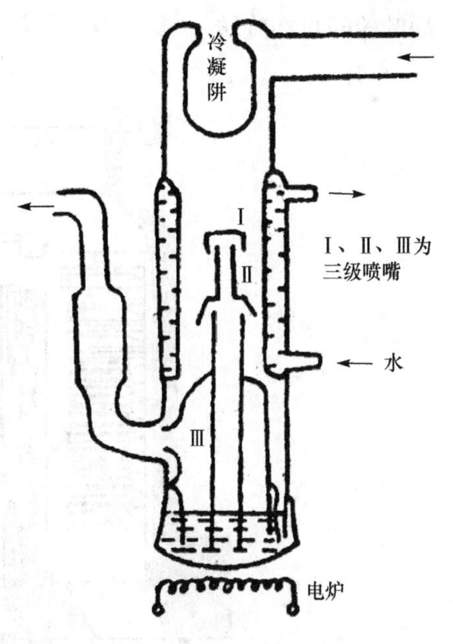

图 1.13.4　三级油扩散泵

喷嘴附近的大量气体分子被油蒸气流带走后，容器里气体分子继续扩散，就能使容器内达到 $1.33\times10^{-2}\sim1.33\times10^{-4}$Pa 的真空度.

使用油扩散泵虽可获得较高的真空度，但不能单独使用，需要和机械泵配合起来，在使用时，必须先开动机械泵，在抽到约为 1.33Pa 的真空度后，再开动扩散泵.

油扩散泵具有价格便宜，使用方便等优点，因此得到了广泛的应用. 但由于油扩散泵在抽真空的同时，不可避免地会有油分子扩散进入真空腔室，从而使真空腔室内“不洁净”而产生污染，因此在真空度要求很高且要求真空腔室无污染的环境时，用分子泵替代油扩散泵.

2. 分子泵

分子泵有两种：一种是牵引分子泵，气体分子与高速运动的转子相碰撞而获得动量，被驱送到泵的出口；另一种是涡轮分子泵，靠高速旋转的动叶片和静止的定叶片相互配合来实现抽气，通常在分子流状态下工作. 本实验中使用涡轮分子泵，下面介绍一下涡轮分子泵的结构和工作原理.

1) 涡轮分子泵的结构和工作原理

1958 年，联邦德国的 W. 贝克初次提出有实用价值的涡轮分子泵，以后相继呈现了各种不同构造的分子泵，主要有立式和卧式两种. 涡轮分子泵主要由泵体、带叶片的转子(即动叶轮)、静叶轮和驱动系统等组成，其结构如图 1.13.5 所示. 动叶轮外缘的线速度高达气体分子热运动的速度(普通为 150～400m/s). 单个叶轮的紧缩比很小，涡轮分子泵要由十多个动叶轮和静叶轮组成. 动叶轮和静叶轮交替排列. 动、静叶轮几何尺寸相同，但叶片倾斜角相反. 每两个动叶轮之间装一个静叶轮. 静叶轮外缘用环固定并使动、静叶轮间坚持 1mm 左右的间隙，动叶轮可在静叶轮间自在旋转.

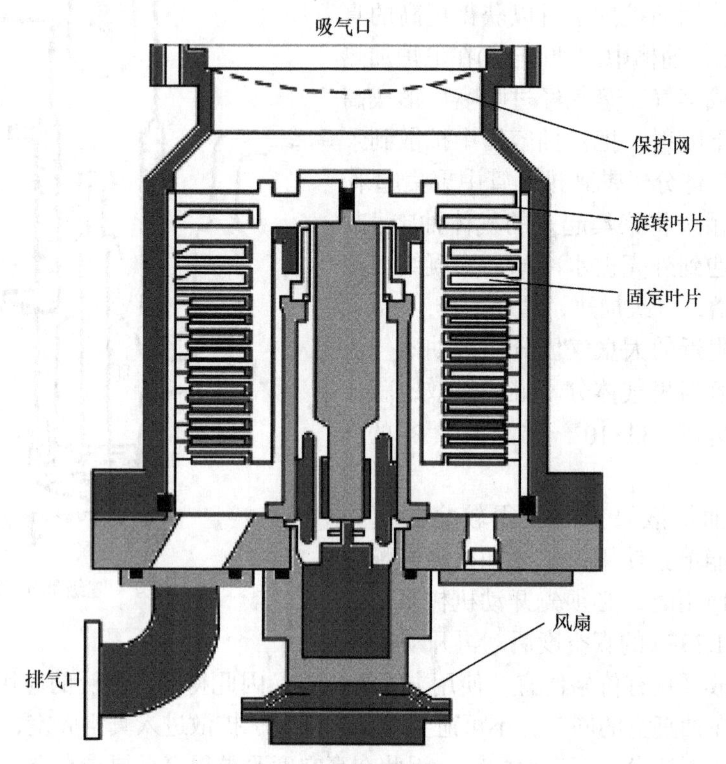

图 1.13.5 涡轮分子泵的结构

在运动叶片两侧的气体分子呈漫散射. 在叶轮左侧(图 1.13.6(a)), 当气体分子抵达 A 点左近时, 在角度 α_1 内反射的气体分子回到左侧; 在角度 β_1 内反射的气体分子一部分回到左侧, 另一部分穿过叶片抵达右侧; 在角度 γ_1 内反射的气体分子

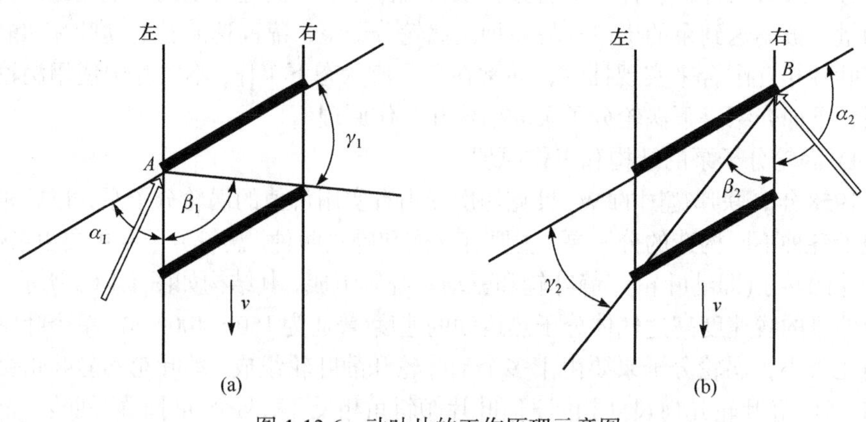

图 1.13.6 动叶片的工作原理示意图

将直接穿过叶片抵达右侧. 同理，在叶轮右侧(图 1.13.6(b))，当气体分子入射到 B 点左近时，在 α_2 角度内反射的气体分子将返回右侧；在 β_2 角度内反射的气体分子一部分抵达左侧，另一部分返回右侧；在 γ_2 角度内反射的气体分子穿过叶片抵达左侧. 倾斜叶片的运动使气体分子从左侧穿过叶片抵达右侧，比从右侧穿过叶片抵达左侧的概率大得多. 叶轮连续旋转，气体分子便不时地由左侧流向右侧，从而产生抽气作用.

泵的排气压力与进气压力之比称为紧缩比. 紧缩比除与泵的级数和转速有关外，还与气体品种有关. 分子量大的气体有高的紧缩比. 氮(或空气)的紧缩比为 10^8～10^9；氢为 10^2～10^4；对于分子量大的气体如油蒸气则大于 10^{10}. 泵的极限压力为 10^{-9}Pa，工作压力范围为 10^{-1}～10^{-8}Pa，抽气速率为几十到几千升每秒. 涡轮分子泵必须在分子流状态(气体分子的均匀自在程远大于导管截面最大尺寸的流态)下工作才显现出它的优越性，因而请求配有工作压力为 1～10^{-2}Pa 的前级真空泵. 分子泵自身由转速为 10000～60000r/min 的中频电动机直联驱动.

当今，现代化的半导体行业中，越来越多地应用涡轮分子泵. 如溅射、刻蚀、蒸发、注入、分子束外延、离子加工等设备都需要在真空环境下运行. 又如电子显微镜、表面分析仪器、残余气体分析仪及氦质谱检漏仪等也经常使用涡轮分子泵来抽真空. 此外，在宇宙模拟设备、核聚变装置、太阳能集热管镀膜生产线上也都改用大型涡轮分子泵或低温泵来代替油扩散泵系统，以防止油蒸气的污染. 因此，最近二十年来，涡轮分子泵在国内外都得到了显著的改进和发展. 在涡轮分子泵的应用日益增加，干式的前级泵还没有大量普及和应用的情况下，有时还不得不用油封机械泵来作涡轮分子泵的前级泵. 因此，针对这种现状，对涡轮分子泵的合理选用和正确操作是很重要的. 弄清楚涡轮分子泵的特点和使用方法，是有很必要的.

2) 涡轮分子泵性能和特性

涡轮分子泵的优点是启动快，能抗各种射线的照射，耐大气冲击，无气体存储和解吸效应，无油蒸气污染或污染很少，能取得清洁的超高真空. 涡轮分子泵普遍用于高能加速器、可控热核反响安装、重粒子加速器和高级电子器件制造等方面.

3) 磁控溅射镀膜设备

实验所用的设备为 JGP450 型高真空四靶共溅射镀膜设备，设备的主要性能指标在表 1.13.1 中给出. 该系统真空部分由涡轮分子泵与机械抽气泵组合而成，电源方面由一个直流电源和两个射频电源组成，靶材的种类可以是金属、合金、陶瓷等. 主要介绍仪器的使用及 ZnO 纳米材料生长的操作过程.

表 1.13.1 JGP450 型高真空四靶共溅射镀膜设备主要性能指标

极限真空	≤ 2×10^{-5}Pa
漏率	停泵关机 12h< 5Pa
抽气速率	≤ 40min 内真空度≤ 6.6×10^{-5}Pa
加热温度	≤ 1000℃
样品台旋转	20r/min

【实验内容】

以制备 ZnO 薄膜为例，整个实验中制备 ZnO 薄膜的过程可主要分为衬底清洗和磁控溅射两步.

1. 衬底清洗

首先选择比较洁净，表面无明显胶印的 FTO 导电玻璃(即掺杂氟的 SiO_2 导电玻璃). 这是因为若玻璃表面有明显胶印，极可能使磁控溅射生长出的 ZnO 纳米材料分布不均，并对材料的吸收、透射产生影响，从而得到不理想的测量结果. 在选择好衬底后用超声波清洗仪器对衬底进行清洗，先将衬底平铺在烧杯底部，一般选取 3～4 片，然后倒入清洗试剂，注意试剂要没过衬底，且略低于清洗仪去离子水液面. 清洗需要进行三个步骤，首先用丙酮清洗，接着将清洗液体换成无水乙醇，最后用去离子水进行清洗. 上述的三个步骤，每一步均持续 8min，以保证清洗质量.

清洗结束后进行烘干步骤，将清洗好的衬底用镊子夹到承载的玻璃片上，然后将承载玻璃连同衬底一起放入烘干箱中进行烘干，进行 15min 左右即可. 考虑到温度过高可能导致衬底的龟裂，所以烘干温度不宜过高，可选择为 40℃. 烘干 7min 后将衬底翻转，保证两面均得到烘干，不残留水渍.

2. 磁控溅射实验步骤

为避免不当操作对实验仪器使用寿命的影响，本节会对仪器的操作方法和注意细节加以详细介绍.

1) 开机

打开实验室总电源；打开冷却水电源、检查水路是否正常；按下主机柜面板上“启动”按钮，绿灯亮；按下总控制板上的“触摸屏开关”按钮，触摸屏工作，接着进入“画面 1”；按下触摸屏“220V 电源”键. 实验设备主机柜如图 1.13.7 所示.

2) 放置样品衬底

打开主机柜面板上“复合真空计”开关，记下真空度(目的为监测真空室密闭程度，参考值：<4Pa)；关闭“复合真空计”开关，逆时针旋开真空室的“$JF16_1$

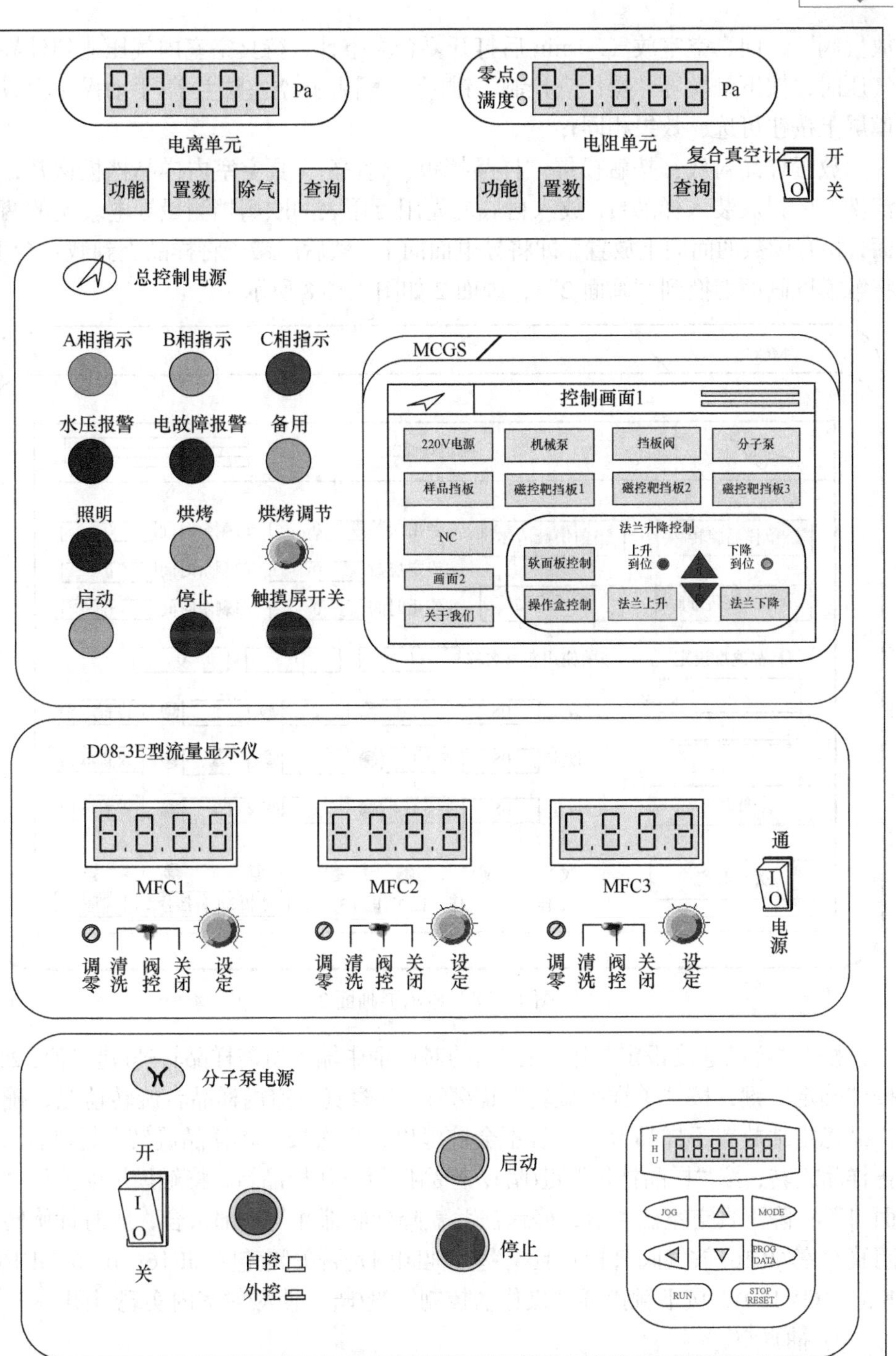

图 1.13.7　实验设备主机柜

放气阀”，向真空室放气. 1min后打开复合真空计，待真空室内气压达到外界大气压时，按下触摸屏“操作盒控制”键(亮)；升起真空室法兰盖(手动操作盒或触摸屏上按钮可选、效果相同)；

放置样品衬底：按触摸屏“样品挡板”键(亮)，真空室内样品挡板移开，将清洗好的衬底装入样品台. 放入衬底前先用万用表的欧姆挡测量导电玻璃的两个面，将有读数的面向上放置，即将导电面向上. 然后用镊子将样品夹到载物台上，将触摸屏画面切换到“画面2”，画面2如图1.13.8所示.

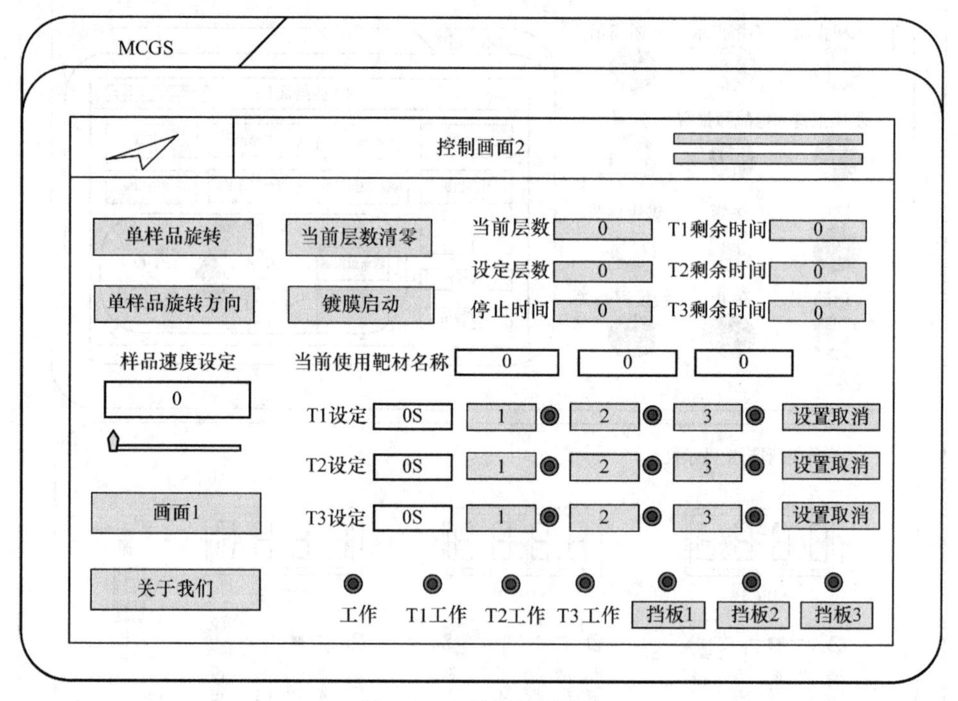

图1.13.8 显示屏画面2

按下“样品速度设定”键，在弹出的对话框中输入所需样品转速(建议值：20)，按“确定”键，按“单样品旋转”键(亮)，观察真空室内样品台旋转情况，确保样品稳定地放置于样品台中心且不会被甩出，再次按“单样品旋转”键(暗)，停止样品旋转，按“样品挡板”键(暗)，样品挡板遮住样品台，将触摸屏切换回“画面1”；降下真空室法兰盖，确保法兰盖降到底部并与底部密合，顺时针旋转关闭真空室“$JF16_1$放气阀”，检查真空室其他阀门是否关闭(包括$JF16_1$、$JF16_2$、$JF16_3$、JF35、GV150)，按下触摸屏“操作盒控制”键(暗). 使溅射室内实现封闭.

3) 抽真空

(1) 切换回画面1，如图1.13.9所示. 按下触摸屏“机械泵”键(亮)，机械泵开始运转，逆时针旋开真空室“JF35 角阀”(旁抽阀)，可看到电阻真空计(右)的示数开始下降，此时电离真空计左侧应处于关闭状态(自动).

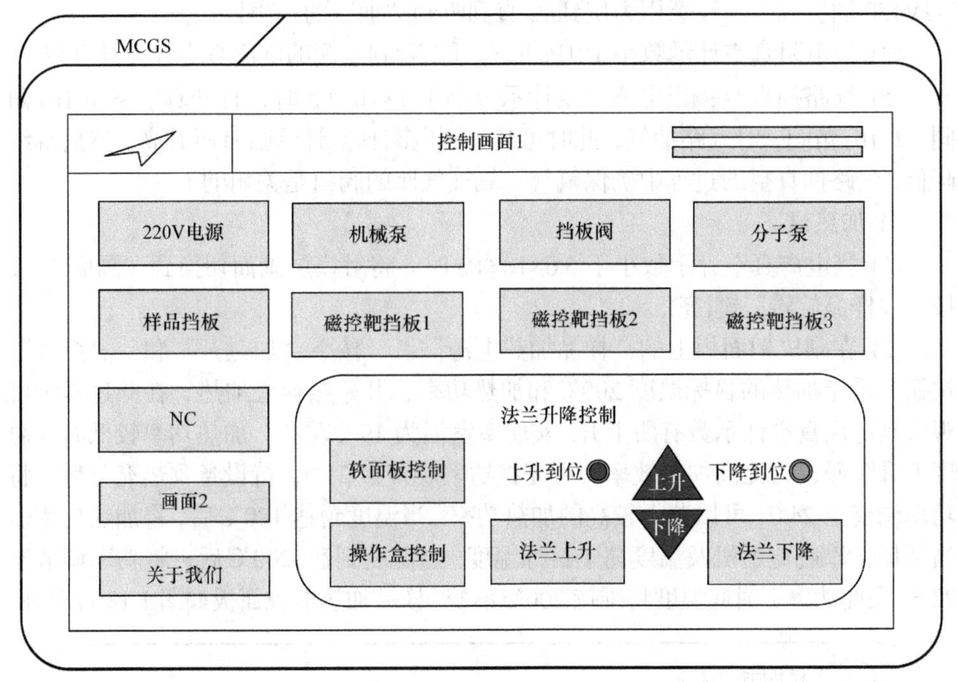

图 1.13.9　操作画面 1

(2) 当电阻真空计显示真空度在 30Pa 以下时，顺时针旋转关闭真空室“JF35 角阀”，按下触摸屏“挡板阀”键(亮)，可以听到电磁挡板阀打开(“啪”声)，20s 后，打开主机柜面板上“分子泵电源”开关，按下触摸屏“分子泵”键(亮)，此时绿色“启动”灯亮，可以看到分子泵频率示数从 400Hz 开始下降到 50Hz，分子泵如图 1.13.10 所示.

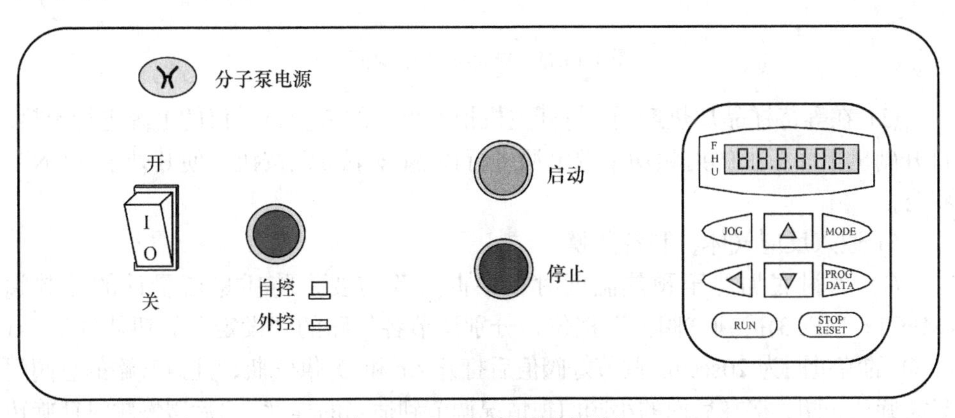

图 1.13.10　分子泵控制面板

(3) 当分子泵频率开始上升并大于 60Hz 时，逆时针旋转打开真空室的“GV150 插板阀”，注意用力旋到底(直到听到“啪”的一声).

(4) 当电阻真空计示数小于 1Pa 时，可以看到左侧的电离真空计自动开启.

(5) 气路抽真空：当电离真空计示数小于 1×10^{-3}Pa 时，打开真空室 $JF16_2$ 角阀、$JF16_3$ 角阀，对气路抽气，此时可观察到电离真空计示数有所升高，然后继续降低. 气路抽真空的过程中确保氩气、氧气气瓶的阀门是关闭的.

4) 加热衬底

(1) 当电离真空计示数小于 6.6×10^{-4}Pa 时，将触摸屏画面切换到“画面 2”，按“单样品旋转”键(亮).

(2) 在副机柜面板上的“样品加热电源”区，按下“加热开”和“温控表”按钮，设定加热的目标温度 200℃和加热功率，开始给衬底加热，在此过程中可观察到电离真空计示数有所上升. 实验室室温为 19℃左右，加热功率较低时，温度上升缓慢，为提高加热效率，可先将功率设置为 21.0，待设备预热充分后，将功率调节至 24.0，可以获得较高的加热功率. 当温度到达 180℃后，将加热功率适当调低，以避免手机及温度高于目标温度. 当温度到达 200℃后，将功率调节至 22.5，在此功率下衬底温度将维持 200℃不变. 样品加热电源面板如图 1.13.11 所示.

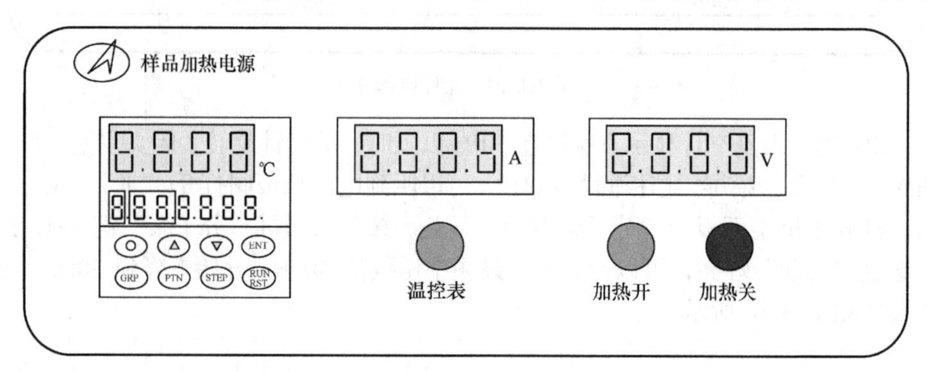

图 1.13.11 样品加热电源面板

(3) 在等待样品加热期间，打开主机柜面板上的流量显示仪的电源进行预热，打开副机柜面板上的射频功率源电源进行预热(按下黄色按钮，使其处于“ON”状态).

5) 通入反应气体，制备薄膜

(1) 当衬底加热至预热温度时，根据实验需要，将质量流量计的控制阀(MFC1、MFC3)拨到“阀控”挡位，分别调节各气路的“设定”旋钮使气流 Ar 和 O_2 的流量同为 20sccm. 调节好阀值后打开 Ar 和 O_2 供气瓶，注意气罐的总阀门只需旋开一圈，接在后面的小阀门视情况调节到适当的程度. 之后缓慢顺时针旋转

GV150 闸板阀(部分关闭)，使真空度保持在实验所需条件 2.4Pa. 但实际过程中调节范围不大时，压强的变化并不明显，可将阀门先完全关闭，然后根据压强要求适当打开阀门，调节的过程要保持缓慢，此外在压强值很小时氩气浓度不足，不会产生辉光放电，所以有必要先将压强调高些，当发生辉光放电现象后再将压强值调低.

(2) 镀膜使用二号射频电源，其对应着 3 号 ZnO 靶位. 在副机柜面板上的“射频功率源电源”区，按下“Ua ON”，设置功率量程为 200W、调节 Ua 粗调和 Ua 细调旋钮，使射频匹配器的“FORWARD”示数达到 100W，调节 C1、C2 旋钮，使 REFLECTED 指针偏转尽量小，原则上反射功率要小于总功率的 4%，所以调节 C1、C2 旋钮，将 REFLECTED 控制在 4(在 200W 量程下，偏转两个小格)，如图 1.13.12 所示.

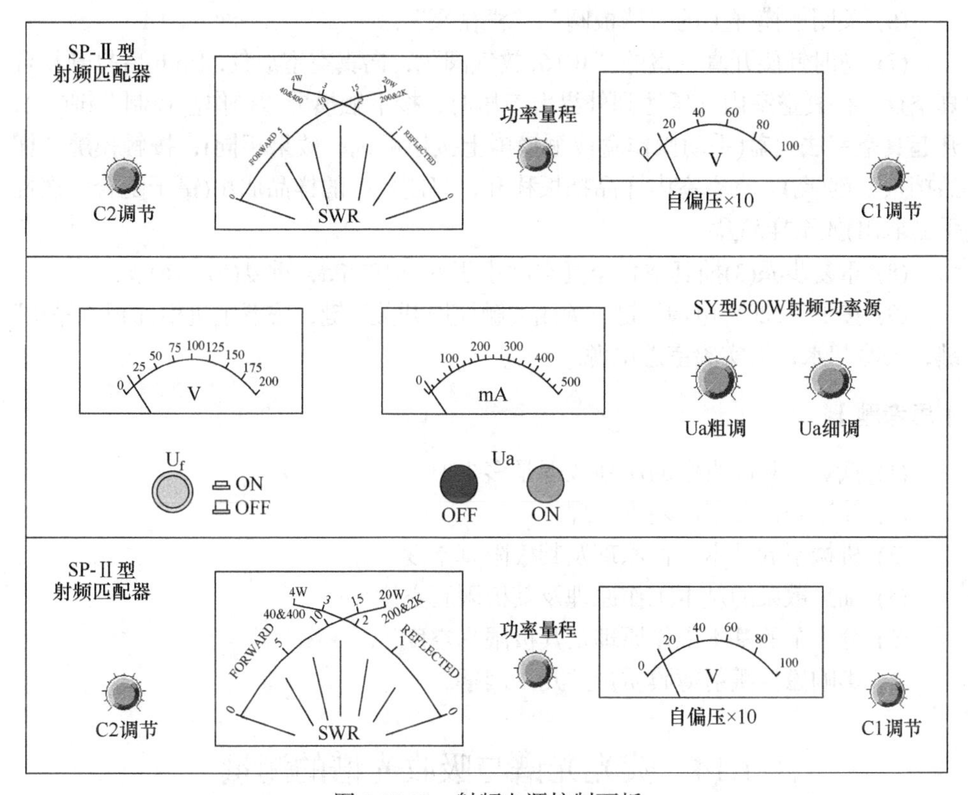

图 1.13.12　射频电源控制面板

(3) 当达到实验条件后，根据实验需要，按下触摸屏上的“磁控靶挡板 3”键(亮)以移开所需靶的挡板，预溅射 10min；按下触摸屏上的“样品挡板”键(亮)以移开样品挡板，进行镀膜，镀膜时间为 1h. 溅射的过程中对加热功率不断地进行微调，将温度控制在预定温度.

6) 取出样品及关机

(1) 镀膜时间达到 1h 后，停止溅射并关闭设备，关闭的过程中不可直接断电源，应按实验步骤依次关掉设备的各部分.

(2) 关闭样品挡板、磁控靶挡板、样品旋转、样品加热电源(先将加热功率设为 0、再按下“温控表”和“加热关”按钮).

(3) 关闭射频功率源(先将 Ua 旋钮旋至 0、再按下“OFF”键).

(4) 关闭供气瓶、$JF16_2$ 阀、$JF16_3$ 阀，将流量显示仪的各气路气流值调至 0，控制阀拨至“关闭”挡位，关闭流量显示仪电源.

(5) 关闭真空计、GV150 插板阀、分子泵(先按下触摸屏的“分子泵”键(暗)，此时红色“停止”灯亮，待分子泵频率降为 0 后关闭“分子泵电源”开关).

(6) 关闭触摸屏上的“挡板阀”“机械泵”.

(7) 逆时针旋开真空室的“$JF16_1$ 放气阀”，向真空室放气. 1min 后打开复合真空计，待真空室内气压达到外界大气压时，按下触摸屏“操作盒控制”键(亮)；升起真空室法兰盖(手动操作盒或触摸屏上按钮可选、效果相同)；按触摸屏“样品挡板”键(亮)，真空室内样品挡板移开，将制备好的样品取出(镊子配合一次性手套取出)放至样品盒.

(8) 重复步骤(3)抽真空直至真空度小于 6.6×10^{-4}Pa，重复(5)、(6)步.

(9) 按下“220V 电源”键，关闭“触摸屏开关”键，按下主机柜面板“停止”键，关冷却水，关实验室总电源.

【思考题】

(1) 低真空和高真空的压强范围是多少？

(2) 简述磁控溅射的基本原理.

(3) 机械泵的基本工作原理及其极限真空度.

(4) 油扩散泵的基本工作原理及其极限真空度.

(5) 分子泵的基本工作原理及其极限真空度.

(6) 影响磁控溅射薄膜质量的几个因素.

1.14 荧光光谱与吸收光谱的测量

分子光谱是对分子发出和吸收的光进行分光所得到的光谱，它与分子内的电子跃迁、分子内原子在平衡位置的振动、分子的绕轴转动相对应. 分子光谱的种类有很多，如光致发光光谱和吸收光谱等.

光致发光是指当物体吸收外部光源的能量后，内部电子从低能级跃迁至高能级后，自发地从高能级向低能级跃迁的光辐射过程，分为荧光光谱与磷光光谱. 荧光是由激发单重态最低振动能级至基态各振动能级间跃迁产生的，发光过程速率常数大，激发态寿命很短，而磷光是由激发三重态的最低振动能级至基态各振动能级间跃迁产生的，发光过程速率常数小，激发态寿命较长. 荧光光谱多在常温下测量，对溶剂要求不高，磷光光谱则多在低温下测量，对溶剂要求较高. 因此，一般研究光与物质相互作用时，多进行荧光光谱的测量.

荧光光谱包括激发谱和发射谱. 激发谱是荧光物质在不同波长的激发光作用下测得的某一波长处的荧光强度的变化情况，也就是不同波长的激发光的相对效率；发射谱则是在某一固定波长的激发光作用下荧光强度在不同波长处的分布情况，也就是荧光中不同波长的光成分的相对强度.

吸收光谱是由分子的价电子吸收辐射能量跃迁到高能级，产生的吸收光谱，又称电子光谱. 由于吸收的光波长在紫外可见光谱区,又称紫外可见吸收光谱. 电子能级间跃迁的同时总伴随有振动和转动能级间的跃迁，因此，电子跃迁的吸收带是较宽的谱带.

1.14.1　荧光分光光度计测量荧光光谱

荧光分光光度计
测量荧光光谱

【实验目的】

(1) 学习荧光分光光度计的构造原理及其使用方法.

(2) 掌握荧光光谱的测量方法.

(3) 对荧光光谱在物质特性分析和实际中的应用有初步的了解.

【实验原理】

1. 有关光谱的基本概念

光谱：光的强度随波长(或频率)变化的关系称为光谱.

光谱的分类：按照产生光谱的物质类型的不同，可以分为原子光谱、分子光谱、固体光谱；按照产生光谱的方式不同，可以分为发射光谱、吸收光谱和散射光谱；按照光谱的性质和形状，又可分为线光谱、带光谱和连续光谱；而按照产生光谱的光源类型，可分为常规光谱和激光光谱.

光谱分析法：光与物质相互作用引起光的吸收、发射或散射(反射、透射为均匀物质中的散射)等，这些现象的规律是和物质的组成、含量、原子分子和电子结构及其运动状态有关的. 通过测量光的吸收、散射和发光等强度与波长的变化关系(光谱)为基础而了解物质特性的方法，称为光谱分析法.

2. 固体的荧光光谱

固体的能级具有带状结构，其结构示意图如图 1.14.1 所示. 其中被电子填充的最高能带称为价带，未被电子填充的带称为空带(导带)，不能被电子填充的带称为禁带. 当固体中掺有杂质时，还会在禁带中形成与杂质相关的杂质能级.

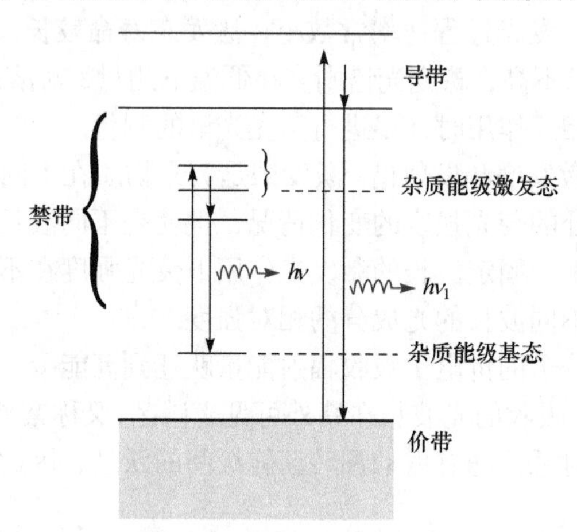

图 1.14.1 固体的能带结构

当固体受到光照而被激发时，固体中的粒子(原子、离子等)便会从价带(基态)跃进到导带(激发态)的较高能级，然后通过无辐射跃迁回导带(激发态)的最低能级，最后通过辐射或无辐射跃迁回到价带(基态或能量较低的激发态)，粒子通过辐射跃迁返回价带(基态或能量较低的激发态)时所发射的光即为荧光，其相应的能量为$h\nu(h\nu_1)$.

以上荧光产生过程只是众多可能产生荧光途径中的两个特例，实际上固体中还有许多可以产生荧光的途径，过程也远比上述过程复杂得多，有兴趣的同学可参看固体光谱学的有关资料.

荧光光强 I_f 正比于价带(基态)粒子对某一频率激发光的吸收强度 I_α，即

$$I_f = \Phi I_\alpha \tag{1.14.1}$$

式中，Φ 是荧光量子效率，表示发射荧光光子数与吸收激发光子数之比. 若激发光源是稳定的，入射光是平行而均匀的光束，自吸收可忽略不计，则吸收强度 I_α 与激发光强度 I_0 成正比，且根据吸收定律可表示为

$$I_\alpha = I_0 A(1 - e^{-\alpha d N}) \tag{1.14.2}$$

式中，A 为有效受光照面积，d 为吸收光程长，α 为材料的吸收系数，N 为材料中吸收光的离子浓度.

【实验仪器】

用于测定荧光谱的仪器称为荧光分光光度计. 荧光分光光度计的主要部件由激发光源、激发单色器、发射单色器、样品池及检测器组成，其结构如图 1.14.2

所示. 荧光分光光度计一般采用氙灯作光源，氙灯所发射的谱线强度大，而且是连续光谱.

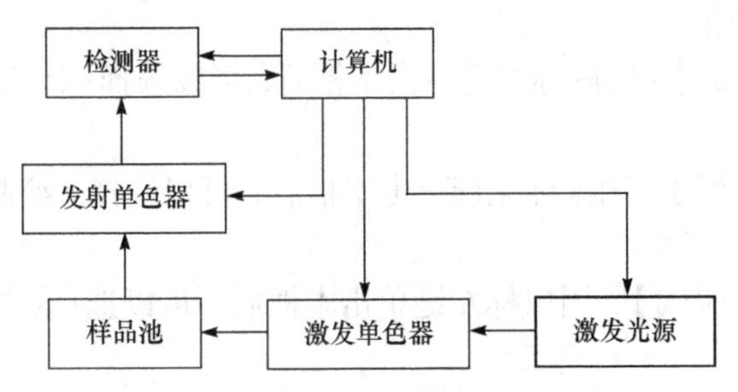

图 1.14.2　荧光分光光度计结构示意图

激发光经激发单色器分光后照射到样品池中的被测物质上，物质发射的荧光再经发射单色器分光后经光电倍增管检测，光电倍增管检测的信号经放大处理后送入计算机的数据采集处理系统，从而得到所测的光谱. 计算机除具有数据采集和处理的功能外，还具有控制光源、单色器和检测器(detector)协调工作的功能.

970CRT 荧光分光光度计操作使用如下.

开机步骤：①开氙灯电源；②开主机电源；③开计算机电源. 关机步骤：①关计算机电源；②关主机电源；③关氙灯电源. 开氙灯电源后氙灯点亮指示应有红光，反之未点亮. 开计算机后仪器自动进入初始化，初始化大约需要 5min 时间.

注意　初始化时请不要对计算机进行任何操作.

仪器初始化后工作参数已经设置为如下所示.

(1) EX(激发)当前波长：350nm.

(2) EM(发射)当前波长：397nm.

(3) EX 扫描范围：200～800nm.

(4) EM 扫描范围：200～800nm.

(5) EX 缝宽：10nm. EM 缝宽：10nm.

(6) 扫描速度：高速.

(7) 灵敏度：第一位(最低挡).

(8) 扫描方式：EM 扫描.

初始化结束后仪器进入操作界面(图 1.14.3). 上行为开工菜单，下行为快捷操作键.

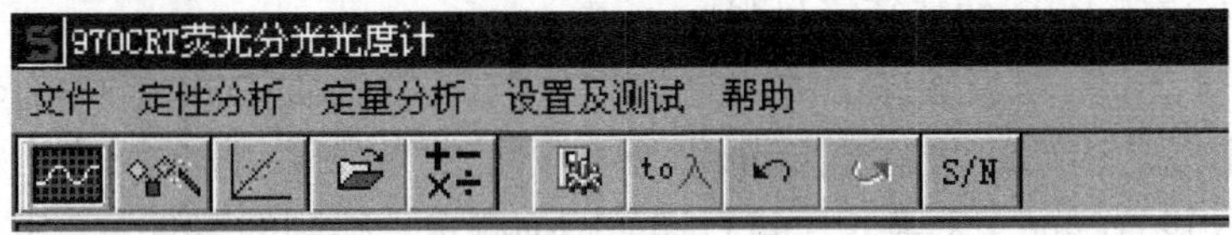

1.14.3　操作界面

(1) 【文件】. 用鼠标左键单击本框后，可以选择：数据库文件；打印机设置(出厂时已设置好，如果要更改打印机，用户可重新设置)；退出 PDQFL 工作状态(关机前退出)的操作.

(2) 【定性分析】. 用鼠标左键单击本框后，可以选择：图谱扫描；图谱分析；图谱运算功能.

(3) 【定量分析】. 用鼠标左键单击本框后，可以选择：绘制标准曲线；测定样品浓度等功能.

(4) 【设置及测试】. 用鼠标左键单击本框后，可以选择：参数设置；S/N 比测定等功能.

(5) 【帮助】. 使用中如有什么问题可参阅本项内容.

(6) 在进行定量或定性分析前选〈设置及测试〉中的参数设置，在参数设置项中设置好扫描方式；EX 波长和 EM 波长范围或扫描时间，同时设置好灵敏度；扫描速度及 EX 和 EM 缝宽.

注意 在扫描过程中请勿进行任何操作，无特殊情况不要终止扫描，直至绿灯亮，这样才能扫出完整图谱.

【实验内容】

利用 970CRT 荧光分光光度计测试荧光光谱(970CRT 型荧光分光光度计的测量波长范围在 200～800nm).

(1) 荧光光谱测试：将测试样品放入样品盒中. 如果测试为液体，将样品放在石英比色池中，挥发性样品应使用带塞的荧光池.

(2) 预热：测量时为了得到稳定可靠的数据，一般需要开机预热氙灯大约 30min. 如果仪器光源采用的是闪烁氙灯，预热时间可以缩短到 10min 左右，对某些易感光、易分解的荧光物质，尽量采用长波长、低入射光强度及短时间光照.

(3) 测量.

(a) EX 光谱，是反映一个物质受到激发以后的发光情况，表征什么波段的激发光对物质的发光最有效. 横坐标是发光光源的连续波长(nm)，纵坐标是发光强度. 通过扫描测量，观察谱线线形，找到样品最佳激发波长. 例如，在原有参数设置下测量 ZnO 的激发光谱，即扫描方式为 EX 扫描，激发波长范围为 300～380nm，观察 380nm 左右光谱出现的特征峰的发光强度变化，找到最佳激发波长(此时 380nm 左右属于 ZnO 的特征峰最强).

(b) EM 光谱，是反映一个物质的发光能力，表征物质在哪些频率有较强发光特性. 横坐标是连续的发光波长(nm)，纵坐标是发光强度. 以(a)操作中获得的最佳激发波长设置样品 EX 波长，进行样品扫描测量，得到的谱线为一定波长的激发光作用下荧光强度在不同波长处的分布情况. 例如，进一步研究 ZnO 在紫外光区域的激发光谱后，在参数设定中设置当前波长选择 EX 为(3.1)，获得最佳激发波长(一般在 325nm 附近)，扫描方式为 EM 扫描扫描范围为 360～700nm (要从大于激发波长开始)，扫描速度设置为快速，并同时对灵敏度、EX 缝宽、EM 缝宽进行设置，选择合适的灵敏度、缝宽，可多次测量，使最终观测的谱线中的波峰不超出量程，且最好出现在量程的 2/3 位置处. 最后，实验中为了更精准地测量，扫描速度可设置为慢，进行正式测量.

(c) 导出数据，用 Origin 软件进行谱线绘制和计算，如能带宽度等. 例如，ZnO 会出现 380nm 附近的特征峰外，还会在 500～600nm 处出现较宽的可见发光峰，这与 ZnO 的能带宽度(带隙)有关，归属于 ZnO 的缺陷发光，通过查阅相关文献，对可见发光峰的归属进行分析和讨论.

(d) (选做)配置不同样品浓度的溶液，依次测定样品的发射光谱，绘制每个样品的荧光强度值，对比并分析溶液浓度对样品发光特性的影响.

【注意事项】

(1) 使用前必须详细阅读说明书.

(2) 仪器的工作环境必须按说明书的要求进行.

(3) 计算机为本仪器专用配件，为避免主机损坏，计算机禁止他用，否则引起的后果由用户负责.

【思考题】

(1) 如何消除瑞利散射光对光谱测试结果的影响?

(2) 激发光谱和发射光谱有什么区别?

1.14.2　紫外可见分光光度计测量吸收光谱

【实验目的】

紫外可见分光光度计测量吸收光谱

(1) 了解紫外可见分光光度计的使用方法.

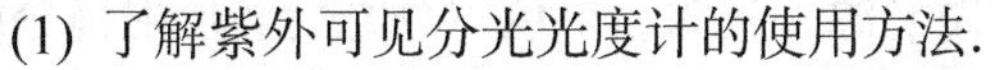

(2) 掌握用紫外可见分光光度法进行定性和定量分析的方法.

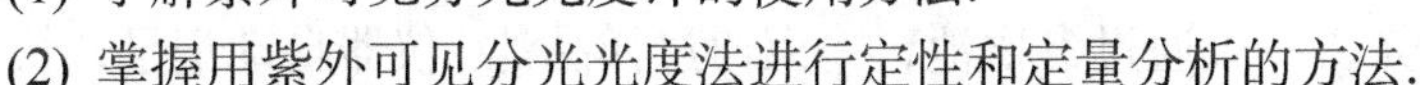

【实验原理】

分子、原子和电子这三类物质都是在不停地运动，在一定条件下，分子处于一定的运动状态，物质的分子内部有三种运动形式：电子运动，即电子绕着原子核相对运动；原子振动，即分子中原子或原子团在其平衡位置上作相对振动；分子转动，即整个分子绕其重心做旋转运动. 所以，分子的能量为电子能级、振动能级和转动能级的总和. 当分子吸收了一定能量的光量子后，该分子就会由较低能级的基态能级跃迁到较高能级. 当发生电子能级跃迁时，同时伴有转动能级和振动能级的改变，因此，分子的光谱是由许多线光谱聚集在一起的带光谱组成的谱带，称“带状光谱”. 由于物质的分子结构不同，因此，每种物质对不同能量的光子有选择性吸收，吸收光子后产生的吸收光谱也就各不相同，可与发光光谱相互印证.

1. 定性分析

不同物质的分子结构不同，因此各种物质各有其特征的紫外-可见光吸收光谱. 以波长为横坐标，吸光度为纵坐标作图，得到的曲线称为吸收光谱曲线，它能清楚地描述该物质对不同波长光的吸收情况. 光吸收程度最大处叫做最大吸收波长，用λ_{max}表示. 浓度不同时，光吸收曲线的形状相同，最大吸收波长不变，只是相应的吸光度大小不同. 说明吸收曲线的形状只与物质的本性有关，而与物质的浓度无关. 因此，我们可以利用吸收曲线对物质进行定性分析.

2. 定量分析

根据比尔-朗伯定律可知吸光度为

$$A=\varepsilon bc \tag{1.14.3}$$

式中，ε为摩尔吸光系数，b为液层厚度(cm)，c为浓度(mol/L).

当液层厚度b固定时，吸光度正比于浓度c，因此，可采用标准曲线法对物质进行定量分析. 通常选择最大吸收波长进行定量分析，以提高分析灵敏度和消除干扰影响.

【实验仪器】

TU-1901紫外可见分光光度计的主要部件有：光源(氘灯、钨灯)、单色器、样品室(参比池(里)和样品池(外))、检测器、计算机，其结构如图1.14.4所示. 紫外可见分光光度计采用氘灯和钨灯做光源，光源经单色器分光后经反射镜分解为弧度相等的两束光，一束通过参比池，一束通过样品池. 仪器自动记录，快速全波段扫描. 检测器利用光电效应将透过参比池和样品池的光信号变成可测的电信号，最后在计算机的UVWIN5系统显示出来.

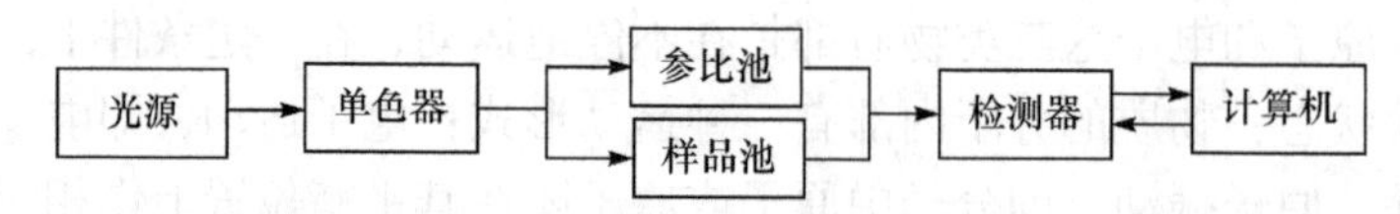

图1.14.4 TU-1901紫外可见分光光度计结构示意图

紫外可见分光光度计操作规程如下.

1. 启动 UVWIN 5 系统

当准备运行 UVWIN 5 软件时，需要确认仪器与计算机的连接正常，并且已经打开主机电源. 此时，双击 UVWIN 5 的快捷方式来启动软件. UVWIN 5 软件系统启动时，需要输入登录信息. 可以在“用户名”编辑框中输入登录的用户名，在“密码”输入框中输入此用户的密码，单击“确定”按钮即可. 系统默认的管理员是“Administrator”，也可以在“用户名”下拉框中找到. 接下来，仪器进行初始化扫描，如果仪器可以正常工作，直接进入到测量界面. 当初始化完成后，便可进入 UVWIN 5 的主用户界面了. 但如果初始化失败，系统将显示提示信息. 选择“是”则可以进入系统，选择“否”则退出系统.

2. 光谱扫描

光谱扫描是指按照一定的波长间隔，对某个波段范围进行扫描. 在扫描过程中，波长每变化一次，就读取一次测量数据，并将测量数据以二维图形的方式进行显示，从而进行进一步的分析与研究. 光谱扫描大多用在对样品的定性分析上，由于其图形直观的显示方式，使操作者对样品的性状一目了然，因此，是紫外可见分光光度计必不可少的一项重要功能.

1) 光谱扫描参数设置

在光谱扫描前，需要对扫描参数进行设置(图 1.14.5). 激活光谱扫描窗口，选择【测量】菜单下的【参数设置】子菜单，即可打开设置窗口. 单击光度方式下的下拉菜单可以选择测试方式，如吸光度(Abs)，透射率(T%)和反射率(R%). 同时，也可以设置所需要的光谱波长范围，以及扫描速度和间隔.

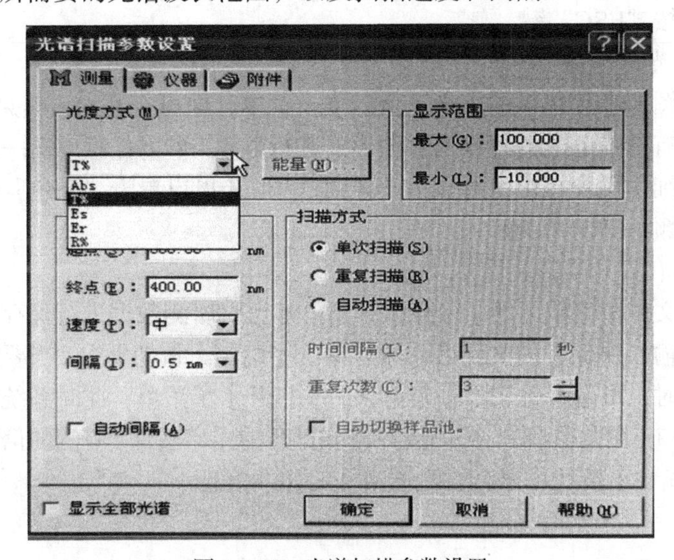

图 1.14.5　光谱扫描参数设置

窗口中共有三个选项卡，分别是：【测量】、【仪器】和【附件】. 其中，测量选项卡中的内容是设置扫描参数的主要内容，另外两个选项卡的内容与仪器性能和附件设置窗口中的内容完全相同. 下面着重介绍光谱扫描参数的设置方法.

光谱扫描光度模式如下.

设置光谱扫描图形中纵坐标的范围. 可以在【最大】和【最小】编辑框中输入相应的数值.

扫描参数： 设置扫描的波长范围、间隔、速度等参数. 【起点】和【终点】构成了扫描范围. 【速度】表示扫描速度. 扫描速度越快，数据的质量相对越不好；扫描速度越慢，数据的质量相对越好. 【间隔】表示扫描的波长间隔，也就是间隔多少纳米采一次样. 可选的扫描间隔有：0.1nm、0.2nm、0.5nm、1.0nm、2.0nm 和 5.0nm. 【自动间隔】的作用是根据设置的扫描范围来为自动选择一个扫描间隔.

扫描方式：扫描方式是设置光谱扫描的重复扫描方式. 【单次扫描】表示只进行一次扫描，不重复. 【重复扫描】表示可进行多次重复扫描. 【自动扫描】是根据选择的附件样品池的数量进行扫描. 如果选择了重复扫描，则需要设置扫描的【时间间隔】和【重复次数】. 如果选择了自动扫描，则不需要设置重复次数，只要设置时间间隔就可以了.

2) 光谱扫描

选择【测量】菜单下的【开始】子菜单，或单击“开始”按钮，即可开始光谱扫描. 在扫描过程中，系统会将扫描的数据和波长以图形的方式动态绘制在光谱扫描窗口中，另外，还会将数据显示在工具栏中. 如果要终止扫描，可单击“停止”按钮或按“ESC”键.

3) 查看光谱信息

选择【图形】菜单下的【光谱信息】子菜单，即可打开光谱信息窗口. 在此窗口中，所有扫描的光谱将以列表的形式进行显示. 可以任意单击一条光谱，在其右侧的详细信息窗口中将会显示其详细信息. 还可以单击“颜色”按钮来改变对应光谱的颜色(图 1.14.6).

4) 保存和打开光谱文件

单击【文件】菜单下的【保存】子菜单键可对所测数据进行保存，在弹出的保存窗口中输入要保存的文件名，然后单击【确定】按钮即可. 当要浏览保存过的光谱文件时，可选择【文件】菜单下的【打开】子菜单，此时系统将弹出打开光谱文件窗口. 在此窗口中,可以选择需要打开的光谱文件. 右侧的谱图为预览窗口. 单击【属性】按钮可以查看光谱文件的详细信息.

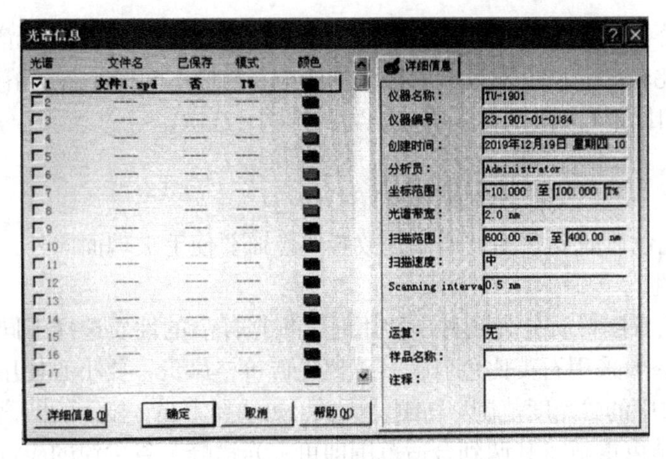

图 1.14.6　光谱信息窗口

【实验内容】

(1) 开机，自检，预热 20min.

(2) 参数设置、基线校正和放置样品.

(a) 参数设置. 打开 UVWIN 软件，自检无误后，选择 “光谱扫描” 模式，进行参数设置. 一般可设置为：扫描方式 Abs，速度中速，采样间隔 1nm，波长范围 200～600nm，纵坐标范围 0.000～2.000.

(b) 在测量前需进行基线校正. 分别将盛有去离子水的两配对比色皿放置于参比池和样品池中，盖好样品室盖，在避光下进行实验；按“基线”按钮，仪器自动进行基线校正. 校正完事后可进行正式的样品测量，如果用同一参比溶液进行多次测量，则不需要重新校正. 下面以测量维生素 B_{12} 的吸收光谱为例进行测量. 取维生素 B_{12} 注射液，按照与去离子水 1∶9 的比例混合得到 10mL 稀释溶液. 取两个配对比色皿，都倒入去离子水(去离子水为参比溶液)，进行校正.

(c) 放置样品. 取出样品池中的比色皿，用配好的维生素 B_{12} 样品溶液多次清洗，至少润洗 3 遍，将维生素 B_{12} 样品溶液倒入比色皿中，装至比色皿的 1/2～2/3. 装好后用纸巾吸干比色池表面的液体，将其放入样品槽中，注意比色皿透光面要对向样品槽有孔的一边. 盖好样品室盖，避光下测量.

(3) 波长扫描.

(a) 将样品转入比色池中进行全波长扫描，绘制紫外可见吸收光谱线(单击开始按钮，计算机自动绘制)，横轴为波长(nm)，纵轴为吸光度.

(b) 导出数据，用 Origin 软件进行谱线绘制、计算和分析. 例如，通过吸收光谱的吸收峰强度找到样品特征谱带，并确定样品在哪个波段吸收能力较强；计算吸收峰的半高宽等.

(c) 配置不同浓度维生素 B_{12} 样品溶液，测量不同浓度样品的光谱，观察吸收带形变化，比较样品浓度对光吸收能力的影响；测量不同样品溶解溶剂(有机和非有机溶剂)，比较样品溶剂对光吸收能力的影响. (选做)

【注意事项】

(1) 拿比色皿时要拿毛玻璃面，放置比色皿要使毛玻璃面向外，以免影响透光面的透光性.

(2) 比色皿按材质分为几种，使用时需根据样品的性质选择不同材质的比色皿，实验中一般采用石英比色皿，石英比色皿价格昂贵，要小心使用.

(3) 参数中的"光度范围"与测量无关. 如选择不当，显示的图谱会失真或看不见，测量结束重新将其调到合适范围即可；光谱峰、谷尖锐的应选取较小的取样间隔，但间隔越小测量所需的时间越长；扫描速度的选择取决于所需要的测量精度，速度越慢测量精度越高，但测量的时间也越长，一般测量选择"快速"即可.

【思考题】

(1) 为什么同浓度溶液，每次测量后读数会发生细微变化?

(2) 紫外分光光度法与可见分光光度法有些什么区别?

(3) 荧光光谱与磷光光谱有什么区别?

(4) 发光光谱包括哪两种光谱?

(5) 发光光谱和吸收光谱有什么关系?

1.15 X 射线衍射实验

X射线衍射实验

X 射线是一种波长(为 0.01～100Å)很短的电磁波，能穿透一定厚度的物质，并能使荧光物质发光、照相乳胶感光、气体电离等. 1895 年由德国物理学家威廉 · 康拉德 · 伦琴(Wilhelm Konrad Röntgen)发现，故也称伦琴射线. X 射线的发现使医疗影像技术成为可能，伦琴因此于 1901 年被授予首届诺贝尔物理学奖. 用高能电子束轰击金属"靶"材产生 X 射线，它具有与靶中元素相对应的特定波长，称为特征(或标识)X 射线. 如通常使用的铜靶材对应的 X 射线的波长大约为 1.54056Å；Al 靶材的波长是 8.357Å，比铜靶材的波长更长、能量更低. 这两者都属于软 X 射线. 而硬 X 射线的靶材目前用得最多的就是钼(Mo)靶，波长为 0.71073Å.

1912 年德国物理学家马克斯 · 冯 · 劳厄(Max von Laue)考虑到 X 射线的波长和晶体内部原子面间的距离相近，提出晶体可以作为 X 射线的空间衍射光栅，当一束 X 射线通过晶体时将发生衍射，分析在照相底片上得到的衍射花样，便可确定晶体结构. 劳厄于 1914 年获诺贝尔物理学奖.

1913～1914 年英国物理学家威廉 · 亨利 · 布拉格(Sir William Henry Bragg)与其子威廉 · 劳伦斯 · 布拉格(William Lawrence Bragg)通过对 X 射线谱的研究，提出晶体衍射理论，建立了布拉格公式，并改进了 X 射线分光计. 父子二人共同获得了 1915 年的诺贝尔物理学奖.

【实验目的】

(1) 掌握 X 射线的基本原理与性质.

(2) 了解 X 射线衍射(XRD)仪的基本结构，掌握其基本的使用方法.

(3) 利用多晶样品的 XRD 衍射数据对物相结构进行分析.

(4) 学习通过 XRD 衍射数据对粉末的粒径进行估算.

【实验原理】

1. X 射线的产生

电子从加热的钨丝发射后经聚焦罩汇聚，在一定加速电压的加速下形成向阳极靶(一般铜靶)高速运动的电子流，当此高速电子流轰击阳极靶后，会使靶内的电子从低能级向高能级跃迁，靶内电子向低能级跃迁而产生的辐射线，即为 X 射线，如图 1.15.1 所示.

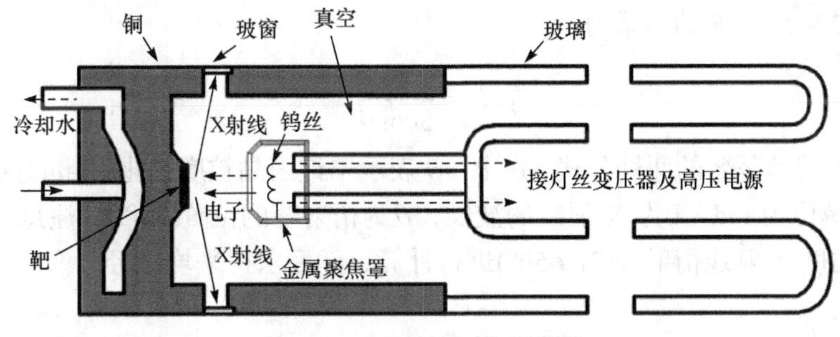

图 1.15.1　X 射线(管)示意图

2. 布拉格公式

1913 年英国物理学家布拉格父子(W. H. Bragg，W. L. Bragg)在劳厄发现的基础上，不仅成功地测定了 NaCl、KCl 等的晶体结构，并提出了作为晶体衍射基础的著名公式——布拉格公式

$$2d\sin\theta = k\lambda \tag{1.15.1}$$

式中，d 为晶格常数，λ 为 X 射线的波长，k 为正整数(通常取 1).

当 X 射线以掠角 θ(入射角的余角)入射到某一点阵晶格间距为 d 的晶面上时，在符合式(1.15.1)的条件下，将在反射方向上得到因叠加而加强的衍射线. 布拉格方程简洁直观地表达了衍射所必须满足的条件. 当 X 射线的波长 λ 已知时(选用固定波长的特征 X 射线)，采用细粉末或细粒做晶体的样品，从一堆任意取向的晶体中，总能找到一些 θ 角符合布拉格方程条件的晶面从而产生衍射，测出 θ 后，利用布拉格方程即可确定点阵晶面间距、晶胞大小和类型；根据衍射线的强度，还可进一步确定晶胞内原子的排布. 这便是 X 射线结构分析中的粉末法或德拜-谢勒(Debye-Scherrer)法的理论基础. 而在测定单晶取向的劳厄法中所用单晶样品保持固定不变动(即 θ 不变)，以辐射束的波长作为变量来保证晶体中一切晶面都满足布拉格方程的条件，故选用连续 X 射线束. 如果利用结构已知的晶体，则在测定出衍射线的方向 θ 后，便可计算 X 射线的波长，从而判定产生特征 X 射线的元素. 这便是 X 射线谱学，可用于分析金属和合金的成分.

3. 谢勒公式

X 射线线宽法是测定颗粒晶粒度的最好方法. 当颗粒为单晶时，该法测得的是颗粒度. 当颗粒为多晶时，该法测得的是组成单个颗粒的单个晶粒的平均晶粒度. 这种测量方法只适用于对晶态的纳米粒子晶粒度的评估. 实验表明晶粒度小于等于 50nm 时，测量值与实际值相近，反之，测量值往往小于实际值.

晶粒度很小时，晶粒的细小可引起衍射线的宽化，衍射线半高强度处的线宽度 B 与晶粒尺寸 R 的关系为

$$R=\frac{0.89\lambda}{B\cos\theta} \tag{1.15.2}$$

式(1.15.2)就是著名的谢勒公式. 式中，B 表示单纯因晶粒度细化引起的宽化度(半高宽)，单位为 rad. λ 为 X 射线的波长，θ 为衍射峰的位置(弧度). 注意：应选取多条低角度 X 射线衍射线($2\theta\leqslant50°$)进行计算，然后求得平均粒径.

4. 应用

X 射线衍射在金属学中的应用. X 射线衍射现象发现后，很快被用于研究金属和合金的晶体结构，出现了许多具有重大意义的结果. 例如，韦斯特格伦(Westgren)(1922 年)证明α、β 和 δ 铁都是立方结构，β-Fe 并不是一种新相；而铁中的α→γ转变实质上是由体心立方晶体转变为面心立方晶体，从而最终否定了β-Fe 硬化理论. 随后，用 X 射线测定众多金属和合金的晶体结构的同时，在相图测定以及在固态相变和范性形变研究等领域中均取得了丰硕的成果. 例如，对超点阵结构的发现，推动了对合金中有序无序转变的研究；对马氏体相变晶体学的

测定，确定了马氏体和奥氏体的取向关系；对铝铜合金脱溶的研究等. 目前 X 射线衍射(包括散射)已经成为研究晶体物质和某些非晶态物质微观结构的有效方法. 在金属中的主要应用有以下方面.

1) 物相分析

物相分析是 X 射线衍射在金属中用得最多的方面，分定性分析和定量分析. 前者把对材料测得的点阵平面间距及衍射强度与标准物相的衍射数据相比较，确定材料中存在的物相；后者则根据衍射花样的强度，确定材料中各相的含量. 物相分析在研究性能和各相含量的关系与检查材料的成分配比及随后的处理规程是否合理等方面都得到广泛应用.

2) 精密测定点阵参数

点阵参数的测定常用于相图的固态溶解度曲线的测定. 溶解度的变化往往引起点阵常数的变化；当达到溶解限后，溶质的继续增加引起新相的析出，不再引起点阵常数的变化. 这个转折点即为溶解限. 另外点阵常数的精密测定可得到单位晶胞原子数，从而确定固溶体类型，还可以计算出密度、膨胀系数等有用的物理常量.

【实验仪器】

实验仪器：DX-2700B 型实验仪.

X 射线衍射仪结构示意图如图 1.15.2 所示，主要由 X 射线发生器、测角仪、X 射线强度测量系统和衍射仪数据采集、处理系统四部分组成.

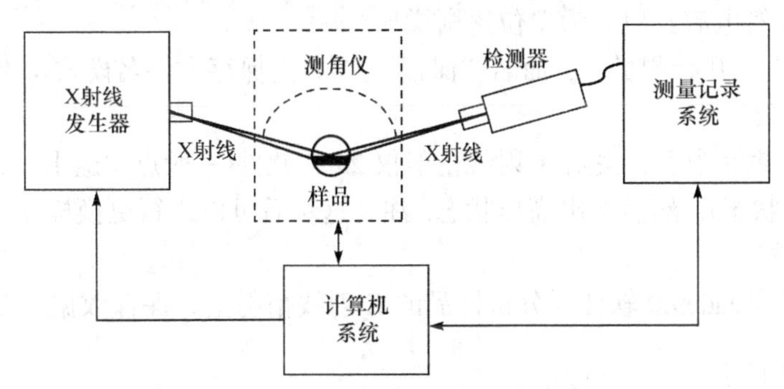

图 1.15.2　X 射线衍射仪结构示意图

1. 仪器操作和使用规程

(1) 接通电源总开关(把左上角总闸接通)(总电源).

(2) 打开水泵循环系统开关到运行状态【运行】(水循环).

(3) 打开主机绿色启动按钮【ON】(主机).

(4) 打开计算机系统开关(计算机显示器进入工作状态).

(5) 进行样品放入(注意开防护门时，需要将按钮按下再拉开门).

(6) 打开桌面上X射线衍射仪2.7.5软件(注:打开软件前必须先接通主机电源).

(7) 单击【测试】→【样品测量】弹出控制参数对话框.

(8) 设置控制参数(表1.15.1).

表 1.15.1 控制参数

测量方式	步进测量
转动方式	θ_s-θ_d
起始角	5°
终止角	90°
步进角度	如下
采样时间	如下
管电压	40kV
管电流	30mA

起始角：≥3°；

终止角：不能超过155°正常(一般为80°～90°)；

步进角度：以0.01为单位(0.01～0.03)(一般0.02)；

采样时间：物相分析，以0.1为单位(0.1～1)(快，一般为0.1)；定量分析，以1为单位(≥2)(慢，一般为1)；

管电压/管电流：以5为单位逐渐增加.

(9) 单击“开始测量”，命名“保存”文件(先保存文件名模式)，然后点保存进行信息采集.

(10) 采集完毕后，关闭X射线衍射仪2.7.5软件(一般点“退出”，会提示是否退出高压状态)，然后退出高压状态. 注：这步后可以进行更换样品，然后循环(6)～(10)步骤.

(11) 打开Jade9.0软件，分析样品的X射线衍射谱，保存数据至U盘.

2. 关机程序

(1) 关闭X射线衍射仪2.7.5软件退出高压状态；

(2) 关闭Jade9.0分析软件；

(3) 关闭主机DX-2700B电源(注：必须先关闭防护门，否则无法关闭主机)；

(4) 关闭主机电源后，再继续运行水泵循环3～5min后再关闭水泵；

(5) 关闭计算机；

(6) 拉下电源总开关.

【实验内容】

(1) 制备实验样器，用压片机压制粉末样品(ZnO).

(2) 用 X 射线衍射仪测量样品.

(3) 绘制 XRD 曲线(用计算机绘制打印即可)，横轴 2θ 角，纵轴 XRD 强度.

(4) 得出样品主要衍射峰的位置(角度)、半高宽及各峰的强度.

(5) 计算各衍射峰(晶面)对应的晶格常数 d 及粒径 R 和平均粒径.

【思考题】

(1) X 射线的波长是多少？ 其能量相当于多少 eV？

(2) 布拉格公式是什么？

(3) 谢勒公式是什么？其估算粒径的准确范围是多少？

1.16　扫描探针显微镜

扫描隧道显微镜(STM)的水平分辨率小于 0.1nm，垂直分辨率小于 0.01nm. 一般来讲，物体在固态下原子之间的距离在零点一到零点几个纳米之间，因此，在扫描隧道显微镜下导电物质表面结构的原子、分子状态清晰可见. 扫描隧道显微镜的原理是根据探针和样品之间的隧道效应产生的隧道电流进行成像的，因此它要求样品具有良好的导电性. 若样品不导电，则可利用原子力显微镜(atomic force microscope，AFM)进行表面探测，与扫描隧道显微镜类似，原子力显微镜利用探针针尖与样品表面原子间的作用力进行成像，从而可以检测到样品纳米级表面信息，甚至在大气、真空、液体环境下都可以直接测试，有原子级分辨率. 分辨率还受到探针针尖大小的影响，目前原子力显微镜公认的横向分辨率为 0.2nm，垂直分辨率为 0.1nm. 由于扫描隧道显微镜和原子力显微镜都是通过检测探针对样品进行扫描时的运动轨迹来推知其表面形貌，所以两者都属于扫描探针显微镜(SPM). 与扫描电子显微镜相比，扫描探针显微镜具有更高的分辨率，可以分辨原子，可实时得到量化的实空间中表面三维图像，用于导体与非导体材料表面的测量，同时对测试的环境要求也相对宽松.

1.16.1　扫描隧道显微镜

扫描隧道显微镜

【实验目的】

(1) 观察导电光栅表面结构.

(2) 掌握扫描隧道显微镜的使用方法.

【实验原理】

扫描隧道显微镜的工作原理是基于量子力学中的隧道效应. 对于经典物理学来说，当一个粒子的动能 E 低于前方势垒的高度 V_0 时，它不可能越过此势垒，即透射系数等于零，粒子将完全被弹回. 而按照量子力学的计算，在一般情况下，其透射系数不等于零. 如果两个金属电极用非常薄的绝缘层隔开，在极板上施加电压，电子则会穿过绝缘层，这个现象称为隧道效应(隧穿效应).

隧道效应是由粒子的波动性而引起的，只有在一定的条件下，隧道效应才会显著. 经计算，透射系数 T 为

$$T \approx \frac{16E(V_0 - E)}{V_0^2} \mathrm{e}^{-\frac{2a}{\hbar}\sqrt{2m(V_0 - E)}} \tag{1.16.1}$$

由式(1.16.1)可见，T 与势垒宽度 a，能量差(V_0-E)以及粒子的质量 m 有着很敏感的关系. 随着势垒厚(宽)度 a 的增加，T 将指数衰减，因此在一般的宏观实验中，很难观察到粒子隧穿势垒的现象.

扫描隧道显微镜的基本原理是将原子线度的极细探针和被研究物质的表面作为两个电极，当样品与针尖的距离非常接近(通常小于 1nm) 时，在外加电场的作用下，电子会穿过两个电极之间的势垒流向另一电极.

隧道电流 I 是电子波函数重叠的量度，与针尖和样品之间距离 S 以及平均功函数 $\varPhi$ 有关

$$I \propto V_\mathrm{b} \mathrm{e}^{(-A\sqrt{\varPhi}S)} \tag{1.16.2}$$

式中，V_b 是加在针尖和样品之间的偏置电压，平均功函数

$$\varPhi = \frac{1}{2}(\varPhi_1 + \varPhi_2) \tag{1.16.3}$$

$\varPhi_1$ 和 $\varPhi_2$ 分别为针尖和样品的功函数. A 为常数，在真空条件下约等于 1. 隧道探针一般采用直径小于 1mm 的细金属丝，如钨丝、铂-铱丝等，被观测样品应具有一定的导电性才可以产生隧道电流.

隧道电流强度对针尖和样品之间的距离有着指数依赖关系，当距离减小 0.1nm，隧道电流即增加约一个数量级. 因此，根据隧道电流的变化，我们利用电子反馈系统可以得到样品表面微小的高低起伏变化的信息，如果同时对 x-y 方向进行扫描，就可以直接得到三维的样品表面形貌图，这就是扫描隧道显微镜的工作原理(图 1.16.1).

在探针和样品之间加上电压，当我们移动探针逼近样品并在反馈电路的控制下使两者之间的距离保持在小于 1nm 的范围时，根据前面描述的隧道效应现象，探针和样品之间产生了隧道电流. 隧道电流对距离非常敏感. 当移动探针在水平

方向有规律地运动时，如上所述，探针下面有原子的地方隧道电流就强，而无原子的地方隧道电流就相对弱一些. 把隧道电流的这个变化记录下来，再输入到计算机进行处理和显示，就可以得到样品表面原子级分辨率的图像.

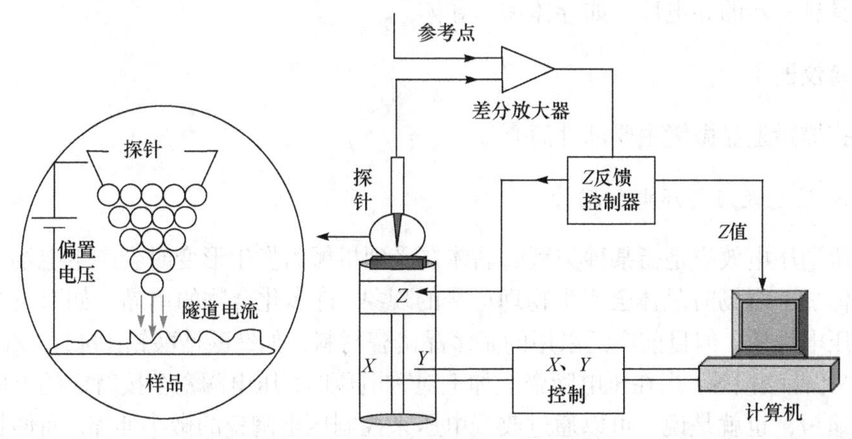

图 1.16.1　扫描隧道显微镜工作原理示意图

扫描隧道显微镜探针的最尖端是非常尖锐的，通常只有一两个原子. 因为只有原子级锐度的针尖才能得到原子级分辨率的图像，这好比只有刻度精确的尺子才能测量得到精确的尺度一样. 扫描隧道显微镜探针通常是用电化学的方法制作的，目前也有人用剪切的简单方法得到尖锐的针尖.

基于以上的测量原理，扫描隧道显微镜有两种测量的模式.

(1) 恒流模式.

在探针的扫描过程中，通过调节探针的高度使隧道电流保持恒定，则记录探针的移动轨迹就可以了解被测样品表面的结构状态.

X-*Y* 方向进行扫描，在 *Z* 方向加上电子反馈系统，初始隧道电流为一恒定值，当样品表面凸起时，针尖就向后退；反之，样品表面凹进时，反馈系统就使针尖向前移动，以控制隧道电流的恒定. 将针尖在样品表面扫描时的运动轨迹在记录纸或荧光屏上显示出来，就得到了样品表面态密度的分布或原子排列的图像. 此模式可用来观察表面形貌起伏较大的样品，而且可以通过加在 *Z* 方向上驱动的电压值推算表面起伏高度的数值.

(2) 恒高模式.

控制探针在被测样品表面同一水平高度移动，即在扫描过程中保持针尖的高度不变，记录流过探针的隧道电流的变化，即可真实地反映被测样品的表面形貌.

扫描隧道显微镜在恒流工作模式下，当样品原子之间的沟槽比探针的针尖还小时，原子之间的沟槽可能会被探针扫描过的曲面所遮盖，在形貌上表现得很窄，而原子的粒径却因此而被放大了，所以有时它对样品表面微粒之间的某些沟槽不能够准确探测，与此相关的分辨率也比较差. 在恒高工作模式下，可以采用非常尖锐的探针，其针尖的半径应远小于粒子之间的距离，才有可能避免这种缺陷. 这种模式通常用来测量表面形貌起伏不大的样品. 扫描隧道显微镜所要测量的样品必须具有一定的导电性，如导体和半导体.

【实验仪器】

扫描隧道显微镜主要部件简介.

1. 压电效应与压电扫描管

所谓压电效应是指某种类型的晶体在受到机械力发生形变时会产生电场，或给晶体加一电场时晶体会产生物理形变的现象. 许多化合物的单晶，如石英等都具有压电性质，但目前广泛采用的是多晶陶瓷材料，如钛酸锆酸铅[Pb(Ti，Zr)O_3](PZT)和钛酸钡等. 当在压电陶瓷上加上对称电压时，压电陶瓷会按特定的方向伸长或缩短，也就是说，可以通过改变电压来控制压电陶瓷的微小伸缩. 而伸长或缩短的尺寸与所加电压的大小呈线性或接近线性的关系，这样通过压电陶瓷管就可以将 1mV～1000V 的电压信号转换成十几分之一纳米到几微米的位移，从而控制样品对探针的扫描.

目前常用的压电扫描控制是使用单管型压电陶瓷管(图 1.16.2)，陶瓷管的外部电极分成面积相等的四份，内壁为一整体电极，在其中一块电极上施加电压，管子的这一部分就会伸展或收缩(由电压的正负和压电陶瓷的极化方向决定)，导致陶瓷管向垂直于管轴的方向弯曲. 通过在相邻的两个电极上按一定顺序施加电压

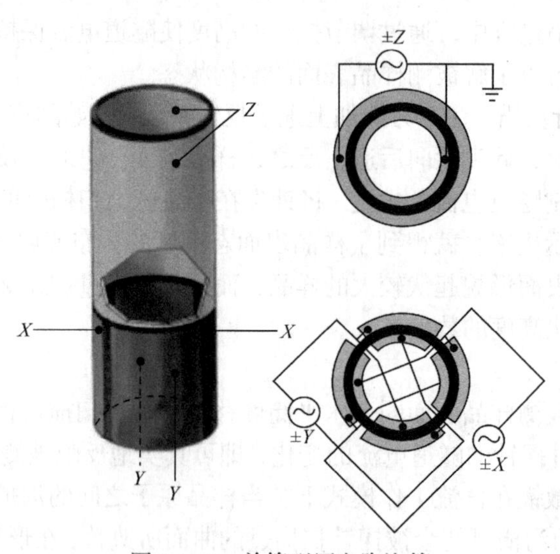

图 1.16.2 单管型压电陶瓷管

就可以实现在 X-Y 方向的相互垂直移动. 在 Z 方向的运动是通过在管子内壁电极施加电压使管子整体收缩实现的. 管子外壁的另外两个电极可同时施加符号相反的电压使管子一侧膨胀，相对的另一侧收缩，增加扫描范围，亦可以加上直流偏置电压，用于调节扫描区域.

2. 隧道针尖

隧道针尖的结构是扫描隧道显微技术要解决的主要问题之一. 针尖的大小、形状和化学同一性不仅影响着扫描隧道显微镜图像的分辨率及图像细节的形状，而且也影响着测定的电子态.

针尖的宏观结构应使得针尖具有高的弯曲共振频率,从而可以减少相位滞后，提高采集速度. 如果针尖的尖端只有一个稳定的原子而不是有多重针尖，那么隧道电流就会很稳定，而且能够获得原子级分辨的图像. 针尖的化学纯度高，就不会涉及系列势垒. 例如，针尖表面若有氧化层，则其电阻可能会高于隧道间隙的阻值，从而导致在针尖和样品间产生隧道电流之前，两者就发生碰撞.

目前制备针尖的方法主要有电化学腐蚀法、机械成型法等. 制备针尖的材料主要有金属钨丝、铂-铱合金丝等. 钨针尖的制备常用电化学腐蚀法. 而铂-铱合金针尖则多用机械成型法，一般直接用剪刀剪切而成. 不论哪一种针尖，其表面往往覆盖着一层氧化层，或吸附一定的杂质，这经常是造成隧道电流不稳、噪声大和扫描隧道显微镜图像不可预期性的原因. 因此，每次实验前，都要对针尖进行处理，一般用化学法清洗，去除表面的氧化层及杂质，保证针尖具有良好的导电性.

3. 电子学控制系统

扫描隧道显微镜是一个纳米级的随动系统，因此，电子学控制系统也是一个重要的部分. 扫描隧道显微镜要用计算机控制步进电机的驱动，使探针逼近样品，进入隧道区，而后要不断采集隧道电流，在恒电流模式中还要将隧道电流与设定值相比较，再通过反馈系统控制探针的进与退，从而保持隧道电流的稳定. 所有这些功能，都是通过电子学控制系统来实现的.

该电子反馈系统最主要的是反馈功能，这里采用的是模拟反馈系统，即针尖与样品之间的偏压由计算机数模转换通道给出，再通过 X、Y、Z 偏压控制压电陶瓷三个方向的伸缩，进而控制针尖的扫描. 电子学控制系统中的一些参数，例如，隧道电流、针尖偏压的设定值、反馈速度的快慢等，都随着不同样品而异，因而在实际测量过程中，这些参量是可以调节的. 一般在计算机软件中可以设置和调节这些数值.

【实验内容】

用扫描隧道显微镜扫描导电光栅，具体步骤如下.

(1) 选择并固定好扫描器.

(2) 制备探针、装探针. 将一约 3cm 的铂-铱合金丝放在无水乙醇中洗净，取出后用经无水乙醇清洗的剪刀剪尖，再放入无水乙醇中洗净(在此后的实验中千万不要碰针尖！). 将探针后部略微弯曲，插入探针架的金属管中固定，针尖露出头部约 5mm. 将探针架插入扫描头部.

(3) 放置样品. 使样品(导电光栅)的被测部位对准探针.

(4) 打开 BY1000/BY3000/CSPM5000 的主控机箱电源和计算机电源.

(5) 在线软件控制.

(a) 打开桌面的 CSPM Console，等待软件与仪器的连接.

(b) 软件与仪器连接完成后：

选择“循环扫描”；

选择“反馈控制”：对数；

选择“扫描范围”：nm；

选择“扫描角度”：0；

选择“X 偏移”：0nm；

选择“Y 偏移”：0nm；

选择“偏压”：0.05V；

选择“参考点”：1.2nA；

选择“积分增益”：6000；

选择“比例增益”：6000；

选择“扫描频率”：1.0Hz；

选择“参考增益”：0；

此时，“信号”显示“0.000nA”.

“Z 电压”显示“160.00V”.

(c) 单击“进针”按钮.

在“自动进针”窗口单击“正常进针”，重复操作直至“当前电压”在零附近；

在“单步控制”窗口单击“单步前进”或“单步后退”调节“当前电压”趋近于“0”；

单击“完成”，关闭“进针”窗口.

(d) 单击“扫描”按钮，进行扫描.

(e) 扫描完成后，右键单击“图像缓冲区”中“另存为”，另存为适当的文件名和路径.

(f) 单击“进针”按钮；

在“退针”窗口单击“开始退针”，直至一个周期结束；

单击“完成”，关闭“进针”窗口；

取出样品；

移开探头，取出样品.

(g) 在缓冲区单击右键，保存图像.

(h) 后处理软件处理.

在“Imager4.5”中打开保存的图像，使用其功能对所得的图像进行修饰和处理.

① 平滑处理：将像素与周边像素作加权平均.

② 斜面校正：选择斜面的一个顶点，以该顶点为基点，线形增加该图像的所有像素值.

③ 低通滤波：对当前图像作低频率通过滤波.

④ 傅里叶变换：对当前图像作 FFT 滤波，此变换对图像的周期性很敏感.

⑤ 边缘增强：对当前图像作边缘增强，使图像具有立体浮雕感.

⑥ 图像反转：对当前图像作黑白反转.

⑦ 三维变换：使具灰度的图像变换为立体三维图像，形象直观.

⑧ 剖面线：利用剖面线可以测量该剖面线上的周期和高低起伏.

(6) 关闭主控机箱电源，取出扫描器.

(7) 打印出样品表面形貌，并对获得样品的图像进行分析(范围、尺寸、平整度等).

【思考题】

(1) 扫描隧道显微镜的工作原理是什么？什么是量子隧道效应？

(2) 扫描隧道显微镜主要常用的有哪几种扫描模式？各有什么特点？

(3) 仪器中加在针尖与样品间的偏压是起什么作用的？偏压的大小对实验结果有何影响？

(4) 实验中隧道电流大小的设定意味着什么？

1.16.2　原子力显微镜

【实验目的】

原子力显微镜

(1) 采用接触模式观察 CD-R、CD 光碟表面结构.

(2) 掌握接触模式的使用方法.

(3) 了解 CD-R 刻录存储数据的原理.

【实验原理】

原子力显微镜是利用原子之间的范德瓦耳斯力作用来呈现样品的表面特性.假设两个原子中，一个在悬臂的探针尖端，另一个在样品的表面，它们之间的作用力会随距离的改变而变化，其原子与原子之间的相互作用力与距离的关系如图 1.16.3 所示，当原子与原子很接近时，彼此电子云斥力的作用大于原子核与电子云之间的吸引力作用，所以整个合力表现为斥力的作用，反之，若两原子分开有一定距离时,其电子云斥力的作用小于彼此原子核与电子云之间的吸引力作用，则整个合力表现为引力的作用. 若从能量的角度来看，这种原子与原子之间的距离与彼此之间能量的大小也可从 Lennard-Jones 的公式中得到印证. Lennard-Jones 公式如下所示：

$$E_{\text{pair}}(r)=4\varepsilon\left(\frac{\sigma^{12}}{r^{12}}-\frac{\sigma^{6}}{r^{6}}\right) \tag{1.16.4}$$

ε 等于势阱的深度，σ 是互相作用的势能正好为零时的两体距离，在实际应用中，ε、σ 参数往往通过拟合已知实验数据或精确的量子计算结果而确定. r 为两体间距离，是公式中唯一变量.

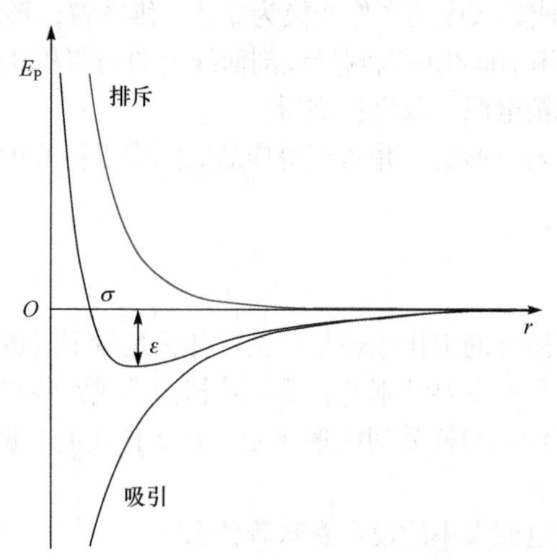

图 1.16.3 原子与原子之间的相互作用力与距离的关系

式(1.16.4)中第一项为排斥项，第二项为吸引项. 从公式及图 1.16.3 中可知，当 r 较小时，排斥项占优，其能量为 $+E$；当 r 增加到 σ 时，排斥项与吸引项相等，此时能量为 $E=0$；当 r 继续增大时，吸引项占优，其能量为 $-E$，当增大到某一值时，其能量会达到极值，其大小为 ε，r 继续增大，吸引项虽仍占优，但排斥项与吸引项都趋近于 0，因此，其能量从负的方向趋于 0. 不管是从空间上去看两个原子之间的距离与其所导致的吸引力和斥力或是从当中能量的关系来看，原子力显微镜就是利用原子之间那奇妙的关系把原子给呈现出来，让微观的世界不再神秘.

在原子力显微镜的系统中，利用微小探针与待测物之间相互作用力，来呈现待测物表面的物理特性. 原子与原子之间的相互作用力因彼此之间距离的不同而有所不同，其间能量表示也会不同.

所以在原子力显微镜中也利用斥力与吸引力的方式发展出两种操作模式：

(1) 利用原子斥力的变化而产生表面轮廓为接触式原子力显微镜(contact AFM)，探针与样品的距离约数个 Å；

(2) 利用原子吸引力的变化而产生表面轮廓为非接触式原子力显微镜(non-contact AFM)，探针与样品的距离数十到数百 Å.

原子力显微镜的工作模式有接触模式、轻敲模式和相移模式.

(1) 接触模式下，针尖与样品表面轻轻接触. 由于针尖尖端原子与样品表面原子间存在极微弱的排斥力，样品表面的起伏不平使探针带动微悬臂弯曲变化，而微悬臂的弯曲又使光路发生变化，使得反射到激光位置检测器上的激光光点位置变化，通过记录激光点位置的变化来探知样品的表面形貌.

(2) 在轻敲模式下，扫描成像时针尖对样品进行“敲击”，两者间只有瞬间接触. 这样就克服了接触模式中因针尖被拖过样品而受到摩擦力、黏附力、静电力等的影响，并有效地克服了扫描过程中针尖划伤样品的缺点，适合于柔软或吸附样品的检测，特别适合检测有生命的生物样品. 轻敲模式通过振幅的变化来探知样品的表面形貌.

(3) 作为轻敲模式的一项重要的扩展技术，相移模式(相位移模式)是通过检测驱动微悬臂探针振动的信号源的相位角与微悬臂探针实际振动的相位角之差(即两者的相移)的变化来成像. 引起该相移的因素很多，如样品的组分、硬度、黏弹性质等. 因此利用相移模式，可以在纳米尺度上获得样品表面局域性质的丰富信息. 迄今相移模式已成为原子力显微镜的一种重要检测技术.

下面，我们以激光检测原子力显微镜(atomic force microscope employing laser beam deflection for force detection，Laser-AFM)接触模式来说明其工作原理.

系统输出 X、Y 方向上的加载电压，实现样品对探针水平面上的二维扫描，同时由于反馈的作用，使得样品表面的起伏通过 Z 方向的电压来表达.

如图 1.16.4 所示，二极管激光器(diode laser)发出的激光束经过光学系统聚焦在微悬臂(cantilever)背面，并从微悬臂背面反射到由光电二极管构成的光斑位置检测器. 在样品扫描时，由于样品表面的原子与微悬臂探针尖端的原子间的相互作用力，微悬臂将随样品表面形貌弯曲起伏，使得反射到激光位置检测器上的激光光点上下移动，检测器将光点位移信号转换成电信号并经过放大处理，由表面形貌引起的微悬臂形变量大小是通过计算激光束在检测器四个象限中的强度差值 $(A+B)-(C+D)$ 得到的. 将这个代表微悬臂弯曲的形变信号反馈至电子控制器驱动的压电扫描器，调节 Z 方向的电压，使扫描器在垂直方向上伸长或缩短，从而调整针尖与样品之间的距离，使微悬臂弯曲的形变量在水平方向扫描过程中维持一定，也就是使探针-样品间的作用力保持一定. 在此反馈机理下，记录在垂直方向上扫描器的位移，探针在样品的表面扫描得到完整图像之形貌变化，这就是接触模式.

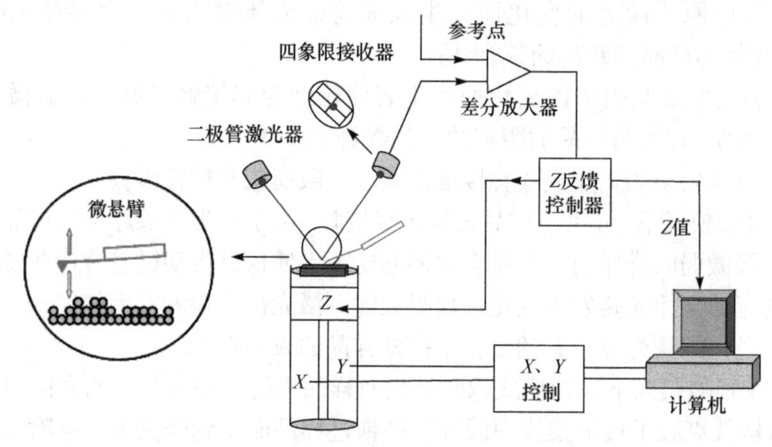

图 1.16.4　激光检测原子力显微镜工作原理示意图

【实验仪器】

在原子力显微镜的系统中，可分成三个部分：压电扫描系统、力检测部分、反馈系统.

1. 压电扫描系统

压电扫描系统是通过压电扫描管实现的，通过在 X、Y 方向上加载电压使得扫描管上的样品对探针进行逐行扫描，每一行上各点的起伏通过反馈控制 Z 方向上的伸缩来反映，这样通过记录每行的起伏数据来逐行扫描就得到了样品表面的高低形貌，如图 1.16.5 所示.

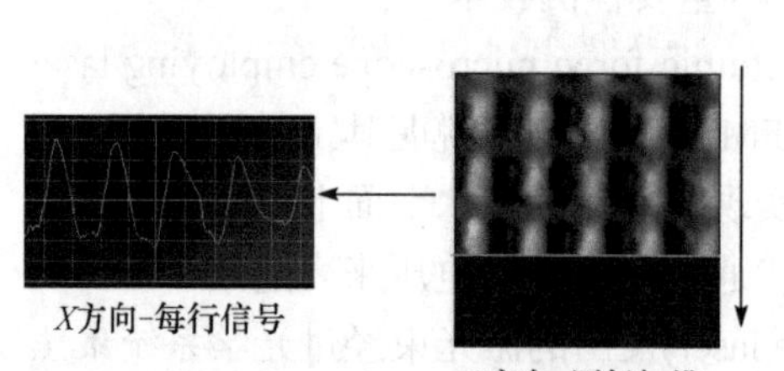

图 1.16.5　压电扫描示意图

2. 力检测部分

在原子力显微镜系统中，所要检测的力是原子与原子之间的范德瓦耳斯力($10^{-12}\sim10^{-6}$N). 这个力 F 会使微悬臂发生微小的弹性形变，并且与微悬臂的形变之间遵循胡克定律：$F=-kx$，其中，k 为微悬臂的力常数. 所以，只要测出微悬臂形变量的大小，就可以获得针尖与样品之间作用力的大小. 此微小悬臂有一定的规格，如微米级的长度和宽度，弹性系数及针尖的形状，不同规格的探针适合不同的样品，可以依照样品特性及操作模式的不同，选择不同类型的探针.

当针尖与样品之间有了相互作用之后，会使得探针的微悬臂摆动，所以当激光照射在微悬臂的末端时，其反射光在接收器中的位置(如图 1.16.6 中光斑位置)也会因为微悬臂上下摆动而移动. 激光束在接收皿四个象限中的强度差值(偏移量)是上面两个象限总光强($A+B$)与下面两个象限总光强($C+D$)之差，通过光强(light intensity)的变化来记录光斑位置的变化.

$$LI_{\text{difference}} = LI(A+B) - LI(C+D)$$

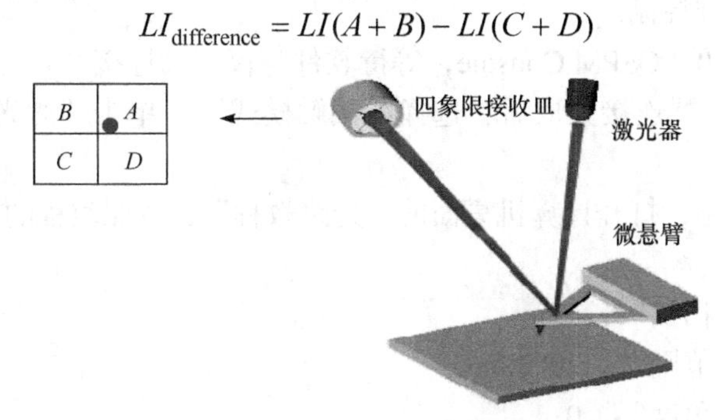

图 1.16.6　微悬臂微小弹性形变与范德瓦耳斯力

当 $LI_{\text{difference}}=0$ 时，光斑在中央位置，此时未进针，探针与样品没有接触. 当探针与样品接触时，探针-样品原子间斥力作用使得微悬臂向上偏转，四象限接收器接收的光强 $LI_{\text{difference}}>0$. 激光光斑位置检测器将偏移量记录下并转换成电的信号，以供扫描探针显微镜控制器作信号处理.

3. 反馈系统

在原子力显微镜的系统中，将信号经由激光检测器取入之后. 在反馈系统中设定一个值(setpoint)，在扫描过程中会将此信号当作反馈信号，即内部的调整信号. 通过反馈系统使探针-样品之间的作用力稳定在该设定值，并驱使通常由压电陶瓷管制作的扫描器做适当的移动实现扫描.

原子力显微镜便是结合以上三个部分将样品的表面特性呈现出来的. 在原子力显微镜的系统中，使用微悬臂来感测针尖与样品之间的相互作用，这作用力会使微悬臂摆动，再利用激光将光照射在微悬臂的尖端背面，当摆动形成时，会使反射光的位置改变而造成偏移量，此时激光检测器会记录此偏移量，也会把此时的信号给反馈系统，以利于系统做适当的调整，最后再将样品的表面特性以图像的方式呈现出来.

【实验内容】

用原子力显微镜观察 CD-R 表面，具体实验步骤如下.

(1) 选择并固定好扫描器.

(2) 装好探针(注意：有针尖的那一面朝上)，将探针架插入扫描头部，调整好光路.

(3) 样品准备(揭开保护层，露出预先刻好轨道的表面)，放置样品使样品(无刻录数据的 CD-R 或有数据的 CD-R)的被测位置对准探针.

(4) 打开 BY2000/BY3000/CSPM5000 的主控机箱电源和计算机电源.

(5) 在线软件控制.

ⓐ 打开桌面的 CSPM Console，等待软件与仪器的连接.

ⓑ 软件与仪器连接完成后：选择“接触模式”；单击“激光”按钮，打开激光.

(6) 调整光路，打开计算机桌面的“光路教程”，按照教程的方法调整光路，使之符合要求.

选择“循环扫描”；

选择“扫描范围”：20000nm；

选择“扫描角度”：0；

选择“X 偏移”：0nm；

选择“Y 偏移”：0nm；

选择“扫描频率”：1.0Hz；

选择“参考点”：0.15；

选择“积分增益”：200；

选择“比例增益”：200；

选择“偏压”：不选；

选择“参考增益”：0；

此时，“Z 电压”显示“160.00V”；

“sum”显示最大值；

“up-down”显示“0”；

“left-right”显示“0”.

单击“进针”按钮：

在“自动进针”窗口单击“正常进针”，重复操作直至“当前电压”为零附近；

在“单步控制”窗口单击“单步前进”或“单步后退”调节“当前电压”趋近于“0”；

单击“完成”，关闭“进针”窗口.

单击“扫描”按钮，进行扫描.

扫描完成后，右键单击“图像缓冲区”中，“另存为”适当的文件名和路径.

单击“进针”按钮：在“退针”窗口单击“开始退针”，直至一个周期结束；单击“完成”，关闭“进针”窗口.

取出样品：移开探头，取出样品.

后处理软件处理.

(7) 在“Imager4.6”中打开保存的图像，使用其功能对所得的图像进行修饰和处理.

(a) 平滑处理：将像素与周边像素作加权平均.

(b) 斜面校正：选择斜面的一个顶点，以该顶点为基点，线形增加该图像的所有像素值.

(c) 低通滤波：对当前图像作低频率通过滤波.

(d) 傅里叶变换：对当前图像作 FFT 滤波，此变换对图像的周期性很敏感.

(e) 边缘增强：对当前图像作边缘增强，使图像具有立体浮雕感.

(f) 图像反转：对当前图像作黑白反转.

(g) 三维变换：使具灰度的图像变换为立体三维图像，形象直观.

(h) 剖面线：利用剖面线可以测量该剖面线上的周期和高低起伏.

(8) 关闭主控机箱电源，取出扫描器，处理实验结果.

(9) 打印出 CD-R 样品表面形貌图，并对获得样品的图像进行分析(范围、尺寸、平整度等)，也可将有数据 CD-R 与无数据 CD-R 表面形貌进行比较分析.

【思考题】

(1) 原子力显微镜的原理是什么？为什么可以测试非导电样品？

(2) CD-R 光盘由哪几层组成，刻录原理是什么？

(3) 接触模式与轻敲模式各自有什么特点？

【附录：实验软件说明】

1. 在线控制软件

在扫描隧道显微镜实验中，计算机软件主要实现扫描时的一些基本参数的设定、调节，以及获得、显示并记录扫描所得数据图像等. 计算机软件将通过计算机接口实现与电子设备间的协调共同工作. 在线控制软件中一些参数的设置功能如下.

(1) 偏压：加在导电探针和导电样品之间的电压. 这一数值设定越大，针尖和样品之间越容易产生隧道电流，恒电流模式中保持的恒定距离越小，恒高度扫描模式中产生的隧道电流也越大. “偏压”值一般设定在“0.05～0.1V”范围.

(2) 参考点：反馈回路工作时的隧道电流，单位为 nA. 这个数值意味着恒电流模式中要保持的恒定电流，也代表着恒电流扫描过程中针尖与样品表面之间的恒定距离. 该数值设定越大，这一恒定距离越小. 测量时“电流设定”一般在“1.0～2.0nA”范围内.

(3) 扫描范围：扫描的正方形区域的边长；如果扫描的范围不是正方形(扫描比例不为 1∶1)，则扫描范围为扫描区域的长边的边长.

(4) 图像比例：扫描区域的形状. 正方形：扫描比例为 1∶1；长方形：扫描比例分别为 2∶1、4∶1、8∶1、16∶1.

(5) 扫描角度：当前扫描的方向.

(6) X_0、Y_0：当前扫描区域的中心点的坐标.

(7) 图像分辨率：扫描图像每行的像素数和每个图像的行数.

(8) 扫描频率：扫描速度的快慢，定义为 1s 内快扫方向(即扫描图像窗口的水平方向)扫描的行数.

(9) 积分增益、比例增益决定着反馈回路的灵敏度，这两个参数越大，则反馈越灵敏.

2. 数据后处理软件

数据后处理是指脱离扫描过程之后的针对保存下来的图像数据的各种分析与处理工作. 本原 Imajor4.6 后处理软件可以打开和处理 csm 格式的图片，常用的图像分析与处理功能有：平滑、滤波、傅里叶变换、图像反转、三维图像、剖面线、高度分析、层次分析、粗糙度分析、颗粒度分析等.

(1) 平滑：平滑的主要作用是使图像中的高低变化趋于平缓，消除数据点发生突变的情况.

(2) 滤波：滤波的基本作用是可将一系列数据中过高的削低、过低的添平. 因此，对于测量过程中由于针尖抖动或其他扰动给图像带来的很多毛刺，采用滤波的方式可以大大消除.

(3) 傅里叶变换：快速傅里叶变换对于研究原子图像的周期性时很有效.

(4) 图像反转：将图像进行黑白反转，会带来意想不到的视觉效果.

(5) 三维图像：根据扫描所得的表面形貌的二维图像，生成生动直观的三维图像.

(6) 剖面线：在图片上第一个光标上按下鼠标左键，移动到另一个点后放开左键，生成剖面线，线上出现两个光标. 系统在“点-点分析”框中显示两点之间的水平距离、垂直距离、表面距离、倾斜角度和粗糙度，并显示两点的高度.

(7) 高度分析：生成高度直方图表示图像在各个高度上所有等高点总和的百分比.

(8) 层次分析：也称为“支承分析”. 可生成显示高度直方图、高度比例图、参数信息、同时显示整体的统计信息，包括总面积和平均高度. 系统除对整幅图像进行统计之外，还可以对指定的局部区域进行统计.

(9) 粗糙度分析：Imajor4.6 可以测量所得线粗糙度参数和二维粗糙度参数，并可以自动生成粗糙度报告，计算的粗糙度参数有：Sa(roughness average)、Sq(root mean square)、Ssk(surface skewness)、Sku(surface kurtosis)、Sy(peak-peak)、Sz(ten point height)、HP(hybrid parameters)、SP(spatial parameters).

(10) 颗粒度分析：Imajor4.6 可对颗粒尺度的分布进行分析、统计. 给出颗粒的统计信息，包括数量、平均面积、平均高度、平均直径、最大面积、最小面积，并可以生成“粒度分析报告”“颗粒报告”.

1.17　激光特性研究

激光(light amplification by stimulated emission of radiation, LASER)是 20 世纪以来，继原子能、计算机、半导体之后，人类的又一伟大发明，被称为“最快的刀”“最准的尺”“最亮的光”. 它的亮度约为太阳光的 100 亿倍.

1917 年爱因斯坦在量子理论的基础上提出了“光与物质相互作用”这一崭新概念，简单来说，在组成物质的原子中，有不同数量的粒子(电子)分布在不同的能级上，高能级上的粒子受到某种光子的激发，会从高能级跃迁到低能级上，这时将会辐射出与激发它的光子性质完全相同的光，即受激辐射. 其他理论物理学家证明两者具有相同的频率、方向、相位和偏振. 在特定条件下还会出现弱光激发出强光的现象，叫做“受激辐射的光放大”，简称激光.

1958 年，美国科学家肖洛(Schawlow)和汤斯(Townes)发现了一种神奇的现象：当他们将氖光照在一种稀土晶体上时，晶体的分子会发出鲜艳的、始终会聚在一起的强光. 根据这一现象，他们提出了“激光原理”，即物质在受到与其分子固有振荡频率相同的能量激发时，都会产生这种不发散的强光——激光. 汤斯因此获得了 1964 年的诺贝尔物理学奖，肖洛则因对开发激光光谱仪的贡献于 1981 年获得了诺贝尔物理学奖. 1960 年 7 月，世界第一台红宝石固态激光器诞生. 从爱因斯坦提出基础理论，到相关理论的发展和完善、激光的实现以及各种激光的发明与其应用，迄今为止，共有 13 位科学家因对激光相关工作的贡献获得了诺贝尔物理学奖.

激光的出现引发了一场信息革命，从 VCD、DVD 光盘到激光照排，在方便人们保存和提取信息的同时大大提高了效率. 激光的空间控制性和时间控制性对加工对象的材质、形状、尺寸和加工环境的自由度都很大，非常适用于自动化加工，激光加工系统与计算机数控技术相结合可构成高效自动化加工设备，为优质、高效和低成本的加工生产开辟了广阔的前景. 目前，激光技术已融入我们的日常生活之中，激光的未来发展充满了巨大的机遇、挑战和创新空间，会带给我们更多的奇迹和惊喜. 在这里我们将对氦氖激光束的光斑大小和发散角以及氦氖激光束的模式分析两个实验进行学习与研究.

1.17.1　氦氖激光束光斑大小和发散角

氦氖激光束光斑大小和发散角

【实验目的】

(1) 掌握测量氦氖激光束光斑大小和发散角的方法.

(2) 深入理解基模激光束横向光场高斯分布的特性及激光束发散角的意义.

【实验原理】

激光束的发散角和横向光斑大小是激光应用中的两个重要参数，激光束虽有方向性好的特点，但它不是理想的平行光，而是具有一定大小的发散角. 在激光准直和激光干涉测长仪中都需要设置扩束望远镜来减小激光束的发散度.

1. 激光束的发散角θ

激光器发出的激光束在空间的传播如图 1.17.1 所示，光束截面最细处称为束腰. 我们将柱坐标(z, r, φ)的原点选在束腰截面的中点，z 是光束传播方向. 束腰截面半径为ω_0，距束腰为 z 处的光斑半径为$\omega(z)$，则

$$\omega(z) = \omega_0 \left[1 + \left(\frac{\lambda z}{\pi \omega_0^2}\right)^2\right]^{1/2} \tag{1.17.1}$$

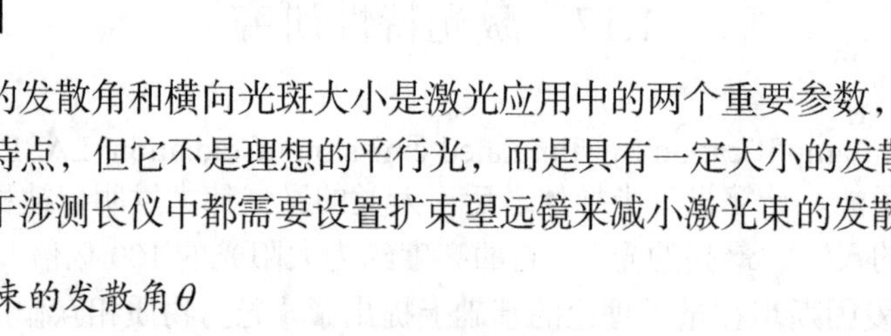

图 1.17.1　激光束的发散角

其中，λ 是激光波长. 式(1.17.1)可改写成双曲线方程

$$\left[\frac{\omega(z)}{\omega_0}\right]^2-\left[\frac{z}{\pi\omega_0^{\ 2}/\lambda}\right]^2=1 \tag{1.17.2}$$

双曲线的形状如图 1.17.1 所示. 定义双曲线渐近线的夹角 θ 为激光束发散角，则有

$$\theta=2\lambda/(\pi\omega_0)=2\omega(z)/z \quad (z\text{ 很大}) \tag{1.17.3}$$

由式(1.17.3)可知，只要我们测得离束腰很远的 z 处的光斑大小 $2\omega(z)$，便可算出光束发散角.

2. 激光束横向光场分布

如图 1.17.2 所示，激光束沿 z 轴传播，其基模的横向光场振幅 E_{00} 随柱坐标值 r 的分布为高斯分布的形式

$$E_{00}(r)=E_{00}(z)\mathrm{e}^{-r^2/\omega^2(z)} \tag{1.17.4}$$

式中，$E_{00}(z)$ 是离束腰 z 处横截面内中心轴线上的光场振幅，$\omega(z)$是离束腰 z 处横截面的光束半径，$E_{00}(r)$ 则是该横截面内离中心 r 处的光场振幅. 由于横向光场振幅分布是高斯分布，故这样的激光束称为高斯光束. 当量值 $r=\omega(z)$时，则 $E_{00}(r)$ 为 $E_{00}(z)$ 的 1/e 倍.

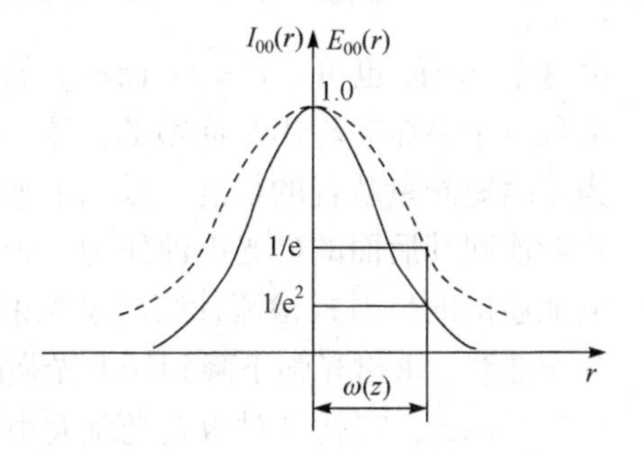

图 1.17.2　高斯光束的振幅分布和光强分布

前面的讨论中，我们并未定义光束半径. 现在可以将光束半径 $\omega(z)$定义为振幅下降到中心振幅 1/e 的点离中心的距离. 实际测量中，我们测得的是光束横向光强分布，光强正比于振幅的平方，故将式(1.17.4)两边平方，得

$$I_{00}(r)=E^2{}_{00}(r)=E^2{}_{00}(z)\mathrm{e}^{-2r^2/\omega^2(z)}=I_{00}(z)\mathrm{e}^{-2r^2/\omega^2(z)} \tag{1.17.5}$$

式中，I 表示所对应的光强. 光束半径$\omega(z)$也可定义为光强下降为中心光强 e^{-2} 倍的点离中心点的距离.

图 1.17.2 中画出了激光束横向振幅分布(虚线)和光强分布(实线)，并且已将 $E_{00}(z)$ 和 $I_{00}(z)$ 归一化. 在光束半径$\omega(z)$范围内集中了 86.5%的总功率.

3. 光束半径和发散角的测量

氦氖激光器结构简单、操作方便、体积不大、输出波长为 632.8 nm 的红光. 本实验对氦氖激光束的光束半径和发散角进行测量. 实验测量装置如图 1.17.3 所示.

所用的激光器是平凹型谐振腔氦氖激光器，其腔长为 L、凹面曲率半径为 R，则可得到其束腰处的光斑半径为

$$\omega_0=\left(\frac{L\lambda}{\pi}\right)^{1/2}\left(\frac{R}{L}-1\right)^{1/4} \tag{1.17.6}$$

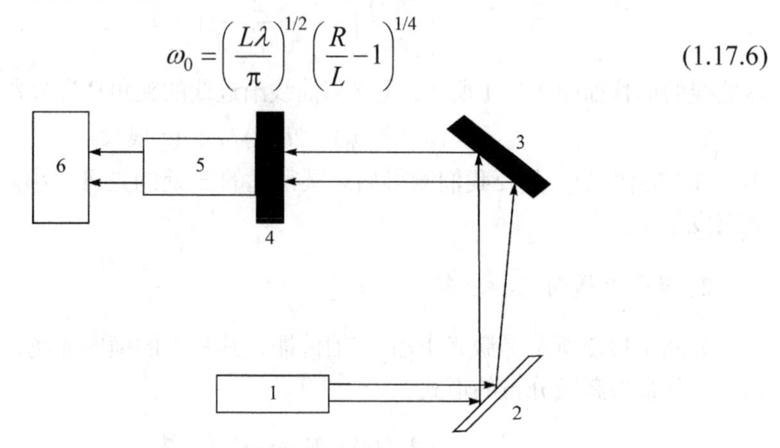

图 1.17.3 测量装置示意图

1. 氦氖激光器；2. 反射镜；3. 反射镜；4. 狭缝；5. 硅光电池；6. 光功率指示仪

由这个 ω_0 值，也可从 $\theta=2\lambda/(\pi\omega_0)$ 算出激光束的发散角 θ. 这种激光器输出光束的束腰位于谐振腔输出平面镜的位置，我们测量距束腰 z 为 3～5m 处的光束半径. 为了缩短测量装置的长度，采用了平面反射镜折返光路，如图 1.17.3 所示. 测量狭缝连同其后面的硅光电池作为一个整体沿光束直径方向作横向扫描，由和硅光电池连接的反射式检流计给出激光束光强横向分布. 根据测得的激光束光强横向分布曲线，求出光强下降到最大光强的 e^{-2}(e=2.718281828，e^{-2}=0.13533)倍处的光束半径 $\omega(z)$，它就是对激光光斑大小的描述. 然后根据式(1.17.3)算出光束发散角 θ. 测量时应使测量狭缝的宽度是光斑大小的 1/10 以下.

【实验仪器】

氦氖激光器、光功率指示仪、硅光电池接收器、狭缝、微动位移台.

【实验内容】

1. 测量前的准备

按图 1.17.3 摆好光路各部件，打开氦氖激光器电源，调整激光器输出镜，产生激光振荡，直到输出光能量最大. 调整标尺及平面反射镜使激光束照亮测量狭缝，取 z 值 3～5m，缝宽小于光斑大小 1/10，接好光功率指示仪.

2. 光强横向分布的测量

移动微动平台，使狭缝和硅光电池接收器同时扫过光束，移动的方向应与光

传播方向垂直. 每隔0.1～0.2mm，记录光功率指示仪的读值，重复测量三次，进行激光束的光强横向分布测量，测量z值.

3. 光斑半径$\omega(z)$及发散角θ的确定

以平均值做出光功率指示仪随测量位移之间的变化曲线，由曲线求出光斑半径$\omega(z)$，并算出θ值，先用式(1.17.6)算出ω_0，再由$\theta=\dfrac{2\lambda}{\pi\omega_0}$计算出发散角$\theta$，将$\theta=2\omega(z)/z$的确定值和发散角的$\theta$值进行比较.

【注意事项】

(1) 操作过程中切忌直接迎着激光传播方向观察，以免对眼睛造成危害.

(2) 注意激光高压电源，以免触电和短路.

(3) 测量发散角时应减小震动，避免光斑在狭缝口晃动.

(4) 禁止用手触及光学零件的透光表面.

【思考题】

(1) 测量光束半径为何要选择距束腰z为3～5m处?

(2) 本实验采用氦氖激光束来测量光束半径和发散角，本实验装置是否可以对其他激光器(如Nd:YAG激光器)产生的光束的半径和发散角进行测量?

(3) 狭缝的大小对测量得到的光斑的半径以及光束发散角有影响吗?

1.17.2　氦氖激光束的模式分析

氦氖激光束的模式分析

【实验目的】

(1) 了解激光器的发光原理、模式结构，加深对模式概念的理解.

(2) 通过测试分析，掌握模式分析的基本方法.

(3) 对本实验使用的分光仪器——共焦球面扫描干涉仪，了解其原理、性能，学会正确使用.

【实验原理】

相对一般光源，激光具有单色性好的特点，也就是说，它具有非常窄的谱线宽度. 这样窄的谱线，不是受激辐射后自然形成的，而是受激辐射经过谐振腔等多种机理的作用和相互干涉后形成的. 所形成的一个或多个离散的、稳定的又很精细的谱线就是激光器的模. 每个模对应一种稳定的电磁场分布，即具有一定的光频率. 相邻两个模的光频率相差很小，我们用分辨率比较高的分光仪器可以观测到每个模. 当从两个不同的角度去观测和分析每个模时，发现又分别具有许多不同的特征，因此，为方便每个与光输出的方向平行(纵向)和垂直(横向)模又相应称作纵模和横模.

在激光器的生产与应用中，我们常常需要先知道激光器的模式状况，例如，精密测量、全息技术等工作需要基横模输出的激光器，而激光稳频和激光测距等不仅要求基横模，而且要求单纵模运行的激光器. 因此，模式分析是激光器一项基本而又重要的性能测试.

1. 激光器模的形成

激光器的三个基本组成部分是增益介质、谐振腔和激励能源. 如果用某种激励方式，在介质的某一对能级间形成粒子数反转分布，由于自发辐射和受激辐射的作用，将有一定频率的光波产生，在腔内传播，并被增益介质逐渐增强、放大，如图 1.17.4 所示. 实际上，由于能级总有一定的宽度以及其他因素的影响，增益介质的增益有一个频率分布，如图 1.17.5 所示，图中 $G(\nu)$ 为光的增益系数. 只有频率落在这个范围内的光在介质中传播时，光强才能获得不同程度的放大. 但只有单程放大，还不足以产生激光，要产生激光还需要有谐振腔对其进行光学反馈，使光在多次往返传播中形成稳定、持续的振荡. 形成持续振荡的条件是，光在谐振腔内往返一周的光程差应是波长的整数倍，即

$$2\mu L = q\lambda_q \tag{1.17.7}$$

式中，μ 为折射率，对气体 $\mu \approx 1$；L 为腔长；q 为正整数. 这正是光波相干的极大条件，满足此条件的光将获得极大增强. 每一个 q 对应纵向一种稳定的电磁场分布，叫作一个纵模，q 称作纵模序数. q 是一个很大的数，通常我们不需要知道它的数值，而关心的是有几个不同的 q 值，即激光器有几个不同的纵模. 从式(1.17.7)中，我们还看出，这也是驻波形成的条件，腔内的纵模是以驻波形式存在的，q 值反映的恰是驻波波腹的数目，纵模的频率为

$$\nu_q = q\frac{c}{2\mu L} \tag{1.17.8}$$

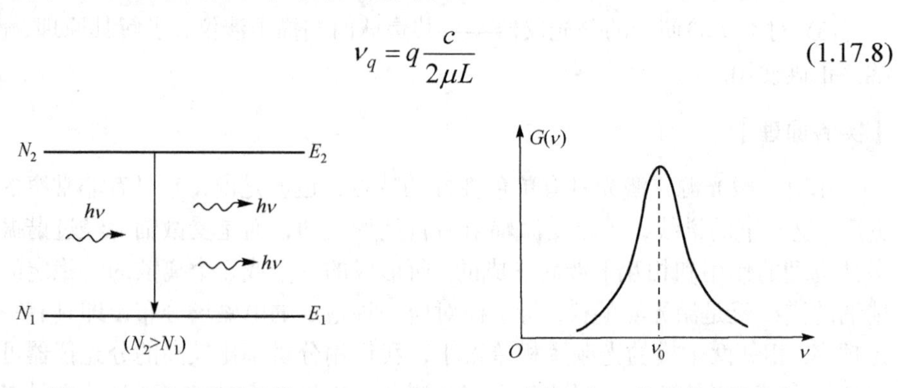

图 1.17.4 光的增益曲线　　图 1.17.5 粒子数反转分布

同样，一般我们不去求它，而关心的是相邻两个纵模的频率间隔

$$\Delta \nu_{\Delta q=1} = \frac{c}{2\mu L} \approx \frac{c}{2L} \tag{1.17.9}$$

从式(1.17.9)中看出，相邻纵模频率间隔和激光器的腔长成反比，即腔越长，相邻纵模频率间隔越小，满足振荡条件的纵模个数越多；相反，腔越短，相邻纵模频率间隔越大，在同样的增益曲线范围内，纵模个数就越少. 因而用缩短腔长的办法是获得单纵模运行激光器的方法之一.

光波在腔内往返振荡时，一方面有增益，使光不断增强；另一方面也存在着多种损耗，使光强减弱，如介质的吸收损耗、散射损耗、镜面的透射损耗、放电毛细管的衍射损耗等. 所以，不仅要满足谐振条件，还需要增益大于各种损耗的总和，才能形成持续振荡，有激光输出. 如图 1.17.6 所示，有五个纵模满足谐振条件，其中有两个纵模的增益小于损耗，所以，有三个纵模形成持续振荡. 对于纵模的观测，由于 q 值很大，相邻纵模频率差异很小，一般的分光仪器无法分辨，必须使用精度较高的检测仪器才能观测到.

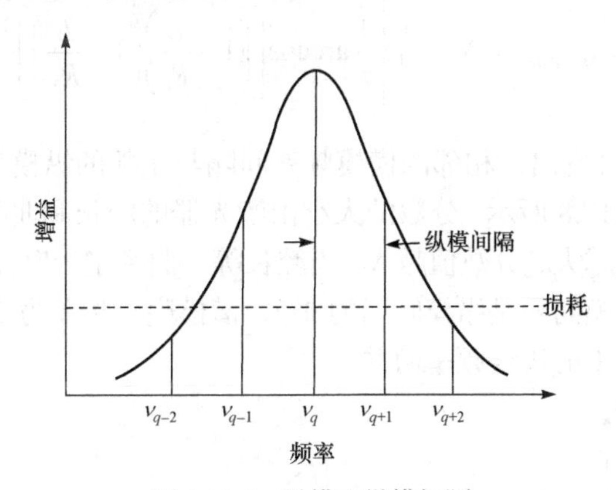

图 1.17.6　纵模和纵模间隔

谐振腔对光多次反馈，在纵向形成不同的场分布，那么对横向是否也会产生影响呢？回答是肯定的，这是因为光每经过放电毛细管反馈一次，就相当于一次衍射，多次反复衍射，就在横向形成了一个或多个稳定的衍射光斑. 每一个衍射光斑对应一种稳定的横向电磁场分布，称为一个横模.

图 1.17.7 给出了几种常见的基本横模光斑图样. 我们所看到的复杂的光斑则是这些基本光斑的叠加. 激光的模式用 TEM_{mnq} 来表示，其中，m、n 为横模的标记，q 为纵模的标记. m 是沿 X 轴场强为零的节点数，n 是沿 Y 轴场强为零的节点数.

前面已知，不同的纵模对应不同的频率，那么同一个纵模序数内的不同横模

又如何呢？同样，不同的横模也对应不同的频率. 横模序数越大，频率越高. 通常我们也不需要求出横模频率，我们关心的是不同横模间的频率差. 经推导得

$$\Delta\nu_{\Delta m+\Delta n}=\frac{c}{2\mu L}\left\{\frac{1}{\pi}(\Delta m+\Delta n)\arccos\left[\left(1-\frac{L}{R_1}\right)\left(1-\frac{L}{R_2}\right)\right]^{\frac{1}{2}}\right\} \tag{1.17.10}$$

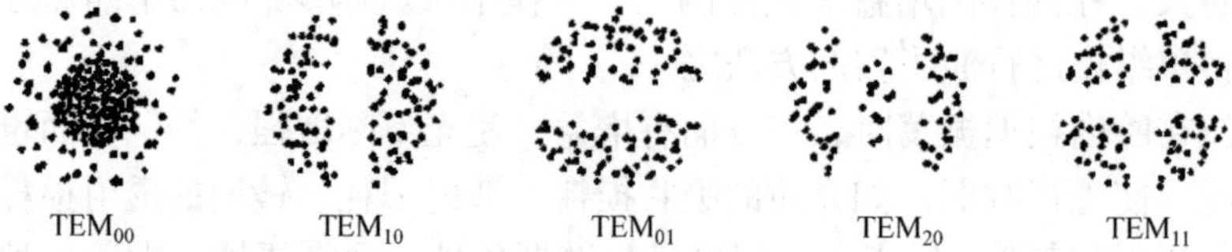

TEM$_{00}$
TEM$_{10}$
TEM$_{01}$
TEM$_{20}$
TEM$_{11}$

图 1.17.7 常见的横模光斑图

其中，Δm 、Δn 分别表示 X、Y 方向上横模模序差，R_1 、R_2 为谐振腔的两个反射镜的曲率半径，相邻的横模频率间隔为

$$\Delta\nu_{\Delta m+\Delta n=1}=\Delta\nu_{\Delta q=1}\left\{\frac{1}{\pi}\arccos\left[\left(1-\frac{L}{R_1}\right)\left(1-\frac{L}{R_2}\right)\right]^{\frac{1}{2}}\right\} \tag{1.17.11}$$

从式(1.17.11)中还可看出，相邻的横模频率间隔与相邻的纵模频率间隔的比值是一个分数，如图 1.17.8 所示. 分数的大小由激光器的腔长和曲率半径决定，腔长与曲率半径的比值越大，分数值越大. 当腔长等于曲率半径时($L=R_1=R_2$)，分数值达到极大，即横模间隔是纵模间隔的 1/2，横模序数相差为 2 的谱线频率正好与纵模序数相差为 1 的谱线频率简并.

I
O
ν
$\Delta\nu_{\Delta q=1}$
$\Delta\nu_{\Delta m+\Delta n=1}$
$\Delta\nu_{\Delta m+\Delta n=2}$
TEM$_{00q-1}$
TEM$_{10q-1}$
TEM$_{20q-1}$
TEM$_{20q}$
TEM$_{10q}$
TEM$_{00q}$

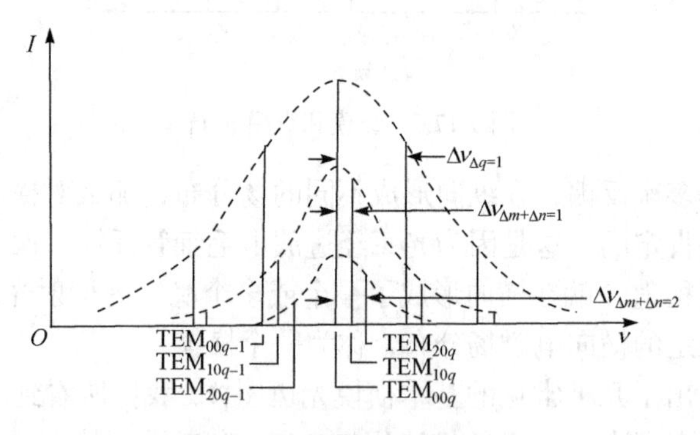

图 1.17.8 纵模、横模的分布

激光器中能产生的横模个数，除前述增益因素外，还与放电毛细管的粗细、内部损耗等因素有关. 一般说来，放电毛细管直径越大，可能出现的横模个数就越多. 序数越高的横模，其衍射损耗越大，形成稳定的振荡就越困难，但激光器

输出光中横模的强弱绝不能仅是衍射损耗一个因素决定的，而是由多种因素共同决定的. 这是在模式分析实验中，辨认哪一个是高阶横模时易出错的地方. 因为，仅从光的强弱来判断横模阶数的高低，即认为光最强的谱线一定是基横模，这是不对的，而应根据高阶横模具有高频率来确定.

横模频率间隔的测量同纵模频率间隔的测量一样，需借助展现的频谱图进行计算. 但阶数 m 和 n 无法仅从频谱图上确定，因为频谱图上只能看到有几个不同的 $m+n$，可以测出 $m+n$ 的差值，然而不同的 m 或 n 可对应相同的 $m+n$，在频谱图上则是相同的，因此要确定 m 和 n 各是多少，还需结合激光器输出的光斑图形进行判断. 当我们对光斑进行观察时，看到的是全部横模的叠加图，即图 1.17.7 中几个单一态光斑图形的组合. 当只有一个横模时,很容易辨认. 如果横模个数比较多，或基横模很强，掩盖了其他横模，或某高阶模太弱，都会给分辨带来一定的难度. 但由于我们有频谱图，知道了横模的个数及彼此强度上的大致关系，就可缩小考虑的范围，从而能准确地确定出每个横模的 m 和 n 值.

2. 共焦球面扫描干涉仪

共焦球面扫描干涉仪是一种分辨率很高的分光仪器，它已成为激光技术中一种重要的测量设备. 本实验就是通过它使彼此频率差异甚小(几十至几百 MHz)，用一般光谱仪器无法分辨的各个不同的纵模、横模展现成频谱图来进行观测的. 在本实验中，它起着关键作用.

共焦球面扫描干涉仪是一个无源谐振腔，它由两块球形凹面反射镜构成共焦腔，即两块反射镜的曲率半径和腔长 l 相等($R_1' = R_2' = l$). 反射镜镀有高反射率膜. 两块反射镜中的一块是固定不变的，另一块固定在可随外加电压而变化的压电陶瓷环上，如图 1.17.9 所示. 图中：①为由低膨胀系数材料制成的间隔圈，用以保持两球形凹面反射镜 R_1' 和 R_2' 总是处在共焦状态. ②为压电陶瓷环，其特性是若在环的内外壁上加一定数值的电压，环的长度将随之发生变化，而且长度的变化量与外加电压的幅度呈线性关系，这是扫描干涉仪被用来扫描的基本条件. 由于长度的变化量很小，仅为波长数量级，所以，外加电压不会改变腔的共焦状态. 但是当线性关系不好时，会给测量带来一定误差. 当一束激光以近光轴方向射入干涉仪后，在共焦腔中经四次反射呈 X 形路径，光程近似为 $4l$，见图 1.17.10. 光在腔内每走一个周期都会有一部分光从镜面透射出去. 如在 A、B 两点，形成一束束透射光 1，2，3，…和 $1'$，$2'$，$3'$，…，我们在压电陶瓷上加一线性电压，当外加电压使腔长变化到某一长度 l_a，使相邻两次透射光束的

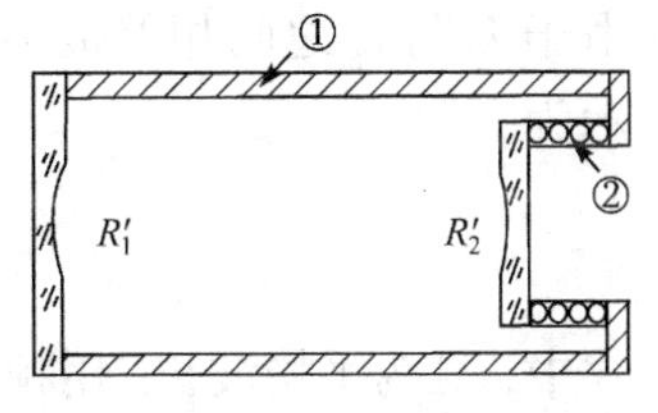

图 1.17.9　共焦球面扫描干涉仪内部结构示意图

光程差是入射光中模波长为 λ_a 这条谱线波长的整数倍时，即满足

$$4l_a = k\lambda_a \tag{1.17.12}$$

模 λ_a 将产生相干极大透射(k 为扫描干涉仪的干涉序数，为一个正整数)，而其他波长的模则不能透过. 同理，外加电压又可使腔长变化到 l_b，使模 λ_b 极大透射，而 λ_a 等其他模又不能透过……因此，透射极大的波长值与腔长值之间有一一对应关系. 只要有一定幅度的电压来改变腔长，就可以使激光器具有的所有不同波长(或频率)的模依次相干极大透过，形成扫描.

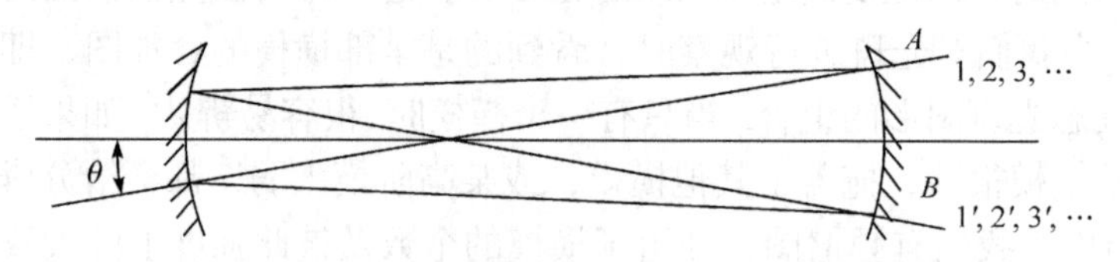

图 1.17.10 共焦球面扫描干涉仪内部光路图

值得注意的是，若入射光的波长范围超过某一限度，外加电压虽可使腔长线性变化，但一个确定的腔长有可能使几个不同波长的模同时产生相干极大，造成重序. 例如，当腔长变化到可使 λ_d 极大时，λ_a 会再次出现极大，于是有

$$4l_d = k\lambda_d = (k+1)\lambda_a \tag{1.17.13}$$

即 k 序中的 λ_d 和 $k+1$ 序中的 λ_a 同时满足极大条件，两个不同波长的模被同时扫出，叠加在一起. 所以，扫描干涉仪本身存在一个不重序的波长范围限制，即所谓自由光谱范围，它是指扫描干涉仪所能扫出的不重序的最大波长差或频率差，用 $\Delta\lambda_{S.R.}$ 或 $\Delta\nu_{S.R.}$ 表示. 假如上例中的 l_d 为刚刚重序的起点，则 $\lambda_d-\lambda_a$ 即为此干涉仪的自由光谱范围值. 经推导，可得

$$\lambda_d - \lambda_a = \frac{\lambda_a\lambda_d}{4l_d} \tag{1.17.14}$$

由于 λ_d 与 λ_a 之间相差很小，腔长的变化仅为波长数量级，式(1.17.14)可近似表示为

$$\Delta\lambda_{S.R.} = \frac{\lambda^2}{4l} \tag{1.17.15}$$

式中，λ 为平均波长. 用频率表示，则为

$$\Delta\nu_{S.R.} = \frac{c}{4l} \tag{1.17.16}$$

在模式分析实验中，由于我们不希望出现式(1.17.13)中的重序现象，故选用扫描干涉仪时，必须首先知道它的自由光谱范围 $\Delta\nu_{S.R.}$ 和待分析激光器的频率范围 $\Delta\nu$，并使 $\Delta\nu_{S.R.} > \Delta\nu$. 这样，才能保证频谱图上不重序，腔长与模的波长(或

频率)间是一一对应关系.

自由光谱范围还可用腔长的变化量来描述，即腔长变化量为 $\lambda/4$ 时所对应的扫描范围. 因为，光在共焦腔内呈 X 形路径行进，四倍路程的光程差正好等于 λ，干涉序数改变为 1.

另外，还可以看出，当满足 $\Delta\nu_{S.R.} > \Delta\nu$ 条件后，如果外加电压足够大，使腔长最大的变化量是 $\lambda/4$ 的 i 倍，那么将会扫描出 i 个干涉序，激光器的所有模将周期性地重复出现在干涉序 k， $k+1$，…， $k+i$ 中.

【实验仪器】

实验装置示意如图 1.17.11 所示，其中各部分及其简介如下.

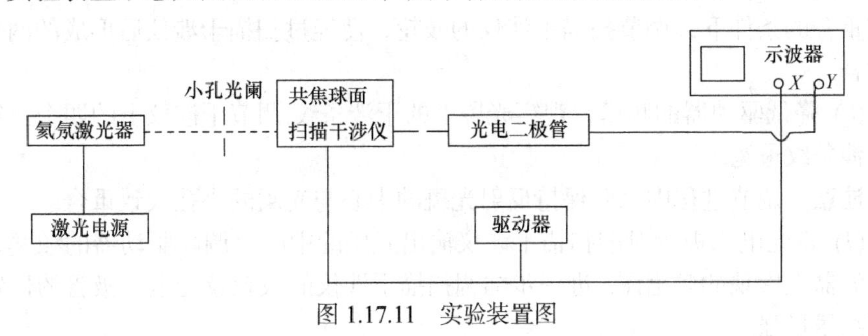

图 1.17.11　实验装置图

(1) 待测氦氖激光器.

(2) 激光电源.

(3) 小孔光阑.

(4) 共焦球面扫描干涉仪. 使激光器的各个模按波长(或频率)展开，其透射光中心波长为 632.8 nm. 仪器上有四个鼓轮，其中两个鼓轮用于调节腔的上下、左右位置，另外两个鼓轮用于调节腔的方位.

(5) 驱动器. 驱动器电压除了加在扫描干涉仪的压电陶瓷上，还同时输出到示波器的 X 轴作同步扫描. 为了便于观察，我们希望能够移动干涉序的中心波长在频谱图中的位置，以使每个序中所有的模式能完整地展现在示波器的荧光屏上. 为此，驱动器还增设了一个直流偏置电路，用以改变扫描的电压起点.

(6) 光电二极管. 将扫描干涉仪输出的光信号转变成电信号，并输入到示波器 Y 轴.

(7) 示波器. 用于观测氦氖激光器的频谱图.

【实验内容】

(1) 按实验装置图 1.17.11 连接线路. 经检查无误，方可进行实验.

(2) 开启激光电源.

(3) 用直尺测量扫描干涉仪光孔的高度. 调节氦氖激光管的高低、仰俯，使激光束与光学平台的表面平行，且与扫描干涉仪的光孔大致等高.

(4) 使激光束通过小孔光阑. 调节扫描干涉仪的上下、左右位置，使激光束正入射到扫描干涉仪中，再细调干涉仪上的四个鼓轮，使干涉仪腔镜反射回来的光点回到光阑的小孔附近(注意：不要使光点回到光阑的小孔中)，且使反射光斑的中心与光阑的小孔大致重合，这时入射光束与扫描干涉仪的光轴基本平行.

(5) 开启扫描干涉仪驱动器和示波器的电源开关. 调节驱动器输出电压的大小(调节“幅度”旋钮)和频率，在光屏上可以看到激光经过扫描干涉仪后形成的光斑.

注意 如果在光屏上形成两个光斑，要在保持反射光斑的中心与光阑的小孔大致重合的条件下，调节扫描干涉仪的鼓轮，使经过扫描干涉仪后形成的两个光斑重合.

(6) 降低驱动器的频率，观察光屏上的干涉条纹,调节干涉仪上的四个鼓轮，使干涉条纹最宽.

注意 调节过程中，要保持反射光斑的中心与光阑的小孔大致重合.

(7) 将光电二极管对准扫描干涉仪输出光斑的中心，调高驱动器的频率，观察示波器上展现的频谱图. 进一步细调扫描干涉仪的鼓轮及光电二极管的位置，使谱线尽量强.

(8) 根据干涉序个数和频谱的周性期，确定哪些模属于同一个干涉序.

(9) 改变驱动器的输出电压(即调节“幅度”旋钮)，观察示波器上干涉序数目的变化. 改变驱动器的扫描电压起点(即调节“直流偏置”旋钮)，可使某一个干涉序或某几个干涉序的所有模式完整地展现在示波器的荧光屏上.

(10) 根据自由光谱范围的定义，确定哪两条谱线之间对应着自由光谱范围$\Delta\nu_{S.R.}$(本实验使用的扫描干涉仪的自由光谱范围$\Delta\nu_{S.R.}$=3.75GHz). 测出示波器荧光屏上与$\Delta\nu_{S.R.}$相对应的标尺长度，计算出两者的比值，即示波器荧光屏上 1mm 对应的频率间隔值.

(11) 在同一干涉序内，根据纵模定义，测出纵模频率间隔$\Delta\nu_{\Delta q=1}$. 将测量值与理论值相比较(注：待测激光器的腔长L由实验室给出).

提示 本实验使用的氦氖激光器发出的激光的偏振态有两个,它们互相垂直，相互独立. 只有偏振态相同的纵模的间隔才符合式(1.17.9). 因此，测量纵模间隔需要判断哪些模对应同一偏振态.

(12) 确定示波器荧光屏上频率增加的方向，以便确定在同一纵模序数内哪个模是基横模，哪些模是高阶横模.

提示 激光器刚开启时，放电管温度逐渐升高，腔长L逐渐增大，根据式(1.17.8)，ν_q 逐渐变小. 在示波器荧光屏上可以观察到谱线向频率减小的方向移动，所以，其反方向就是示波器荧光屏上频率增加的方向.

(13) 测出不同横模的频率间隔 $\Delta\nu_{\Delta m+\Delta n}$，并与理论值相比较，检查并辨认是否正确，确定 $\Delta m+\Delta n$ 的数值. (谐振腔两个反射镜的曲率半径 R_1、R_2 由实验室给出.)

(14) 观察激光束在远处光屏上的光斑形状. 这时看到的应是所有横模的叠加图，需结合图 1.17.7 中单一横模的形状加以辨认，确定出每个横模的模序，即每个横模的 m、n 值.

【注意事项】

(1) 扫描干涉仪的压电陶瓷易碎，在实验过程中应轻拿轻放.

(2) 扫描干涉仪的通光孔，在平时不用时应用胶带封好，防止灰尘进入.

(3) 锯齿波发生器不允许空载，必须连接扫描干涉仪后，才能打开电源.

【思考题】

(1) 观测时为何要先确定示波器上被扫出的干涉序的数目?

(2) 在示波器的不同位置，纵模频率间隔有所差异是何原因? 如何提高测量的准确度?

(3) 为什么说非均匀加宽类型激光器容易产生多纵模振荡?

1.18　数字示波器的使用及光速的测量

示波器是一种用途十分广泛的电子显示测量仪器. 它能把看不见的电信号转换成看得见的图像，便于人们研究电信号的变化过程. 示波器分为模拟示波器和数字示波器. 模拟示波器可以直接测量信号电压，可以测量其幅值、频率等信息. 数字示波器是通过模拟数字转换器(ADC)把被测电压转换为数字信息从而进行测量. 数字示波器不是模拟示波器的简单升级，数字示波器是集数据采集、软件编程等技术制造出来的高性能示波器，因具有存储、显示、测量、波形数据分析处理等独特优点，其使用日益普及. 在近代物理实验中经常会对各种光电信号进行采集、存储及后期的数据分析处理. 因此，数字示波器在近代物理实验中具有重要的地位和作用. 本实验介绍数字示波器的使用以及用数字示波器测量光速.

1.18.1　数字示波器的使用

数字示波器的使用

【实验目的】

(1) 了解数字示波器的结构、原理和功能.

(2) 重点了解数字示波器的触发过程和工作原理；掌握几种基本“触发”方法；掌握用光标方法精确测量脉冲宽度，波形的上升沿、下降沿等方法.

(3) 掌握用数字示波器观察和测量未知信号的振幅、频度(周期)及波形的基本方法. 掌握函数信号发生器的调节和使用的基本方法.

【实验原理】

数字式示波器由信号放大电路，高速模-数转换电路，中央处理器，存储器和液晶显示器(包括驱动电路)组成(图 1.18.1). 我们看到一幅波形图，实际上，是某一时间间隔内信号电压的大小随时间的变化关系. 从探测头引入的待测信号，要经线性放大电路，按比例放大(或缩小)到一定大小范围(如−5～+5V). 在触发信号的指令下，数字式示波器开始对该信号进行不断地测量. 所谓测量，就是从触发时间开始，示波器不断地将待测信号送入到高速模-数转换器，变成为一组随时间变化的数字量(2500 组数据)，最后送入到存储器中. 为了显示待测信号，中央处理器把存储器内的一系列数据，按时间顺序，经液晶驱动电路，顺序输入到液晶显示器的各个像素中. 面阵液晶显示器的水平方向，从左到右，等间隔、均匀地分割成很多列，每一列对应于时间轴上的一个点. 每一列又从上到下均匀地分割成很多点，每个点又对应一个数，这样就把随时间变化的数字量显示在屏幕上.

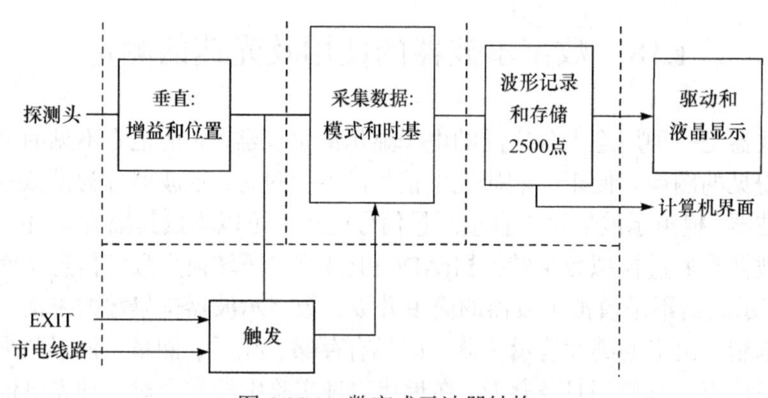

图 1.18.1 数字式示波器结构

【实验仪器】

TDS210 数字式示波器、信号发生器、未知信号源.

TDS210 数字式示波器的面板结构和功能.

图 1.18.2 为 TDS210 数字式示波器的前面板. 前面板可分为六个功能区.

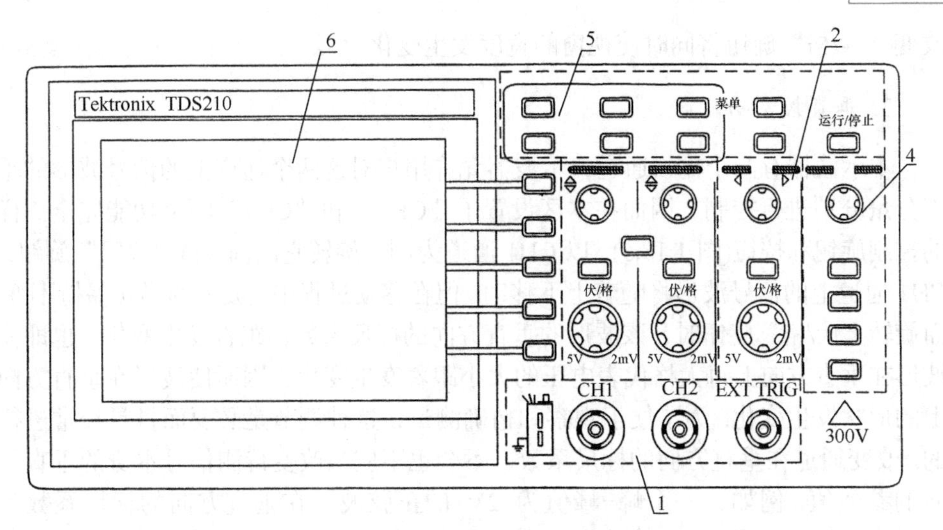

图 1.18.2　TDS210 数字式示波器面板图及功能区划分

1. 信号连接区；2. 水平控制功能区；3. 垂直控制功能区；4. 触发控制功能区；5. 总体控制功能区；6. 显示区

1. 信号连接区

信号连接区由三个外接信号输入连接器和一个探极补偿器组成(图 1.18.3)，其中“CH1”和“CH2”分别是通道 1 和通道 2 的输入信号连接插座．“EXT TRIG”是外部触发信号的输入连接器．“探极补偿器”实际上是示波器提供的一个内部标准信号源，该信号为 5V 的方波信号，方波的周期为 1ms. 此信号常用来调整探极与输入电路的匹配，人们也常用该信号来观察和检查示波器是否处于良好的工作状态.

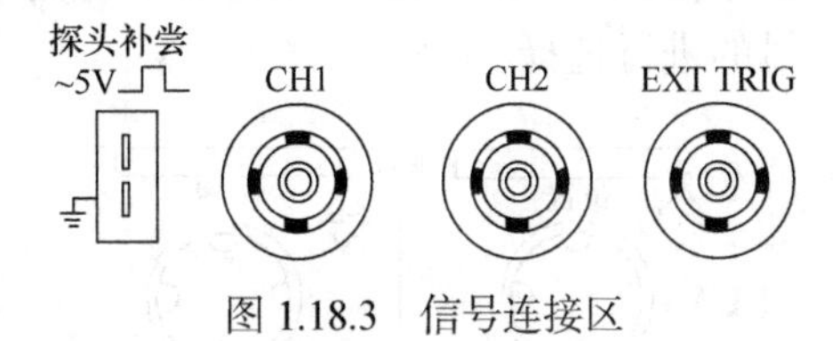

图 1.18.3　信号连接区

图 1.18.4　水平控制器

2. 水平控制功能区

本区由两个控制旋钮和一个菜单按钮组成(图 1.18.4). 旋转水平位置控制钮，将同时调整两个通道波形以及数学波形的水平位置，也即旋转水平位置旋钮，将使所有波形左右移动，但波形的大小保持不变. 这一点与模拟式示波器水平控制旋钮的作用和使用方法相同.

水平控制的“秒/格”旋钮，用来调整主时基或窗口时基的水平标尺系数，即旋转“秒/格”旋钮，可设定波形的水平方向每一大格代表多少时间. 若当时正处于视窗扩展状态，则改变“秒/格”旋钮将同时使视窗的宽度发生变化.

3. 垂直控制功能区

本示波器有两个输入通道，示波器允许用户对这两个通道上的信号波形的垂直分量分别进行控制，因而在本区设置了“CH1”和“CH2”两个功能完全一样的控制旋钮和按钮(图 1.18.5). 以 CH1 通道为例，旋转它的(垂直)“位置”旋钮，CH1 通道上的信号波形将随着上下移动. 但在移动过程中，波形的形状保持不变. 而旋转“伏/格”旋钮时，该波形的垂直方向的标尺系数将跟着发生变化，也即使波形在垂直方向上每大格代表电压的大小跟着发生变化，因而使波形在垂直方向上的形状发生变化. 为了便于观察和精确测量，这种调节是必要而且是经常进行的. 改变通道在垂直方向的标尺系数，不会也不应当改变待测信号本身的垂直方向的参数值. 例如，一个峰-峰值为 2V 的正弦波，在垂直方向的标尺系数为 1V/div(大格)时，它的峰-峰值高度为 2 大格. 当旋转“伏/格”旋钮，使垂直方向的标尺系数为 0.5V/div 时，该波形的峰-峰值高度就变为 4 大格，但该波形峰-峰值读数仍为 2V 不变. 按压本通道的 CH1 菜单按钮，将直接调出一个“CH1”菜单(图 1.18.6). 用户可通过各对应的菜单按钮，对菜单中的各选项，根据测量的目的进行选择.

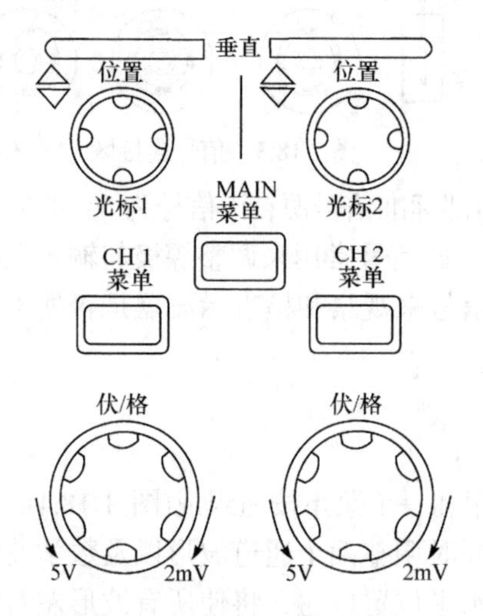

图 1.18.5 垂直控制功能区

图 1.18.6 CH1 菜单

4. 触发控制功能区

触发控制功能区由一个触发电平控制旋钮和四个按钮组成(图 1.18.7).

“触发电平”(LEVEL 和 HOLD OFF)控制旋钮，该旋钮具有双重作用：一是作为边沿触发电平控制钮，由它设定触发信号必须达到的振幅大小；二是作为释抑控制旋钮，通过旋转该旋钮，来设定接受下一个触发事件之前的时间值(类似模拟式示波器的一次扫描时间).

其他四个按钮的功能如下.

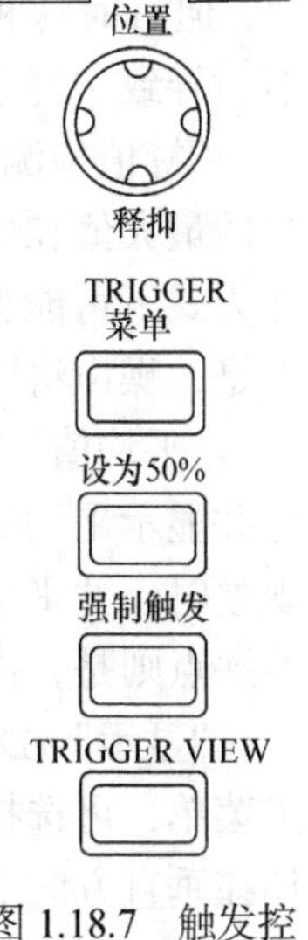

图 1.18.7　触发控制功能区

“触发”(TRIGGER)菜单按钮：按压该按钮将引出一个触发功能菜单. 通过该菜单，用户可以选择不同的触发信号源，此信号源可能来自 CH1、CH2 或者外部(触发)及市电等. 还可以选择触发信号的类型，例如，上升沿还是下降沿等. 该触发功能菜单按钮，对获得稳定的波形及精确测量未知波形具有重要的作用. 用户应通过反复的练习来熟练掌握之.

“设为 50%”按钮 (SET LEVEL TO 50%)：该按钮功能单一，它将触发电平设定在触发信号幅值的 50%处，而不管原来触发电平已置于何处. 该按钮对保证显示屏上所观察的波形稳定是十分有用的.

“强制触发”(FORCE TRIGGER)按钮：按压此按钮后，示波器将强制采样一次，而不管此时是否存在其他触发信号，也不管规定的触发信号的幅值是否已经达到了足够的大小.

“触发源观察”(TRIGGER VIEW)按钮：按住触发源观察按钮后，示波器将强制采样一次，而不管此时是否存在其他触发信号，也不管规定的触发信号的波形将被取代. 该按钮用来查看触发设置(如触发耦合方式)对触发波形的影响.

5. 总体控制功能区

该功能区内共有九个按钮(图 1.18.8)，它们决定了示波器的整体工作情况.

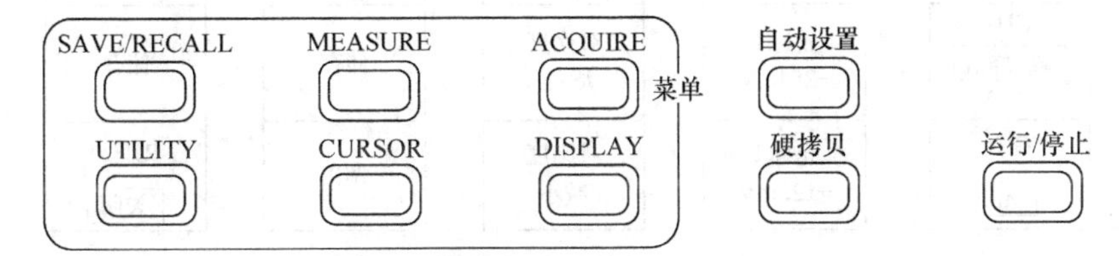

图 1.18.8　总体控制钮

“储存/调出“(SAVE/RECALL)按钮：按压该按钮后将引出一个“储存/调出”功能菜单，用来将“自动设置”或“被测量波形”的储存或调出.

“获取”(ACQUIRE)按钮：按压该按钮后将引出一个获取功能菜单. 通过各个相应的菜单按钮，可以选择数字表示波器采集数据的三种不同方式：“采样”、

“峰值检测”或“平均值”三种获取方式.

“采样”：在该获取方式下，示波器每隔相等的时间就对信号采样一次，以重建波形. 这种方式使用得最普遍，它在大多数情况下都能正确表示被测的模拟信号. 但有时这种方式可能会漏掉待测信号在两次采样时间间隔内发生的变化细节，导致“混淆”(参见后面“波形的观察”)，并有可能丢失信号中的窄脉冲.

“峰值检测”获取方式：在这种方式下，示波器采集每一个采样间隔中输入信号的最大值和最小值，并用采样数据显示波形，这样示波器可以获取和显示在采样方式下可能丢失的窄脉冲，也避免了可能产生的“混淆”. 这种获取方式的缺点是，噪声将比较明显.

“平均值”获取方式：在这种方式下，示波器先获取若干个波形，然后取平均值并显示平均后的波形. 在随机噪声很大，示波器所显示的波形比较模糊，难以观察时，“平均值”获取方式能使用户观察到淹没在随机噪声中的主要信号. 它的缺点则是，这种获取方式可能会把信号中快速化部分丢失.

“显示”(DISPLAY)按钮将引出一个显示功能菜单(图 1.18.9). 其中，“格式”子菜单，可选择“YT”和“XY”两种显示. “YT”方式表示通道上的待测信号加在垂直方向上(Y方向上)，水平轴则是时间. “XY”方式表示 CH1 信号作为水平方向(X轴)的信号，垂直方向(Y轴)加的是 CH2 通道上的信号.

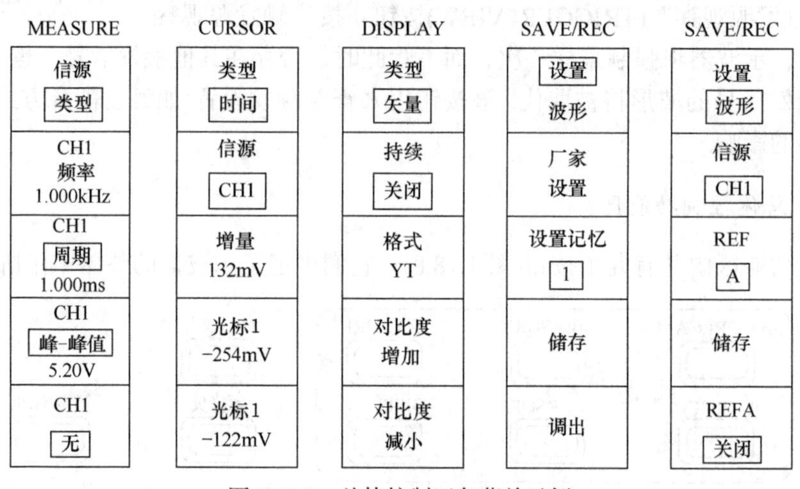

图 1.18.9 总体控制区各菜单示例

“光标”(CURSOR)按钮：它将引出一个光标功能菜单(图 1.18.9). 该菜单出现后，用户可对光标进行垂直方向的移动控制. 离开该菜单后，光标仍将保持显示除非用户主动把它关闭，但用户不能对它进行调整.

“辅助功能”(UTILITY)按钮：按压它将引出一个辅助功能菜单. 该菜单的第 5 个按钮允许用户选择本国的语言来显示菜单，例如，我们这里已选择简体中文作为示波器的菜单语言.

“自动设置”(AUTOSET)按钮：该按钮将引出一个“自动设定菜单”，通过该菜单，可以设定示波器的各项控制值，以产生便于观察、测量的输入信号显示.

“硬拷贝”(HARDCOPY)按钮：对带有扩展模块(centrics/RS-232 或 GPIB 端口)的示波器，按压该按钮后，将立即启动打印操作，将显示屏上的内容打印出来.

“运行/停止”按钮(RUN/STOP)：此按钮将立即启动或停止获取待测信号波形.

6. 显示区

显示区除了显示待测信号的波形外，还包括有关波形和仪器控制设定值的各种参数. 下面对图 1.18.10 中的参数进行说明.

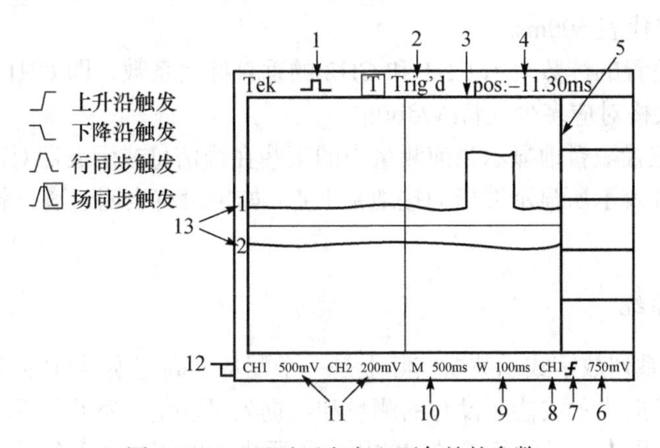

图 1.18.10　显示区和它上面各处的参数

(1) 表示示波器当前的采样数据获取方式. 前面说过，示波器有三种采样数据获取方式，示波器以不同的图形来表示之：

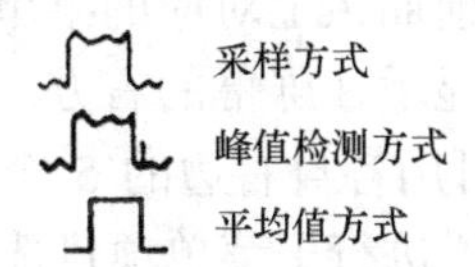

(2) 指示当前触发状态，该栏常以下面的符号和字母表示不同的触发状态.

Armed. 表示示波器正在采集预触发数据，此时所有触发将被忽略.

R　Ready. 所有预触发数据已被获取，示波器已准备就绪，可以接受触发.

T　Trig’d. 示波器已检测到一个触发正在采集触发后信息.

R　Auto. 示波器目前处于自动触发方式，并正采集无触发下的波形.

Scan. 示波器当前正以扫描方式连续地采集数据并显示波形.

● Stop. 示波器已停止采集数据.

(3) 指针所指位置表示触发的水平位置. (水平位置控制旋钮可调整其位置.)

(4) 该处显示了一个数值. 该数值表示示波器当前的触发水平位置与屏幕中心线的时间偏差. (屏幕中心定义为“0”时刻.)

(5) 指针表示触发电平的大小. 你可以旋转“触发电平”旋钮，来改变触发电平的大小. 这时在显示区可以看到触发电平指针跟着移动.

(6) 该处的读数表示触发电平的数值.

(7) 该处用各种图形来表示当前触发的类型.

(8) 该处表示当前的触发信(号)源来自 CH1.

(9) 该处的读数表示扩展视窗的时间设定值，如图中所示，视窗中的水平每一大格(5 小格)为 100ms. 如果没有使用视窗扩展功能，则此处为空白.

(10) 该处的读数表示主时基的设定值. 如图中所示，在非视窗扩展区，水平方向每一大格代表 500ms.

(11) 该位置的读数表示 CH1 和 CH2 的垂直标尺系数，即 CH1 和 CH2 上的波形每一个大格对应多少伏特(V/div).

(12) 该位置短暂地显示当前测量中的某些在线信息或示波器对测量的提示.

(13) 指针表示所显示波形的接地基准点. 如果没有表明通道，就说明该通道没有被显示.

7. 菜单系统

TDS210 系列数字式示波器实际上是一个配备了高速模-数转换器的计算机，它具有多种模拟式示波器所没有的测量和数据处理功能. 为了方便用户使用，该示波器以计算机中常见的菜单结构的用户界面来帮助用户实现各种专项功能的操作，使一些在模拟式示波器不能进行或只有极熟练的技师才能达到的测量技术变得轻而易举.

要进入菜单操作，可按压前面板上对应的菜单按钮. 按压前面板上的某一个菜单按钮，与之相应的菜单将显示在屏幕的右方. 在该菜单标题下，可有多达 5 个子菜单项. 每一个子菜单项可用各自右边的 5 个对应的菜单按钮(图 1.18.11)，方便改变各子菜单的设置或者说进行子菜单项目选择.

8. 测量方法

数字式示波器提供了多种观察和定量测量手段，有一些是传统示波器所没有的，有的是传统模拟式示波器很难操作的.

波形的观察：利用本示波器提供的触发操作菜单，配合触发电平旋钮，可以方便地捕捉到待测信号，并把它稳定地显示在屏幕上. 利用视窗扩展功能，还能进一步观察波形的细节. 另外，使用“运行/停止”按钮，还可把高速变化信号的某一瞬间波形定格下来，以进行长时间的观察和分析. 此外，使用示波器的外接模块(本示波器未配置)，还可把捕捉到的图像，用硬拷贝方式，用打印机直接打印出来，以供分析和信息交换.

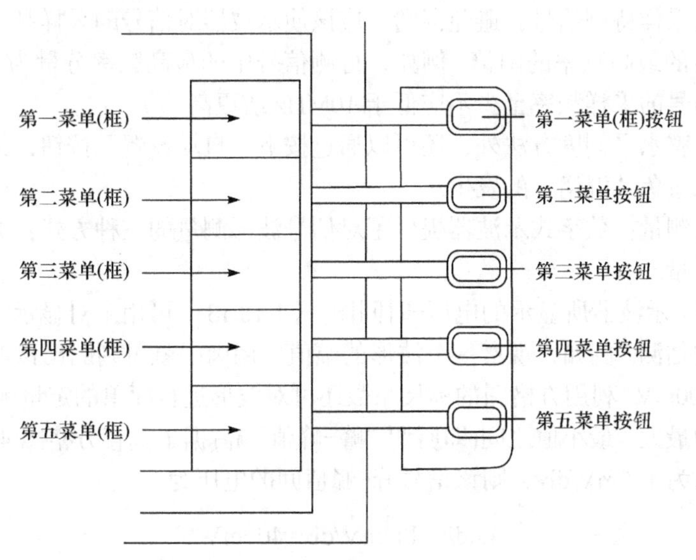

图 1.18.11　菜单和它们对应的控制按钮

通过设置不同的信号获取方式(“采样”、“峰值检测”和“平均值”三种获取方式)，以及不同的信号耦合方式(“直流”、“交流”；“噪声抑制”、“低频抑制”和“高频抑制”)，可以有效地过滤掉待测信号中的各种噪声分量，这对分析原始信号的变化和噪声的大小及影响，常常是必需的.

在观察示波器所获取的信号波形时，要警惕“波形的混淆”现象.

“混淆”是数字式示波器的特有现象或者说缺点. 数字式示波器是通过采样来获取图像信息的，它每隔一段时间对信号采样一次，再根据这些一个个分立的数据来重建波形，因而存在这些分立的采样数据能否正确反映待测信号原貌的问题. 当示波器采样速度较低，采样数据较少时，常常会发生波形混淆. 这时示波器所显示的波形频率低于待测信号的实际频率(图 1.18.12)，同时示波器所显示的波形常常不能稳定.

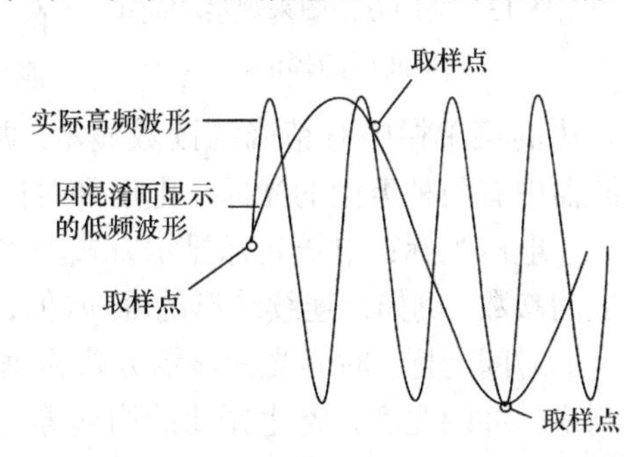

图 1.18.12　因采用速度低而引起的波形混淆示例

检查示波器所显示的波形是否混淆的一个有效方法是提高示波器的采样频率，为此只要顺时针缓慢转动“秒/格”

旋钮改变水平刻度. 如果随着“秒/格”旋钮的转动，示波器显示的波形发生了巨大的变化，即不是通常的波形逐渐展宽而是出现了新的高频波形，则应该怀疑原来显示的波形发生了混淆.

要正确采样待测信号，避免混淆，应该使示波器对信号的采样频率必须至少不低于信号的最高频率的两倍. 例如，待测信号中的最高频率分量为 5MHz，则对该待测信号的采样频率至少不应低于 10MHz 或更高.

除了调整水平刻度方法外，还可以通过按下“自动设置”按钮，或者用改变获取方式来避免“混淆”的发生.

信号的测量：数字式示波器提供了对信号波形测量的三种方式：方格图、光标和自动测量.

方格图：示波器所显示的电压-时间图(图 1.18.13)，可用来对显示的波形进行快速直观的估测. 例如，观察一个波形的幅值，用肉眼就可判断出该波形的幅值是否大于 100mV. 利用方格图的标尺系数还可对波形进行简单的定量测量. 例如，一个波形的最大、最小值之间(即所谓“峰-峰值”)占据了垂直方格图 4.0 个大格，且标尺系数为 100mV/div，则该信号峰-峰值间的电压为

$$4.0\text{div}\times 100\text{mV/div}=400\text{mV}$$

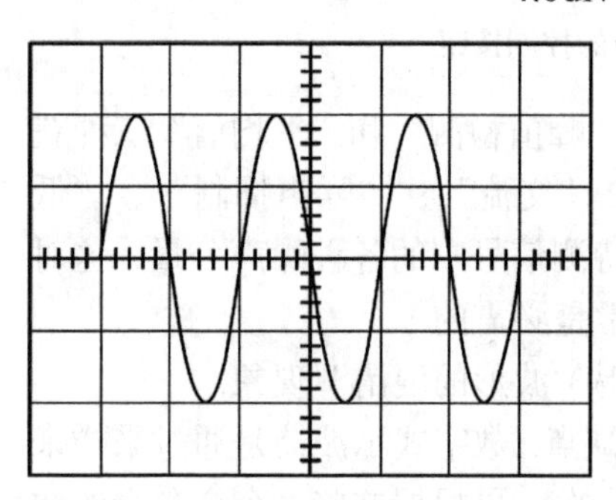

图 1.18.13 使用方格图来观察和简单测量波形的幅值

光标：数字式示波器允许用户通过移动光标，对待测信号各种参数进行精确地测量，它特别适用于对波形中各种细节进行测量. 例如，对波形的上升沿、下降沿进行测量：测量一个阻尼振荡的周期以及各周期的振幅大小，以获得阻尼的数据等. 光标测量方式是数字式示波器所特有的、方便直观、十分有用的测量方法，应该在课内牢牢掌握. 光标是成对的，调节光标的位置旋钮，把两光标线与波形中的待测部分对齐. 光标所在位置在屏幕右边的菜单栏中有精确的读数显示. 两光标间的增量(距离)即是测量结果. 本示波器中有两种类型的光标：电压和时间光标.

电压光标：电压光标显示方式为水平线，用电压光标可以测量波形垂直方向上的参数. 例如，连续波形的峰-峰值，噪声的幅度等.

时间光标：时间光标显示方式为垂直线，用来测量水平方向上的参数. 例如，测量脉冲的宽度，寄生振荡的周期等. 用“光标法”进行测量的一般步骤如下.

例如，用“光标法”测量脉冲的宽度.

对 CH1 通道上的脉冲进行测量. 由于脉冲的宽度是有关时间的量，应该用时

间光标进行测量.

(1) 按下“光标”按钮，调出光标菜单.

(2) 按下第一个菜单框按钮，选择“时间”项.

(3) 按下“信(号)源”菜单框按钮，选择 CH1.

(4) 旋转“光标 1”旋钮(进入“光标”菜单后，原垂直栏的 CH1 的位置旋钮，即成为“光标”旋钮)，这时在显示屏上可以看到有一条垂直的虚线随着旋钮的转动而左右移动. 这就是“光标 1”线. 移动该线到待测信号波形的上升沿处.

(5) 同样旋转“光标 2”旋钮，这时在显示屏上可以看到另一条垂直虚线随着一起在屏幕上左右移动，此即“光标 2”线. 把“光标 2”垂直虚线移动到波形的下降沿位置. 这时显示屏上将示出“光标 1”线和“光标 2”垂直线相对屏幕中心的时间值，以及这两个光标间的差值(增量)，该增量即是待测脉冲信号的宽度.

自动测量：在自动测量方式下，示波器将按照用户已设置的测量对象和测量内容根据采集的数据自动进行测量工作. 由于这种测量利用的是波形记录点，所以相对方格图方法和光标测量方法，自动测量方法将有更高的测量准确度. 但“自动测量”只能测量连续波形的频率、周期和振幅三个参数，它不能对波形的细节提供数据. “自动测量”用显示区右边菜单框中的读数来显示测量结果，读数随示波器采集的新数据每隔 1s、2s 不断地周期地更新. 自动测量需要对机器进行预先设置. 不同的设置下，“自动测量”结果提供的测量对象和测量内容等数据各不相同，所以在自动测量前必须对示波器进行设置.

有关设置方面的操作有三种：自动设置、保存设置和调出设置. 使用自动设置：在大多数的情况下，使用自动设置进行测量是既方便又具有较高的测量精度，所以要熟练地掌握这一功能.

“自动设置”功能可自动调整水平和垂直标尺系数，决定触发的耦合方式和类型，触发的位置、斜率电平和方式等，从而获得稳定的波形显示.

保存设置：在预定设置的情况下，示波器每次在关闭前将自动保存当前的设置；在打开示波器时又自动地调出最后一次保存的设置. (注意：用户可以按照需要对示波器的自动测量进行更改设置. 每次更改设置后，用户必须至少等待 5s 后才能关闭示波器，以保证新设置能被正确地存储. 用户可在示波器的存储器内永久地保存五种设置，并可按需要重新更改(重新写入)设置.)

调出设置：示波器可调出已保存的任何一种用户设置或厂方设置. (所谓“厂方设置”是出厂时厂方为用户对各种正常操作进行了预先的设置. 用户可在任何时候根据需要来读出厂方设置.)

示波器可对大多数待测信号进行自动测量. 例如，我们想对 CH1 上的波形进行频率、周期和峰-峰值测量，这时可按下列步骤进行.

(1) 在“总体控制功能区”中找到“测量”(MEASURE)按钮. 按下“测量”按钮，调出测量菜单.

(2) 显示测量菜单后，按下第一个菜单按钮(图 1.18.11)，选择“信(号)源”.

(3) 按压第二个菜单框按钮，选择“CH1”作为测量信号源.

(4) 同样，按下第三个、第四个菜单按钮，选择 CH1 作为测量信号源内容.

(5) 再按压第一个菜单框按钮，选择“类型”选项. 所谓测量的“类型”，也就是测量的内容.

(6) 按下第二个菜单按钮，选择 CH1 的测量内容为“频率”，这时 CH1 上待测信号的频率就立即显示在同一栏的下面，每隔 1s 左右，频率的数值会刷新一次. 该值有时会有一点小的变化.

(7) 同样，按下第三个菜单按钮，选择对 CH1 的周期测量. 与频率测量一样，该值也显示在周期的下面，每隔 1s 左右刷新一次.

(8) 再按下第四个菜单按钮，选择对 CH1 信号的峰-峰值测量，该值也立即显示在反相的“峰-峰值”下面.

对 CH2 上信号的测量方法也完全一样.

示波器也可对 CH1 和 CH2 的信号同时进行测量，可把这两个待测信号的频率，周期和峰-峰值同时显示出来. 这一功能在需要对两路信号进行波形比较和对比研究的时候显得特别有用. 例如，有时需要研究信号通过某一电路前后的波形幅值大小，形状的变化(是否发生了畸变)等. 为此可按下列步骤进行.

(1) 若是某一通道(如 CH2)上的待测信号未被显示在屏上，则按一下“CH2 菜单”按钮，这时 CH2 上的信号波形就立即显示在屏幕上.

注意 如再按一下“CH2 菜单”按钮，CH2 波形就将从屏幕上隐去. 当然，如果再按一下“CH2”菜单按钮，CH2 波形将再次出现.

(2) 按下“测量”(MEASURE)按钮，调出测量菜单.

(3) 按下第一个菜单框按钮，选择“信(号)源”(使“信源”菜单项反相显示).

(4) 按下第二、第三个菜单框按钮，选择“CH1”.

(5) 按下第四、第五个菜单框按钮，选择“CH2”然后选择每个通道的测量类型(内容).

(6) 按下第一个菜单按钮，以选择测量“类型”.

(7) 按下第二、第三个菜单框按钮，分别选择对 CH1 通道的测量内容为峰-峰值、周期或频率. 这时相应的测量数据就立即显示在这两个菜单框中.

(8) 按下第四、第五个菜单框按钮，分别选择对 CH2 通道的测量内容为峰-峰值、周期或频率. 这时相应的测量数据就立即显示在这两个菜单框中.

【实验内容】

1. 熟悉数字式示波器各旋钮和按钮的功能，学习示波器的基本操作

(1) 将测试探头连接到示波器的测量输入通道的插座上.

按如图 1.18.14 所示，把测试探头尾部的连接头上的“定位口”对准示波器 CH1 插座的“定位凸起”，轻轻用力压入，到底部后，再顺时针转动约 90°，使插头和插座锁住. (把探头从示波器插座上取下来程序刚好相反：手拿住插头，轻往里压，然后逆时针方向转动约 90°，再轻轻往外拉，就可把插头从示波器的插座上取下.)然后用示波器探头上的鳄鱼夹夹住信号连接区“探头补偿”的下片，用探针钩住它的上片.

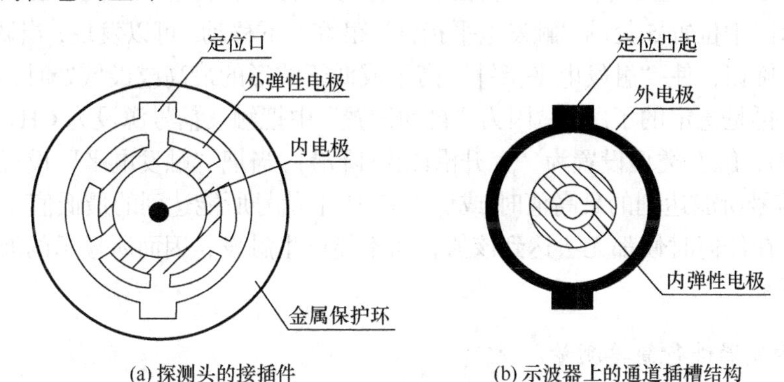

图 1.18.14　示波器上的测量通道和探头接插件的结构与连接

(2) 开机.

把示波器的电源线连接到市电的电源插座上后，按压示波器顶部的白色电源开关，示波器即开始工作.

像计算机一样，开机后，本示波器首先进行“自检”. 几秒钟后，屏幕上即出现自检结果. 如果自检合格，再几秒钟后，示波器将自动进入“自动设置”的测量状态. 这时示波器屏幕上将显示 CH1 通道上的信号波形，这是一个方波.

(3) 基本操作.

根据屏幕右边菜单上的提示，可立即读出该波形的频率为 1.000kHz，周期为 1.000ms，幅值(峰-峰值)为 5V. 示波器每隔 1～2s 更新一次测量值，上述的测量显示值每次更新时可能会略有一点变化.

在这种测试状态下，分别调节一下三组旋钮，以学习和熟悉示波器的基本操作.

(a) 旋转一下垂直控制功能区的 CH1 的“位置”旋钮和“伏/格”旋钮，同时观察图形在垂直方向上的变化，并留心随着调节“伏/格”旋钮，图 1.18.10 位置

11 上的示值也同时发生变化. 注意随着垂直方向上的标尺系数(伏/格)的变化，波形同时发生变化，但波形的振幅(峰-峰值)读数基本没有变化. 波形振幅的读数，应以波形最大时为最准确.

(b) 再试着先后旋转一下水平控制功能区的“水平位置控制”旋钮和“秒/格”旋钮，同时观察波形在水平方向上的变化. 并请注意随着调节“秒/格”旋钮，显示区位置 10(在使用视窗扩展功能时，则还有位置 9)上的示值也同时发生变化. 注意随着水平方向上标尺系数(秒/格)的变化，波形在水平方向上跟着变化，但波形的周期值并没有任何变化. (当示波器屏幕上不显示一个完整的波形时，频率量值就不能自动给出了.)

(c) 最后再试着旋转一下触发控制功能区中的“触发电平”调节旋钮，注意观察显示区中位置 5 处的“触发电平指针”跟着上下移动. 可以发现，当调节“触发电平”旋钮，使“触发电平指针”高于或低于波形的最高或最低处时，屏幕上的波形不再是稳定的了. 这是因为“自动设置”中把触发信号源设为 CH1 (通道 1 上的信号)，触发类型设置为“上升沿(或下降沿). 当把“触发电平”设置得高于 CH1 中信号所能达到的最高值时(或低于 CH1 上信号所能达到的最低值)，使 CH1 上的信号在任何时候都无法达到该值，而不能产生触发，因而所显示的波形就不能稳定下来.

2. 示波器进行简单测量

测量一个幅值和频率未知的信号.

用探头上的鳄鱼夹夹住待测信号的地端，用带钩的一端钩住电路上的待测信号处，就可对待测信号进行测量. 然后按下“自动设置”按钮. 这时示波器将自动进行垂直、水平和触发控制. 1～2s 后，示波器的显示屏将把 CH1 上的待测信号显示在屏幕上. (当 CH2 上也有外部待测信号输入时，这时示波器也将同时显示 CH2 上的待测信号波形.)

在显示屏的右边，示波器同时显示出 CH1 和 CH2 上待测信号的周期 (或频率)和振幅. 把待测信号的频率、振幅(峰-峰值)和周期记录在实验表格中.

在测量中，可以看到，两个待测信号中，CH1 上的待测信号的波形是稳定的，CH2 的波形一般在滚动. 这是因为在自动设置状态下，示波器把 CH1 通道上的波形信号作为默认的触发信号源. 即这时的示波器的触发与 CH1 上的波形是同步的，故 CH1 上的波形是稳定的.

如果用户对此时的波形显示方式不满意，可手工调整各相应的控制按钮，来改变波形的上下、左右位置，水平和垂直的比例系数，以更利于观察和定量测量.

当两个通道均有信号输入时，“自动设置功能”能为每个通道上的信号分别设置垂直功能，并设置水平示尺系数和触发控制.

再用光标测量方法，对待测信号的周期和峰-峰值进行测量，并和自动测量的结果进行对照.

3. 学习信号发生器的使用：学习用示波器测量交直流混合信号

信号发生器在电工、电子行业中使用得十分普遍. 它常用来为电路设计、调试和维修工作中提供一个频率、波形和振幅可调的标准信号源. 各种信号发生器在功能上相差不大，我们把本次实验中使用的"EE1642B1 型函数信号发生器/计数器"进行了介绍.

(1) 用专用电缆把信号发生器的输出端和示波器的 CH1 通道插座相连.

(2) 使信号发生器输出 1.000kHz 正弦交直流混合信号.

(a) 合上信号发生器的电源开关，这时信号发生器的频率显示窗口和振幅显示窗口将有读数显示.

(b) 按压"函数输出波形选择"按钮，选择输出波形为正弦波.

(c) 按压"频率范围选择"按钮，使处于×1k 挡，再旋转"频率调节"旋钮，使输出信号频率为 1.000kHz 左右，同时用示波器测量该信号的频率. 仔细调节"频率调节"旋钮，使示波器菜单上的频率显示为 1.000kHz.

(d) 旋转"AMP"(信号输出幅度调节)旋钮，使输出信号的振幅为 5.0V，同时在示波器上仔细观察该波形. 注意此时的地电势箭头的位置. 并按压"测量"按钮，测量 CH1 通道上的该波形的峰-峰值. 调节信号发生器上的"AMP"旋钮，直到示波器的测量菜单上该信号的峰-峰值读数为 10.0V.

(e) 把示波器的 CH1 通道设置于"直流耦合"状态. 为此：

① 按压"CH1"菜单按钮，调出 CH1 菜单；

② 按压第一菜单框按钮，选择"耦合"为"直流".

(f) 顺时针旋转"OFF SET"(输出信号直流电平调节)旋钮. 首先可听到"嗒"的一声，这表示从这点开始输出信号中将加入直流分量. 继续顺时针旋转该旋钮，同时在示波器的屏幕上观察波形的变化.

(g) 用"光标法"测量上述波形的直流电平.

提示　屏幕上位置 13 处的 1 箭头为 CH1 信号的地电势.

(3) 在示波器的监测下，从信号发生器输出一个稳定的

$$y = 4 + 5\sin(200\pi t)$$

交直流混合波形. 并按比例用坐标纸画下，附在实验表格中.

(4) 用光标法测量脉冲的宽度(图 1.18.15).

(a) 调节信号发生器，输出一个窄脉冲信号.

① 去除波形中的直流分量. 为此，逆时针旋转"OFF SET"旋钮，直到听到

“嗒”的一声.

② 按压“函数波形选择”按钮，使输出波形为“矩形波”.

③ 使“矩形波”变为“窄脉冲波”. 为此缓缓顺时针方向转动“SYM”(对称调节)旋钮，开始时能听到“嗒”的一声，继续缓缓顺时针方向转动“SYM”到底. 这时从示波器上可以看到，随着“SYH”旋钮的转动，屏幕上的波形逐渐变为窄脉冲波.

(b) 用光标法测量该窄脉冲的宽度.

读出两光标线间的距离(增量)，此即脉冲的宽度. 填入到实验表格上.

(5) 用光标法测量锯齿波的上升沿时间(图 1.18.16).

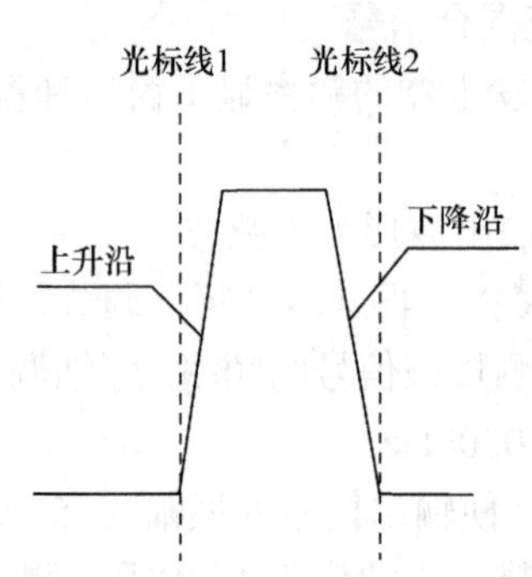

图 1.18.15 光标法测脉冲宽度

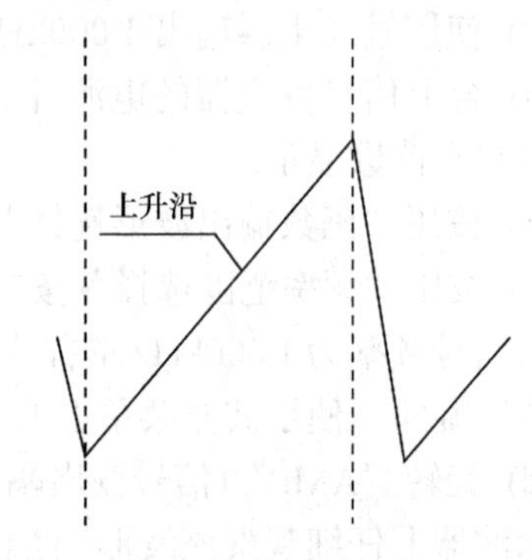

图 1.18.16 光标法测锯齿波的上升沿

(a) 保持上述仪器状态不变，按压信号发生器的“波形选择”按钮，选择输出波形的“三角波”.

(b) 观察示波器上的波形(信号发生器上的“SYH”旋钮仍保持在顺时针转到底的位置). 调出“秒/格”旋钮，尽量把锯齿波展宽，以提高测量精度.

(c) 用光标法测量该锯齿波的上升沿，并把测量结果填入实验表格中.

4. 观察李萨如图形

(1) 将两个正弦信号分别接入到示波器的 CH1 和 CH2.

(a) 将信号源的输出信号用电缆连接到示波器的 CH1 插座上.

(b) 将信号发生器输出端连接到示波器的 CH2 插座上. 信号发生器输出约为 5V 1kHz 正弦波.

(2) 使这两个信号分别成为示波器的 X 轴和 Y 轴上的信号.

(a) 按压示波器上 DISP 调出菜单. 按压第三菜单框按钮，选择显示形式为 XY. 再观察屏幕上显示的波形.

(b) 调节垂直控制功能区的两个“伏/格”旋钮，使所观察的波形约占屏幕的 2/3.

(3) 观察李萨如图形.

(a) 缓缓转动信号发生器上的频率调节旋钮，同时仔细观察屏幕上的波形变化，直到出现一个比较简单、稳定的“圆形”图案(见李萨如图形图 1.18.17 中的 1∶1 图案).

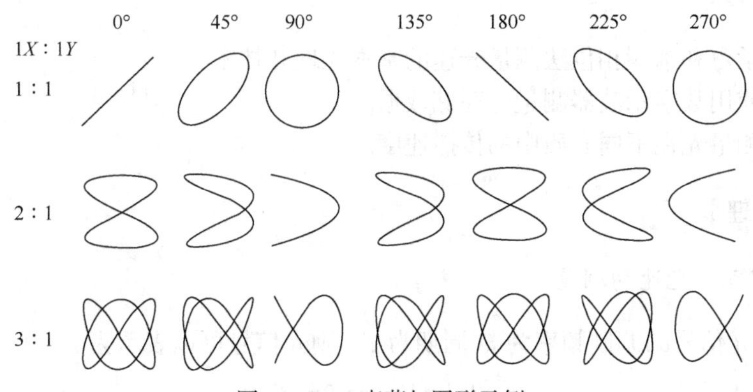

图 1.18.17　李萨如图形示例

(b) 由于本示波器的采样频率较低，再加上屏幕上的波形总是处于不停地运动中而不能稳定，使屏幕上所显示的合成振动轨迹，实际上是李萨如图形中的各种相位差的图形重叠在一起，难以分辨. 为此按压一下“运行/停止”按钮，这时可获得一幅静止的、某一相位差的合成振动波形. 反复按压“运行/停止”按钮，可观察到各种相位差下的合振动波形.

(4) 记录李萨如图形.

(a) 选择两个图形，画在坐标纸上，并同时记下 X 轴(CH1)和 Y 轴(CH2)上信号的频率.

(b) 重复上述工作，调节信号发生器的输出频率，使之获得 1∶2 和 2∶3 的李萨如图形. 同样把它们记录在坐标纸上，并同时标上 X 轴和 Y 轴上的信号频率.

【思考题】

(1) 分析比较数字示波器和模拟示波器的区别及联系.

(2) 为什么示波器上总也得不到完全稳定的李萨如图形?

(3) 简述光标测量方法的要点.

1.18.2　光速的测量

光速的测量

光在真空中的传播速度是一个极其重要的基本物理常量，许多物理概念和物理量都与它有密切的联系. 例如，光谱学中的里德伯常量，电子学中真空磁导率与真空电导率之间的关系，普朗克黑体辐射公式中的第一辐射常数、第二辐射常数，质子、中子、电子等基本粒子的质量等常量都与光速 c 相关，光速值的精确测量将关系到许多物理量值精确度的提高. 正因为如此，许多科学工作者都致力于提高光速测量精度的研究.

【实验目的】

(1) 学习和掌握相位法测量光速的基本原理和技术.
(2) 使用数字示波器测量、存储数据.
(3) 测量光在不同介质中的传播速度.

【实验原理】

1. 空气中光速的测量

如果光信号的调制频率为 f, 周期为 T，则光信号可以表示为

$$I = I_0 + \Delta I_0 \cdot \cos(2\pi \cdot f \cdot t) \tag{1.18.1}$$

如果光接收器和发射器的距离为 Δs，则光的传播延时为

$$\Delta t = \frac{\Delta s}{c} \tag{1.18.2}$$

其中，c 为光速. 在 Δs 的距离上产生的相位为

$$\Delta\varphi = 2\pi \cdot f \cdot \Delta t = 2\pi \cdot \frac{\Delta t}{T} \tag{1.18.3}$$

被光电检测器接收后变为电信号，该电信号被滤除直流后可表示为

$$U = a \cdot \cos(2\pi \cdot f \cdot t - \Delta\varphi) \tag{1.18.4}$$

将式(1.18.2)代入式(1.18.3)可得光速

$$c = \frac{\Delta s}{\Delta\varphi} \cdot 2\pi \cdot f \tag{1.18.5}$$

如果光的调制频率非常高，在短的传播距离 Δs 内也会产生大的相位差 $\Delta\varphi$. 如果光的调制频率 f=60.000MHz，则 Δs=5m 就会使光信号的相位移达到一个周期 $\Delta\varphi$=2π. 然而高频信号的测量和显示是非常不方便的，普通的教学示波器不能用于高频信号的相位差测量.

设在接收端还有一个高频电信号 f' =59.900MHz，作为参考信号. 表示为

$$U' = a' \cdot \cos(2\pi \cdot f' \cdot t) \tag{1.18.6}$$

将 U 和 U' 相乘得到

$$
\begin{aligned}
U\cdot U' &= [a\cdot\cos(2\pi\cdot f\cdot t-\Delta\varphi)]\cdot[a'\cdot\cos(2\pi\cdot f'\cdot t)] \\
&= \frac{1}{2}aa'[\cos(2\pi\cdot f\cdot t-\Delta\varphi+2\pi\cdot f'\cdot t)+\cos(2\pi\cdot f\cdot t-\Delta\varphi-2\pi\cdot f'\cdot t)] \\
&= \frac{1}{2}aa'\cos[2\pi\cdot(f-f')\cdot t-\Delta\varphi]+\frac{1}{2}aa'\cos[2\pi\cdot(f+f')\cdot t-\Delta\varphi]
\end{aligned}
\tag{1.18.7}
$$

可见经乘法器后将得到和频 $f+f'$=60.000+59.900=119.900(MHz)，以及差频 $f_1=f-f'$ =60.000−59.900=100(kHz)的混合信号. 将该混合信号通过一个中心频率为 100kHz、带宽为 10kHz 的滤波器后，和频信号将被滤除，差频信号将保留. 式(1.18.7)将变为

$$U_1=a_1\cdot\cos(2\pi\cdot f_1\cdot t-\Delta\varphi) \tag{1.18.8}$$

同理，发出的光信号直接滤除直流后与参考信号 f' 相乘，再经滤波器滤除和频信号后为

$$U_2=a_2\cdot\cos(2\pi\cdot f_1\cdot t) \tag{1.18.9}$$

式(1.18.8)和式(1.18.9)中，$a_1\approx a_2$，U_1、U_2 两个信号的频率均为 100kHz，可以很容易地被低频示波器观测到两者的相位差$\Delta\varphi$，$\Delta\varphi$与式(1.18.4)相同，$\Delta\varphi$与信号 f_1 的传播时间Δt_1 相关，Δt_1 可以从示波器上观测到. 设 f_1 的周期为 T_1，则

$$\Delta\varphi=2\pi\cdot f_1\cdot\Delta t_1=2\pi\cdot\frac{\Delta t_1}{T_1} \tag{1.18.10}$$

将式(1.18.10)代入式(1.18.5)得光速

$$c=\frac{\Delta s}{\Delta t_1}\cdot T_1\cdot f \tag{1.18.11}$$

根据上面的条件：T_1=1/100kHz=10μs，f=60.000MHz. 测得Δs，Δt_1 即可由式(1.18.11)计算出光速.

2. 介质中光速的测量

使用比较法测量光在玻璃或水介质中的传播速度 c_{m}，如图 1.18.18 所示.

在光路中加入玻璃或水介质进行第一次测量，总光程为 L_1，传播时间为 t_1，反光棱镜位置为 x_1；第二次测量时，将介质拿掉，测量信号的相位会发生变化，移动反光棱镜到位置 x_2 处，使测量信号相位回到第一次测量的位置，因此光的传播时间和第一次相同为 t_1，总光程为 $L_1+2\Delta x$(移动距离$\Delta x=x_2-x_1$)；也可以得出在空气中传播距离 $L_{\mathrm{m}}+2\Delta x$ 和在介质中传播距离 L_{m} 所需时间相同.

由上述可以得出介质的折射率

$$n_m = \frac{2\Delta x + L_m}{L_m} \tag{1.18.12}$$

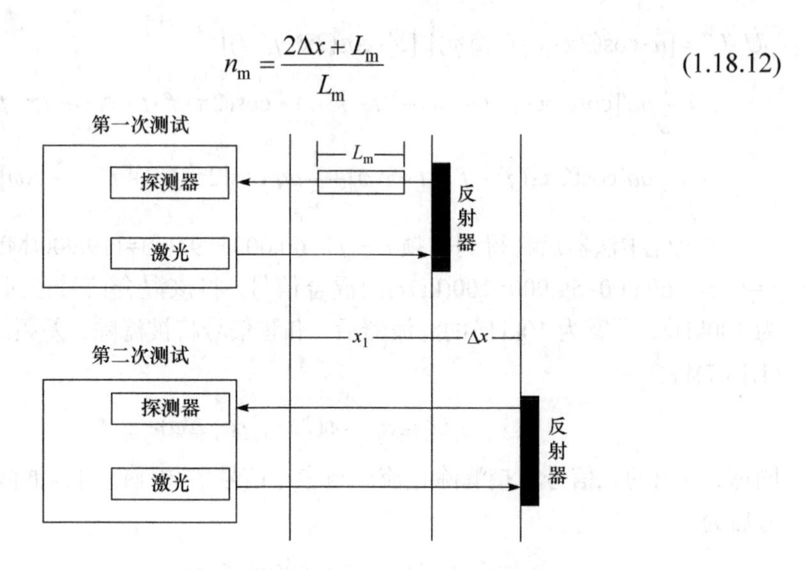

图 1.18.18　比较法测量光在不同介质中传播速度

因此介质中的光速为

$$c_m = \frac{c}{n_m} \tag{1.18.13}$$

【实验仪器】

数字示波器，DHLV-2 光速测定仪测试架见图 1.18.19.

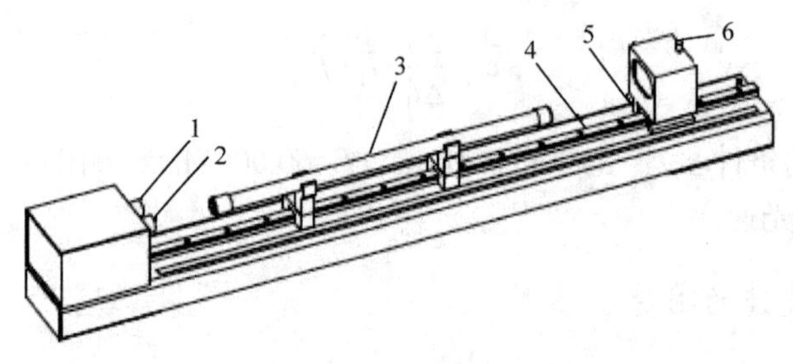

图 1.18.19　DHLV-2 光速测定仪测试架

1.激光发射装置；2. 光电探测装置；3. 水或石英玻璃装置；4. 直线导轨；5. 滑块及反射棱镜；6. 棱镜调节螺杆

【实验内容】

1. 测量光在空气中的传播速度 c_a

(1) 熟悉数字示波器主要旋钮的功能，观测图 1.18.20 光速测定仪面板图中各输出端口的信号. 观测图中 J1 和 J2 信号的乘积，了解调制和差频技术.

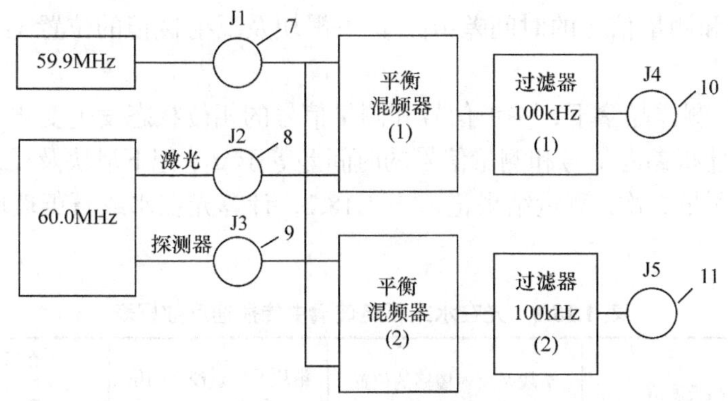

图 1.18.20　光速测定仪面板图

7. J1:59.9MHz 参考频率信号输出；8. J2:60MHz 调制频率信号输出；9. J3:60MHz 光电接收信号输出；10. J4:100kHz 参考信号输出；11. J5:100kHz 测量信号输出

(2) 连接实验线路. 参考信号输出 J4 接示波器 CH1，测量信号输出 J5 接示波器 CH2.

(3) 设置示波器. CH1 为触发信号.

(4) 调节光路. 棱镜全程滑动时，反射光完全射入接收端，从示波器上观察测量信号，全程幅度变化小于 1 V. 一般情况调节棱镜仰角便可将光路调节合适.

(5) 建议用频率计测量参考信号和测量信号的频率，因为晶振是有误差的，得到的 100kHz 信号往往有近 1%的误差，这样用实测频率就会减小测量误差.

(6) 通过移动滑块及反射棱镜的位置，用示波器测量相应测量信号和参考信号的时间差，改变滑块及反射棱镜的位置重复测量 3 次，测量结果记入表 1.18.1. 计算光在空气中的传播速度

$$c_{\mathrm{a}} = \frac{\Delta s}{\Delta t_1} T_1 f$$

表 1.18.1　光在空气中传播速度数据表

编号	测量信号频率/kHz	T_1	光程差/m	时间差/μs	光速 $c_{\mathrm{a}} = \frac{\Delta s}{\Delta t_1} T_1 f$
1					
2					
3					

2．测量光在水或石英玻璃中的光速

(1) 实验步骤同实验内容中(1)～(3).

(2) 将待测样品水或者石英玻璃棒安放在测试架上，样品放在激光返回的光路上，尽可能靠近光电探测装置，移动滑块及反射棱镜至靠近待测样品，记下当

前参考信号和测量信号的时间差Δt_1，记下滑块及反射棱镜的位置 x_1. 重复测量 3 次.

(3) 将待测样品拿下，参考信号和测量信号的相位状态发生变化，滑动滑块及反射棱镜使得参考信号和测量信号的时间差等于Δt_1，记下滑块及反射棱镜的位置 x_2. 重复测量 3 次. 测量结果记入表 1.18.2，计算光在水或石英玻璃中的传播速度.

表 1.18.2 光在水或石英玻璃中传播速度数据表

编号	测试样品长度值 L_m/m	滑块及反射棱镜的位置 x_1/m	滑块及反射棱镜的位置 x_2/m	介质中的光速 $c_m=\dfrac{c_a}{n_m}=\dfrac{c_a\times L_m}{L_m+2x_2-2x_1}$
1				
2				
3				

【注意事项】

(1) 如果仪器放在光照较强的环境中，在调整仪器时，应采取适当措施，减少仪器受外界光线的干扰.

(2) 在使用器件的过程中，应尽量避免直接用手指、潮湿的物体或者其他尖锐的硬物接触镜片表面，以免损坏镜片的光洁度，影响器件的使用效果.

(3) 实验主要的误差来源是示波器上读取时间差，高性能示波器不但测量方便而且精度高，误差更小.

【思考题】

(1) 分析实验误差与哪些因素有关，怎样提高测量精度?

(2) 光波的波长、频率及速度是如何定义的?

(3) 如何用数字示波器测量两信号的时间差?

第2章

创新实验

2.1 深入研究光电效应实验

普朗克常量是现代物理学中最重要的物理常量之一，它是区分宏观客体和微观客体的界限. 光电效应实验作为大学物理实验的基本实验之一，对学生掌握测量普朗克常量的方法，加深对量子理论的认识具有非常重要的意义. 但是由于所用汞灯光源发出的光谱中，各种波长的光光强不同，滤色片对光的吸收不同，导致照射到光电管的光强(光子数目)不尽相同，另外，光电管对不同频率的光子的光电转换效率也不尽相同，因此在描绘不同波长光的 U-I 曲线时，会发现没有规律可循，不利于学生对于实验及理论的理解. 为此，精确测量不同波长光波的光强与饱和光电流的关系，来研究相同光强乃至相同光子数条件下波长与光电流的关系，可以加深学生对于光电效应、普朗克量子理论的理解. 可用单色光通过不同层数，滤色片后的饱和光电流的测量替代昂贵、复杂的光谱法对光强的测量，通过测量单色光经不同层数滤色片后的饱和光电流来研究滤色片的吸收能力(吸收系数).

【实验目的】

(1) 探究相同光强下饱和光电流与入射光波长的关系.

(2) 探究相同光子数下饱和光电流与入射光波长的关系.

(3) 测定滤色片的吸收系数.

【实验原理】

光电效应原理请查阅大学物理实验书籍，这里不再赘述.

假设入射光强为 P(均匀)，光电管阴极面积为 A，入射角为 θ，这里 P、A、θ 均不变(常数)，则很容易得出单位时间内照射到光电管的光子数为

$$N=\frac{PA\sin\theta}{h\nu}=\frac{PA\lambda\sin\theta}{hc} \tag{2.1.1}$$

式中，h 为普朗克常量，ν 为光频率，λ 为光波长，c 为光速.

单位时间内产生的光电子数为

$$n=\eta N=\frac{\eta PA\lambda\sin\theta}{hc} \tag{2.1.2}$$

其中，η 为阴极单色光灵敏度，它与阴极材料对入射光波波长敏感程度有关. 根据式(2.1.2)可以看出，$\eta=n/N$，即它是出射光电子数与入射光子数之比，即入射光子被原子吸收而产生光电子的概率，在这里我们称为光电转换效率(光子转换为电子的效率). 则对于同一波长为 λ 的单色光来说，其产生的饱和光电流为

$$I_\lambda=n_\lambda e=\eta_\lambda N_\lambda e=\frac{\eta_\lambda eP_\lambda\lambda A\sin\theta}{hc} \tag{2.1.3}$$

由式(2.1.3)可以看出，对于不同波长的单色光：如果入射光强 P_λ 不同，其包含的光子数 N_λ 不同，光电转换效率 η_λ 也不同，因此饱和光电流 I_λ 随电压 U 的关系必然无规律可循；如入射光强 P_λ 相同，其包含的光子数 N_λ 与波长 λ 成正比，但光电转换效率 η_λ 由于无法确定，导致饱和光电流 I_λ 随 $\eta_\lambda\times\lambda$ 变化. 如果光子数相同，则其饱和光电流 I_λ 只与光电转换效率 η_λ 成正比，则此时不同光波波长饱和光电流 I_λ 的比，即可得光电转换效率 η_λ 的比，即

$$I_{\lambda 1}:I_{\lambda 2}:\cdots:I_{\lambda n}=\eta_{\lambda 1}:\eta_{\lambda 2}:\cdots:\eta_{\lambda n} \tag{2.1.4}$$

由式(2.1.3)可知，入射光强相同时，饱和光电流随波长成正比的观点是错误的，单位时间内入射光子数相同时饱和光电流与波长无关的观点是理想化的(假设 $\eta_\lambda=1$)，是与实际不符的.

由于很难使高压汞灯发出的不同波长的光强完全相同(即使通过滤色片及减光片调节后也会有一定差异)，我们通过测量五种单色光强及其对应的饱和光电流的大小，以 365nm 波长为基准进行归一化，使其饱和光电流为 100.00nA，就可以得出入射光强相同时，饱和光电流的关系

$$I_\lambda=100.00\times\frac{I_{\lambda测}}{I_{365测}}\frac{P_{365}}{P_\lambda} \tag{2.1.5}$$

式中，I_λ 为波长为 λ 单色光归一化后的饱和光电流，$I_{\lambda测}$ 为实测饱和光电流，P_λ 为光谱仪测得光强，$I_{365测}$ 为实测 365nm 单色光的饱和光电流，P_{365} 为光谱仪测得 365nm 单色光的光强.

同理，也可以得出入射光子数相同时，饱和光电流的关系

$$I_\lambda = 100.00 \times \frac{I_{\lambda测}}{I_{365测}} \frac{N_{365}}{N_\lambda} \tag{2.1.6}$$

式中，N_{365}、N_λ 为根据式(2.1.1)计算出来的单位时间内波长 365nm 及 λ 时照射到光电管的单色光光子数(可设 $A\sin\theta=1$).

由式(2.1.3)可以看出，对于同一种单色光，由于光电转换效率 η_λ 为常数，因此饱和光电流与光强成正比，光在介质中的衰减规律

$$P_n = P_1 e^{-\alpha(n-1)d} \tag{2.1.7}$$

式中，α为介质的吸收系数，n 为滤色片层数，d 为一片滤色片厚度(2.00mm). P_1、P_n 分别为加 1 层和 n 层滤色片后的光强.

因此，饱和光电流也满足衰减规律即

$$I_n = I_1 e^{-\alpha(n-1)d} \tag{2.1.8}$$

式中，I_1、I_n 分别为加 1 层和 n 层滤色片的光电流.

因此，通过测量光通过多层滤色片后的光强，再通过数据分析可以求出滤色片的吸收系数，也可以通过测量光通过多层滤色片后的饱和光电流的变化，从而求出滤色片的吸收系数.

【实验仪器及材料】

光电效应实验仪，荧光光谱仪，高压汞灯(发出 5 个较强的容易观测到的 365.0nm、404.7nm、435.8nm、546.1nm、577.0nm 特征谱线)，透射波长中心为 365nm、405nm、436nm、546nm、577nm 的窄带波滤色片若干.

【实验内容】

1. 搭建光路系统

根据测量光谱的需要，搭建光路系统，使待测光进入光谱仪.

2. 探究饱和光电流与入射光波长的关系

利用 365nm、405nm、436nm、546nm 和 577nm 的窄带滤色片获得单色光，在相同条件下测得各单色光光强.

利用 365nm、405nm、436nm、546nm 和 577nm 的窄带滤色片获得单色光，在相同条件下测得各单色光饱和光电流.

画出波长与光强变化关系曲线以及波长与饱和光电流变化曲线，并绘制相同光强下及相同光子数下波长与饱和光电流的变化曲线并进行数据分析.

3. 探究饱和光电流与光强的关系

测量某一波长单色光滤色片层数与光强变化关系，测量这一单色光滤色片层

数与饱和光电流的变化关系，研究相同层数滤色片下光强与饱和光电流的关系.

对其他波长单色光分别测量(选做).

4. 探究吸收系数与饱和光电流的关系

分别测量其他四种波长单色光滤色片层数随饱和光电流的变化关系(如上步选做部分已做，则可不必测量)，研究不同波长滤色片的吸收系数.

【参考文献】

白光富, 袁升, 马泽斌, 等. 2013. 光电效应测普朗克常数新数据处理方法[J]. 物理与工程, 23(3): 4-8.
李曙光. 2003. 光强一定时饱和光电流随入射光频率的变化关系辨析[J]. 大学物理, 22(8): 31-32.
刘启能. 1999. 光电子数与入射光频率的关系[J]. 物理通报, (4): 44-45.
吴丽君, 李倩. 2007. 光电效应测普朗克常数的三种方法[J]. 大学物理实验, 20(4): 49-52.
杨际青. 2003. 爱因斯坦光电方程和光电效应实验外推法[J]. 大学物理, 22(3): 27-29.
张贞, 杨延宁, 李富星. 2004. 光电效应和康普顿效应的微观本质差异[J]. 延安大学学报, 23(1): 30-32.

2.2 旋转光轴法测量平板玻璃的折射率

【实验目的】

(1) 了解旋转光轴法的测量原理.

(2) 测量平板玻璃的折射率.

【实验原理】

1. 平板玻璃的成像规律

如图 2.2.1 所示，设平板玻璃折射率为 n，经 Q 点发出的同心光束经厚度为 e 的平板玻璃第一个折射平面成像于 Q_1 点，再经过第二个折射平面成像，得到最后的像点 Q'，根据几何光学知识可知

$$\overline{QQ'} = e(1-1/n) \tag{2.2.1}$$

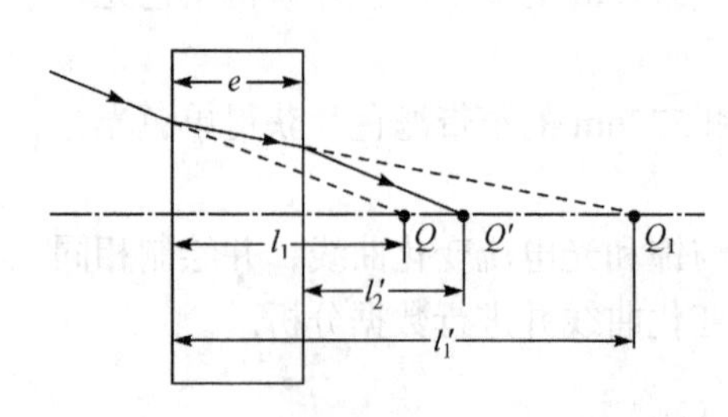

图 2.2.1 平板玻璃对轴上物点成像

由此可见，同心光束经平板玻璃成像后，物与像之间距离只与 e 和 n 有关，并且根据横向放大率公式可知，对于傍轴小物的总横向放大率也为 1，即物与像同高.

旋转平板玻璃光轴，使其与原来系统的光轴成一个小角度i (为满足傍轴条件，最好小于5°)，如图2.2.2所示，设A点是旋转之前的物点，相对于平板玻璃光轴，相当于位于Q点的一傍轴物点，经平板玻璃折射后将成像于新的光轴Q'点上方的A'，显然有$\overline{AQ}=\overline{A'Q'}$，且连线$AA'$与原光轴夹角也为$i$，设$A'$到系统光轴的距离为$d$，则有$d=\overline{A'B}=\overline{QQ'}\sin i$，结合式(2.2.1)得

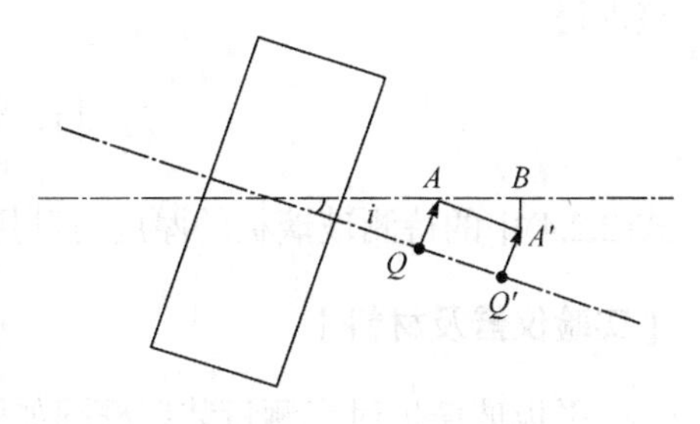

图 2.2.2 平板玻璃对同心光束的变换

$$d = e\sin i(1-1/n) \tag{2.2.2}$$

式(2.2.2)表明，旋转平板玻璃光轴会使系统光轴上物点成像在系统光轴之外，成为新的傍轴物点.

2. 旋转光轴法测量原理

如图2.2.3所示，令狭缝S_1经透镜L_1成像于A点，对于倾斜的平板玻璃，相当于虚物A成实像A'，且A'到主光轴为d，经过透镜L_2把这段距离放大为l，可通过目镜L_3进行观察与测量.

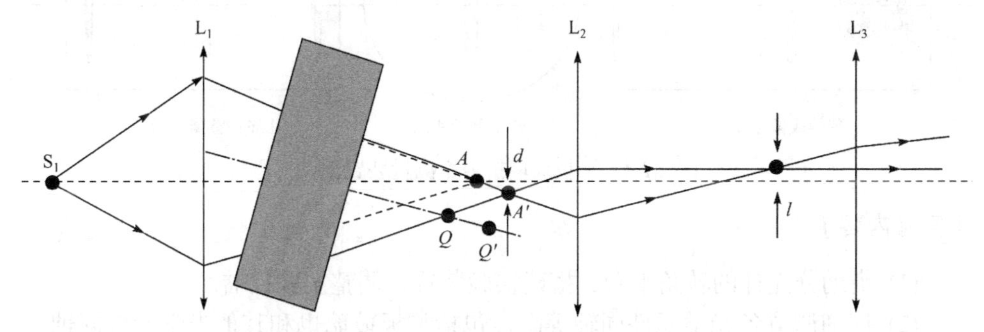

图 2.2.3 测量平板玻璃折射率的光路图

对于透镜L_2，傍轴物点成像有横向放大率$\beta=l/d$ 于是

$$l = \beta e\sin i(1-1/n) \tag{2.2.3}$$

其中，i为平行玻璃板的光轴与系统主光轴的夹角，l为测微目镜手轮给出的转动平板玻璃前后的两个狭缝像之间的距离.

为了消去式(2.2.3)中的β，我们先利用已知折射率n_0，厚度为e_0的标准玻璃和待测折射率n，厚度为e的平板玻璃进行对比实验，为了简化结果，实验中可通过固定转角，为满足傍轴条件，取$i_0=i=5°0'$，即$\sin i_0=\sin i$，测量两次狭缝的移

动距离分别为 l_0 和 l，这样

$$e_0 l(1-1/n_0)=el_0(1-1/n)$$

整理得

$$n=\left[1-\frac{e_0 l}{e l_0}(1-1/n_0)\right]^{-1} \tag{2.2.4}$$

式(2.2.4)中的待测玻璃板的厚度可利用螺旋测微器进行测量.

【实验仪器及材料】

平板玻璃折射率测量装置框图如图 2.2.4 所示，主要由三部分组成：狭缝成像系统、转动测角平台和显微测量系统. 狭缝成像系统由钠光灯提供光源照射到狭缝上，其成像系统将狭缝作为物成像于转动测角平台的后侧，对平板玻璃而言相当于一虚物，经平板玻璃成一实像，调整显微测量系统使这一实像处于其工作距离之内.

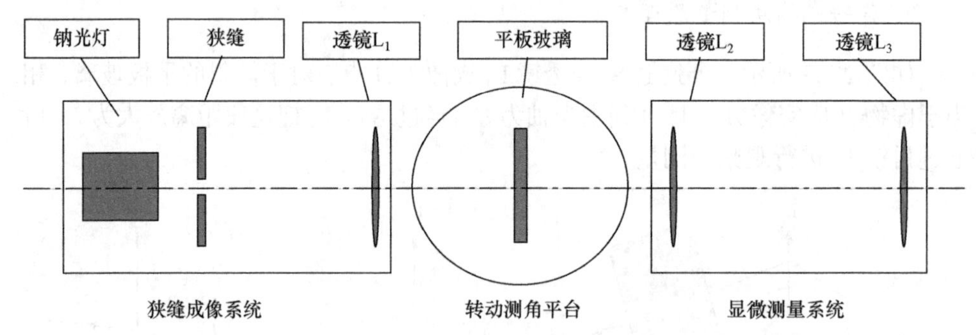

图 2.2.4 平板玻璃折射率测量装置框图

【实验内容】

(1) 借助分光计的转角平台，搭建实验装置，调整实验仪器.

(2) 仔细调节各光学元件同轴等高，包括平板玻璃也和其他光学元件同轴，通过测微目镜观察狭缝的像，清晰并处于视场中央.

(3) 放置标准平板玻璃于载物台上，转动目镜手轮使叉丝对准狭缝像，记下手轮读数，转动平板玻璃，使其转角值为设定值 5°0'，继续转动目镜手轮使叉丝对准狭缝像，再次记下手轮读数，重复上述步骤，测量 5 次.

(4) 更换为待测平板玻璃，重复实验内容(3).

(5) 用螺旋测微器分别测量标准平板玻璃和待测平板玻璃的厚度各 5 次.

(6) 求出待测玻璃的折射率及不确定度.

(7) 尝试讨论平板玻璃表面的不平行对实验结果的影响.

(8) 进一步尝试利用此方法测量液体的折射率(自行设计实施).

【参考文献】

邓晓颖. 2004. 迈克耳孙干涉仪测薄透明体厚度和折射率[J]. 西安工业学院学报, 24(4): 383-385.
李志鸿. 2007. 几种新型折射率测量方法的原理与应用[J]. 中国科技信息, (20): 287-288.
孙宇航. 2009. 用迈克耳孙干涉仪测定透明介质的折射率[J]. 西安邮电学院学报, 14(1): 157-158.
尹霖, 邱成锋, 柏亚基. 2010. 用分光计测量三棱镜玻璃折射率的另一种方法[J]. 中国高新技术企业, (25): 60-61.
周其林, 乐雄军, 张兆艳. 1993. 用moire技术测量平板玻璃折射率[J]. 武汉工业大学学报, 15(1): 17-22.

2.3　纳米书写与绘画

【实验目的】

(1) 了解扫描探针显微镜的工作原理.

(2) 用扫描探针显微镜进行书写与绘画.

【实验原理】

利用扫描探针显微镜的探针在样品上进行纳米级可控定位和运动及与样品相互作用，从而对样品进行纳米加工操纵，常用的纳米加工技术包括：机械刻蚀、电致/场致刻蚀等. 电致刻蚀技术可在纳米级尺度上加工任意需要的复杂结构. 电致刻蚀主要由一个施加在样品与表面间的脉冲电压引起，当所加电压超过阈值时，暴露在电场下的样品表面会发生化学或物理变化. 这些变化或者可逆或者不可逆，其机理可以直接归因于电场效应，高度局域化的强电场可以诱导原子的场蒸发，也可以由电流焦耳热或原子电迁移引起样品表面的变化. 通过控制脉冲宽度和强度可以限制刻蚀表面的横向分辨率，这些变化通常不仅表现在表面形貌上，通过检测其导电性、dI/dS、dI/dV、摩擦力还可以分辨出衬底的修饰情况.

【实验仪器及材料】

原子力显微镜、超声清洗机、氮气吹风装置、探针、硅衬底、光盘、去离子水、无水乙醇、丙酮、量杯.

【实验内容】

1. 前期准备

将硅片清洗干净，并去除表面氧化层. 具体的清洗步骤为：用 1:1 氢氟酸和去离子水超声清洗 15min，之后在丙酮、无水乙醇和去离子水中分别再各超声清洗 10min，待用.

1) 安装原子力显微镜探针

(1) 选择原子力显微镜探针架；

(2) 准备好将要使用的原子力微悬臂探针；

(3) 将原子力显微镜探针架正面向上放置，用一手的拇指和食指小心捏住微悬臂探针压紧弹片两边，轻轻往上提起，使其与探针支架的定位块分离，另一手用镊子夹住微悬臂探针的玻璃基片两侧，小心放在探针支架的定位块上，小心放开压紧弹片，即将微悬臂夹在探针支架上；

(4) 探针安装的位置以玻璃体突出 1～2mm 为佳.

2) 安装探针架

将安装好探针的探针架反面向上，捏住探针架的把手，沿扫描探针显微镜探头向前方向顺着滑槽插入探针架，直到最里面，可听到轻轻的“咔”的声音.

3) 调整激光光路

单击“激光”键，打开激光器电源；调整激光器位置垂直和水平调节旋钮，使激光束聚焦照射在悬臂背面前端，即针尖的背面.

三角形悬臂的光路调整步骤如下.

(1) 顺时针旋转激光器位置垂直调节旋钮，直到激光落到探针架或探针基片上. 此时在探头正面观察，可看到一个很亮的激光光点. 由于激光完全被遮挡，提起探头观察，探头下方没有透射的激光光斑.

(2) 调节水平旋钮，使激光光点落在探针基片的中间位置；调节垂直旋钮，使激光往悬臂方向移动. 由于探针基片的边缘是一个梯形，有一定的倾斜度，所以激光落在探针基片的边缘时，反射的激光光点会落在探头的前方，此时，稍微调节垂直旋钮，即可将激光调节到悬臂的区域附近. 若激光落在探针基片或探针悬臂上，激光将反射到位置 A(即探头正面人眼的位置). 此时，在探头正面可观察到激光光点. 若激光落在探针基片与悬臂之间的梯形斜面上，激光将反射到位置 B(即探头前下方). 此时，在探针的前方可观察到激光光点. 如图 2.3.1 所示，不同位置对激光的反射，可在不同的位置观察到激光反射光点.

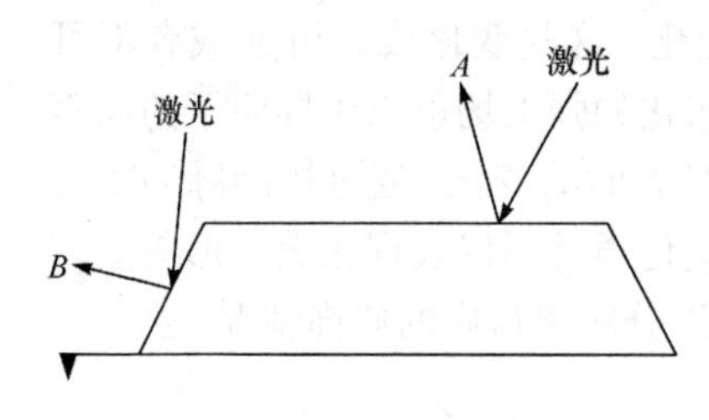

图 2.3.1　不同的位置观察到激光反射

(3) 将激光调节到针尖的背面.

剪一小白纸放置在激光接收器的下方，调节水平方向旋钮(保持垂直方向旋钮不动)，观察反射到白纸上的光斑，可判断激光落在悬臂的位置. 激光落在悬臂尖端的针尖背面，完全被悬臂反射，可观察到较圆的激光光斑.

(4) 观察“激光光斑”窗口(图 2.3.2)，调节“光斑位置探测器”X、Y方向的螺杆，使光斑处于“十字架”中央的小圆圈中央，表 up-down 和 left-right 读数接近于 0，sum 读数为极大值(接近但可能不等于最大值). 此时，激光光路的调节就已经完成了.

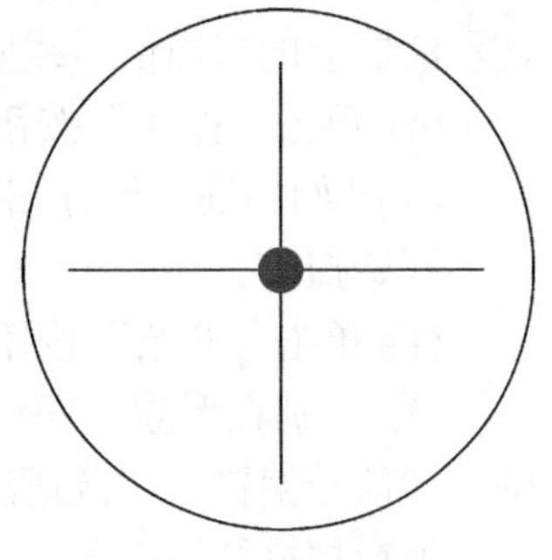

图 2.3.2　激光光路的调节

4) 灵敏度测量

(1) 打开测量曲线窗口，设定适当的开始电压、结束电压和采集点数(建议设定值为开始电压：−40V；结束电压：40V；采集点数：100；每点延时：50ms；采集次数：50)；

(2) 在曲线类型中选择“力曲线”；

(3) 在测量模式中选择“灵敏度”；

(4) 单击“开始测量”，得到理想的力-距离曲线；

(5) 用鼠标左键，在图中拉出一条平行于探针与样品接触部分的直线，如图 2.3.3 所示，系统会自动拟合出灵敏度数值，显示在图的右方；

(6) 将系统拟合出的数值输入灵敏度的设置框中，即完成了灵敏度的设置.

5) 调节扫描参数

(1) 单击“开始”按钮，开始扫描，示波器显示扫描信号线；

(2) 在形貌图像窗口中，调节“信号放大”参数，使示波器上的信号对比度较高，而且不超出可测量的范围；

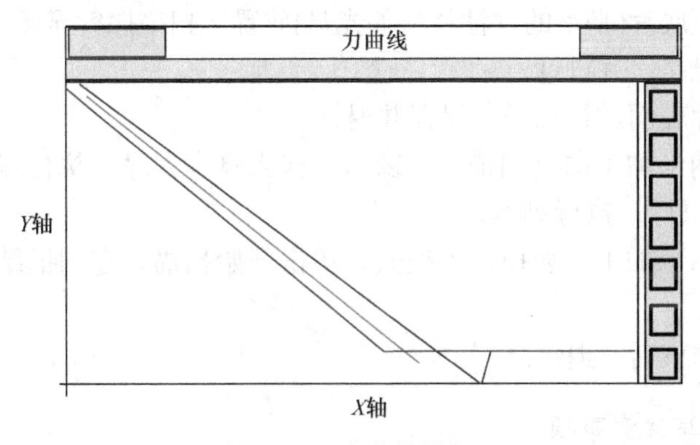

图 2.3.3　力曲线设置

(3) 在形貌图像窗口中，调节“伸缩范围”参数，使伸缩范围指示条指示处于中间的位置，而且尽量不出现红色的范围；

(4) 如果噪声水平较高，可选择“低通滤波”，进行高频噪声的过滤；

(5) 调节“积分增益”“比例增益”“参考增益”“参考点”“扫描频率”，使示波器上的扫描信号线效果较好，并且噪声较低；

(6) 单击“停止”按钮，结束扫描参数调节.

6) 开始扫描、保存扫描结果、结束扫描.

开始扫描：

(1) 单击“开始”按钮，开始扫描；

(2) 分别在形貌、探针起伏、摩擦力图像窗口中调节“信号放大”“伸缩范围”“信号偏置”“低通滤波”等参数.

保存扫描结果：

(1) 一次扫描结束后，扫描结果图像保存在图像缓冲区中；

(2) 在希望保存的图像上面单击右键，激活功能菜单；

(3) 单击“另存为”，将所选的图像使用用户指定的文件名，保存到指定的目录下.

结束扫描：

(1) 单击“停止”按钮，停止扫描过程；

(2) 单击“进针”按钮，打开进针窗口，并打开“退针”对话框；

(3) 单击“开始退针”，探针自动远离样品；

(4) 当探针离开样品足够距离后，单击“结束”按钮，退针完成.

2. 纳米书写

(1) 事先编写出纳米书写程序(参考附录程序)；

(2) 将书写底片(平整的软性材料如光盘)放置于扫描探针显微镜下；

(3) 调节光路，并进针；

(4) 对底片表面进行扫描、保存并退针；

(5) 打开纳米加工向量扫描脚本窗口，输入脚本程序，执行编译功能，编译脚本之后单击执行，执行脚本；

(6) 取消纳米加工，切换接触模式，单击开始扫描，在扫描结束后，保存图像缓存区图片；

(7) 扫描结束后，退针.

3. 纳米书写注意事项

(1) 用户所使用的基底，必须为较软的材料，如聚碳酸酯(即普通光盘的背面) 等.

(2) 用户所使用的探针，必须为较硬的探针 40N/m(即探针的力常数较大)，通常可以使用轻敲模式的探针.

(3) 在刻画过程中，用户不应该设定太大的参考点(即探针对基底的作用力很大)，而应该从小开始，逐渐增大.

(4) 在刻画的过程中，探针移动的速度不宜太快.

(5) 由于压电陶瓷管的时变效应，在程序的操作中，最好加上适当的延时.

4. 纳米书写示例

书写文字为“山川”，效果如图 2.3.4 所示.

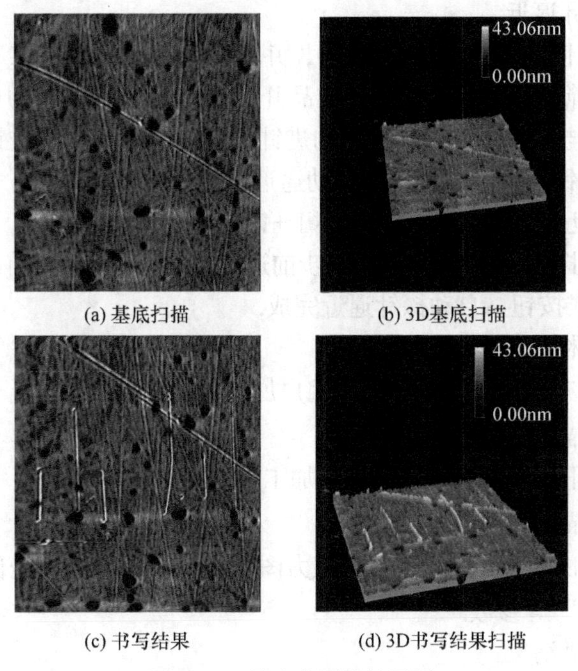

(a) 基底扫描　(b) 3D基底扫描

(c) 书写结果　(d) 3D书写结果扫描

图 2.3.4　纳米书写的效果图

5. 纳米绘画

(1) 准备待绘画图片.

(2) 加载加工图案(任意图案：格式为 bmp 位图格式；图片属性为“大小：512×512 像素；颜色：彩色/黑白”)，设定加工.

当用户选择“纳米加工”/“图形刻蚀”功能后，“纳米加工功能”窗口会自动打开；如“纳米加工功能”窗口没有自动打开，可单击“纳米加工功能”按钮.

(3) 设定扫描参数.

选择接触模式，设定扫描参数.

(4) 进针，进行纳米加工.

(5) 数字反馈，回路测试.

(a) 打开激光.

(b) 调节激光光路，使激光光斑落在光斑窗口中央的圆圈内，此时 up-down，left-right 读数应为零，sum 读数为最大值.

(c) 调节光斑位置检测器，使 up-down 读数大于参考点设定值.

(d) 以上表明数字返回回路工作正常.

(e) 将激光光斑调节至光板窗口中央的圆圈内.

(6) 自动探针逼近.

(a) 单击进针按钮，打开进针窗口，并打开自动进针对话框.

(b) 单击正常进针，此时探针与样品开始正常逼近，当前电压读数为+180V.

(c) 若样品与探针距离较远，自动进针一段时间后，自动进针会停止，这时再次单击正常进针按钮，探针继续自动逼近样品.

(d) 探针逼近样品后，此时电压小于+180V，自动进针停止.

(e) 打开单步控制对话框，单击单步前进或单步后退，使当前电压为 0V 左右.

(f) 单击完成按钮，自动探针逼近完成.

(7) 开始纳米加工.

单击开始加工按钮，系统即按照用户加载的图案进行加工.

(8) 开始扫描.

(a) 单击停止加工按钮，停止纳米加工过程.

(b) 单击扫描按钮开始扫描.

(c) 分别在形貌、探针起伏和摩擦力图像窗口中调节“信号偏置”“信号放大”“低通滤波”等参数.

(9) 保存扫描结果.

(a) 保存在图像缓冲区中.

(b) 单击另存为，保存到指定目录下.

(10) 结束扫描.

(a) 停止扫描过程.

(b) 单击开始退针，探针自动远离样品.

(c) 单击结束按钮.

6. 图形绘画注意事项

(1) 使用电致氧化法进行纳米加工，必须在接触模式下实现，并使用导电探针，力常数 0.2N/m.

(2) 用于电致氧化加工的材料必须是在电场作用下可与大气或水层发生氧化作用，如单晶硅，但是普通的单晶硅表面都是已被氧化的氧化硅，所以，一般纳米加工使用的材料是经过氧化处理的单晶硅.

(3) 氧化作用在超过一定的电压脉冲强度和宽度的域值才可能发生. 所以，以经验值，电压强度应该超过 6V，以 8V 左右为佳；电压脉冲宽度应该超过 60ms，以 75～90ms 为佳，具体的数值与探针或样品有关，可在实验中获得最佳的参数.

(4) 氧化加工过程需要在用户导入图案的像素点中施加一定宽度的电压脉冲. 所以，一般在加工过程中，使用比较低的扫描频率，如 0.5Hz. 如果图案的覆盖率比较大，加工的耗时也会比较长.

7. 纳米绘画示例

绘画效果如图 2.3.5 所示.

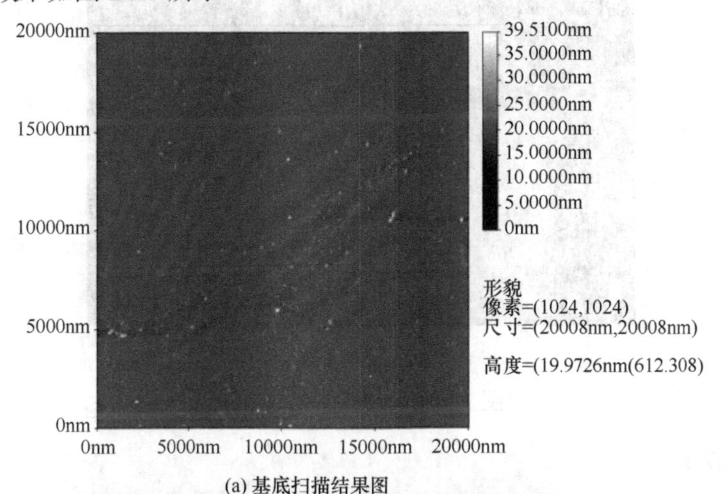

(a) 基底扫描结果图

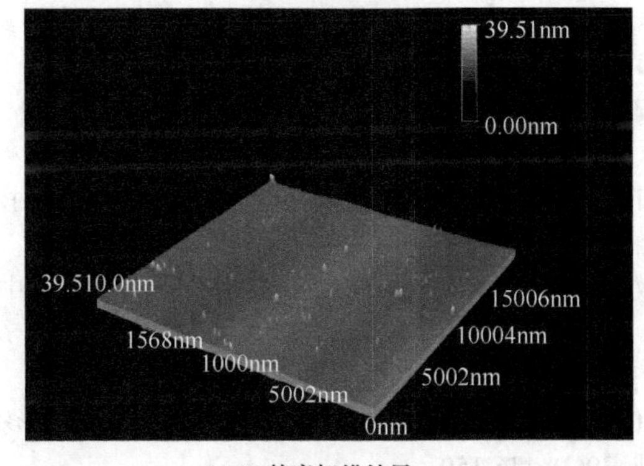

(b) 3D基底扫描结果

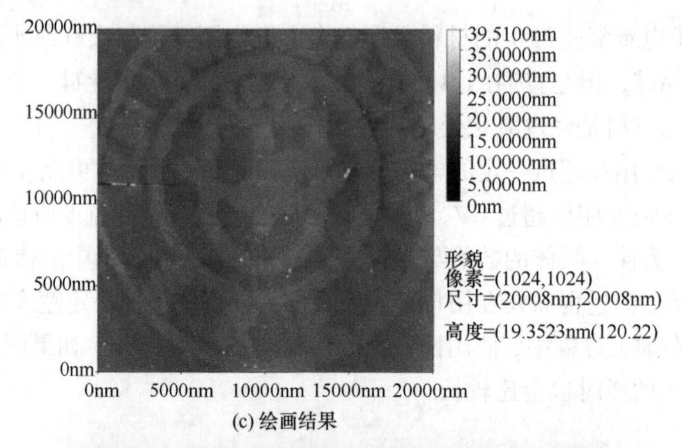

(c) 绘画结果

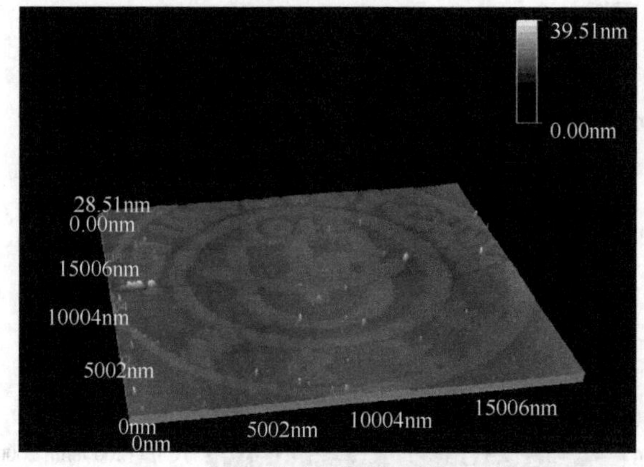

(d) 3D绘画结果扫描

图 2.3.5 纳米绘画的效果图

【参考文献】

郭云昌, 蔡颖谦, 徐如祥, 等. 2005. 扫描探针显微镜的进展[J]. 中华神经医学杂志, 4(7): 733-735.

何光宏, 杨学恒. 2005. 基于扫描探针显微镜的纳米加工技术研究进展[J]. 微电子学, 35(2): 169-173.

田文超, 贾建援. 2003. 扫描探针显微镜系列及其应用综述[J]. 西安电子科技大学学报, 30(1): 108-112.

王硕. 2013. 扫描探针显微镜在多孔材料制备、纳米光刻以及高密度光存储中的应用[D]. 大连: 大连理工大学.

杨福家. 2001. 原子物理学[M]. 北京:高等教育出版社: 115-120.

游俊富, 王虎, 赵海山. 2003. 扫描探针显微镜在粗糙度、纳米尺寸、表面形貌观测方面的应用[J]. 理化检验-物理分册, 39(3): 146-150.

【附录："山川"纳米书写程序示例】

纳米书写："山川"程序.

```
Rem 在样品上刻画特定的图案
Rem 设置扫描范围为 700(此为范围单位，无量纲)
Area 700
Delay 100000 (延迟 100000 个微秒)
Rem 抬起探针
Setpoint -0.100
Delay 100000
Rem 刻山字
Rem 移动到竖线开始点 在 100 毫秒内，将探针移动到刻画的起点(-148,
110)
Moveto -148 110 100
Label l1 标号 11
Delay 100000
Loop l1 10 循环标志，返回到标号 11 处，重复执行 11 到本命令之间的
命令 10 次
Rem 刻竖线
Rem 压针
Setpoint 1.70
Delay 100000
Moveto -148 -100 100
Rem 抬起探针并移动到竖线的开始点
Rem 抬起探针
Setpoint -0.100
Delay 100000
Moveto -200 30 100
Rem 刻竖线
Rem 压针
Setpoint 1.70
Delay 100000
Moveto -200 -100 100
Setpoint -0.100
Delay 100000
```

```
Moveto -96 30 100
Rem 刻竖线
Rem 压针
Setpoint 1.70
Delay 100000
Moveto -96 -100 100
Setpoint -0.100
Delay 100000
Moveto -195 -100 100
Rem 刻横线
Rem 压针
Setpoint 1.90
Delay 100000
Moveto -91 -100 100
Rem 抬针
Setpoint -0.100
Delay 100000
Rem 刻川字
Moveto 0 132 100
Delay 100000
Rem 压针
Setpoint 1.70
Delay 100000
Moveto 0 0 100
Rem 刻点
Moveto -20 -100 100
Rem 抬针
Setpoint -0.100
Delay 100000
Moveto 52 52 100
Delay 100000
Rem 刻竖线
Setpoint 1.70
Delay 100000
Moveto 52 -52 100
```

```
Rem 抬针
Setpoint -0.100
Delay 100000
Moveto 104 132 100
Delay 100000
Rem 刻竖线
Setpoint 1.70
Delay 100000
Moveto 104 -100 100
Rem 抬针
Setpoint -0.100
Delay 100000
```

2.4 太阳能电池的制备及其特性的研究

传统太阳能电池是基于硅(Si)的第一代太阳能电池，由于提纯硅需要的成本较高，会对环境造成污染，且目前已接近了极限光电转换效率. 因此，人们就想能否像大自然植物中的叶绿素一样，将光能转化成太阳能，这样既高效，又不对自然环境造成污染，基于这一想法，瑞士 Grätzel 教授于 1991 年首次制备出具有实用价值的染料敏化太阳能电池(第三代太阳能电池)，因其成本低廉、环境友好、适合于大规模生产且具有较高的光电转换效率，近 30 年来受到全世界科学研究人员的重视，成为一个新的全球研究热点.

【实验目的】

(1) 了解染料敏化太阳能电池的原理及结构.

(2) 制备染料敏化太阳能电池.

(3) 测量太阳能电池的输出特性.

【实验原理】

下面以 TiO_2 为例介绍一下染料敏化太阳能电池原理. 染料敏化太阳能电池是一种三明治结构，主要有：

(1) 光电阳极，主要是在高透光率的 FTO 导电玻璃上均匀涂上一层透明纳米孔材料膜并附着染料；

(2) 氧化还原电解质，主要含 I_3^- / I^- 的电解质；

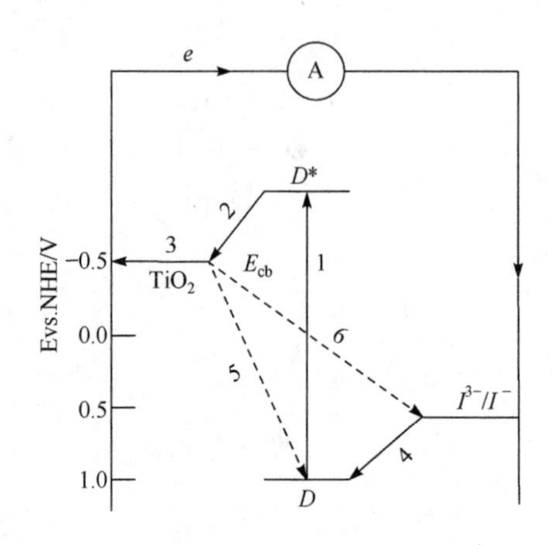

图 2.4.1 染料敏化太阳能电池结构、原理图
Evs. NHE 为与标准氢电极相比

(3) 对电极(光电阴极)，主要是金属铂或石墨电极.

染料敏化太阳能电池结构、原理图如图 2.4.1 所示.

图 2.4.1 中，染料敏化太阳能电池的光电转化过程主要如下.

(1) 染料中的电子吸收光子后，由基态跃迁到激发态;

(2) 处于激发态的电子不稳定，很快转移至 TiO_2 的导带，此时染料分子因失去电子变为氧化态;

(3) 注入 TiO_2 纳米膜的电子在纳米晶网络中扩散至光电阳极并通过外电路流至对电极(光电阴极);

(4) 氧化态的染料分子被还原态 I^- 电解质还原再生，而同时产生的氧化态 I_3^- 电解质在得到光电极阴极的电子后而重新回到还原态. 这样就构成了一个循环，可以为外电路负载稳定地提供电流.

在这一循环中，要尽量避免过程 5 中注入 TiO_2 的电子与氧化态染料的复合(重聚)，也要防止过程 6 中注入 TiO_2 的电子与氧化态的电解质复合(回传)，这样才能提高电子收集效率，当电子的扩散长度(几十微米)大于 TiO_2 纳米薄膜的厚度(10μm 左右)即可基本避免过程 5、6 中的现象发生.

【实验仪器及材料】

精度 0.0001g 电子天平、超声波清洗机、热压封装机、真空灌注管、太阳能电池特性测试仪、电阻箱、万用表、导线、导电玻璃、纳米半导体材料、染料 N719、无水乙醇等.

【实验内容】

1. 电池制备过程

1) 制备光阳极

取 2g TiO_2 纳米粉末放入烧杯中，加入 100ml 无水乙醇，超声 30min 分散固体粉末. 然后分别加入α-松油醇与乙基纤维素，质量分别为 5g 与 1g. 由于常温下α-松油醇与乙基纤维素难以互溶，所以分别用磁力搅拌器在 40℃下搅拌 30min 以及再超声震荡 30min. 接下来在 70℃下搅拌 30min 将酒精挥发掉，最后形成乳白色的胶体. 使用6mm×6mm正方形丝网，将胶体印刷到FTO导电玻璃上. 然后将带有薄膜的导电玻璃放入无水乙醇中浸泡约5min，使薄膜更加平整同时也可以消除薄膜表面的张力. 然后将薄膜取出常温下自然风干. 风干后放入马弗炉中，450℃下退火半小时. 高温下，乙基纤维素与α-松油醇会分解掉，同时在薄膜表面形成多孔形貌，这样有利于TiO_2材料与染料及电解液的充分接触. 将退火后的薄膜自然冷却，得到TiO_2光阳极薄膜.

2) 制备染料溶液

用电子天平称取0.004g合成染料N719. 取20ml的纯度为95%的无水乙醇于烧杯中并将已经称量好的合成染料N719倒入其中，使用超声波清洗机震荡20min，使两者充分混合均匀，合成染料N719溶液制备完毕.

3) 浸泡染料

将制备好的合成染料N719混合液倒入培养皿中，并将制备完成的TiO_2光阳极薄膜向上放入盛有N719溶液的培养皿中浸泡24h.

4) 烘干

从培养皿中取出已经浸泡完成的TiO_2导电玻璃，并将其放入60℃恒温箱中烘干20min.

5) 封装

用剪刀剪取回字形沙林膜片，并用镊子小心将其放置于已经烘干了的TiO_2薄膜上，要求使沙林膜片边缘完全贴合于合成染料N719浸染区域.

将铂电极的导电面与TiO_2光阳极的导电面面对面正对放置，用手指轻轻按压以确保此二面与其中间的沙林膜紧密贴合，其中要求两片电极微微错开以使错开的部分作为电极连接点，过程中要确保沙林膜的位置不发生偏移，以上步骤进行完毕后将其放入热塑封压机中进行塑封.

6) 注入电解液

用针筒吸取少量电解液，在已经封装完毕的电池Pt电极外侧小孔中小心滴入电解液. 完成以上步骤之后将其置于真空管中并抽真空，使电解液完全从小孔进入电池的内部，此过程中通过小孔上有无气泡产生来判断电池内是否完全充满电解液，用镊子从真空管中小心取出太阳能电池，封闭住电解液小孔，完成太阳能电池的制备.

2. 测量太阳能电池输出特性

测量开路电压、短路电流以及伏安特性曲线，并计算输出功率.

根据数据作太阳能电池的输出伏安特性曲线及功率曲线，找出最大功率点，对应的电阻值即为最佳匹配负载. 计算填充因子，计算转换效率并进行数据分析.

3. 陈化实验

过一段时间后(1～2 周)重复第 2 步内容，检查经过一段时间后光电转换效率有何变化.

【注意事项】

(1) 在预热光源的时候，需用遮光罩罩住太阳能电池，以降低太阳能电池的温度，减小实验误差.

(2) 光源工作及关闭后的约 1h 期间，灯罩表面的温度都很高，请不要触摸.

(3) 可变负载只能用于本实验，若用于其他实验可能烧坏可变负载.

【参考文献】

贾仁杰. 2018. 铝掺杂氧化锌染料敏化太阳能电池的制备与性能表征[D]. 长春: 吉林大学.

李靖, 孙明轩, 张晓艳, 等. 2011. 染料敏化太阳能电池对电极[J]. 物理化学学报, 27(10): 17-30.

李晓冬. 2011. 高性能染料敏化太阳能电池的制备与研究[D]. 上海: 华东师范大学.

马廷丽, 云斯宁. 2013. 染料敏化太阳能电池[M]. 北京: 化学工业出版社.

王东，杨冠东，刘富德. 2014. 光伏电池原理及应用[M]. 北京: 化学工业出版社.

2.5 半导体热电转换实验研究

在自然界与日常生活中，能量的相互转换每时每刻都在进行，例如，将热能转换成动能，动能转换成电能，电能转换成热能，电能转换成动能，光能转换成电能，光能转换成生物能量等. 而热能直接转换成电能的相关现象或实验很少，前面所述很多的能量转换都不可避免地存在热能散失现象，热电材料进行热电转换可以将这部分能量有效利用. 这种热电转换称为热电效应，热电效应分为：第一热电效应，即“泽贝克(Seebeck)效应”；第二热电效应，即“佩尔捷(Peltier)效应”；第三热电效应，即“汤姆孙效应”. 针对第一、第二热电效应，设计了两个研究性实验题目即“温差发电实验研究”“半导体制冷实验研究”.

2.5.1 温差发电实验研究

温差发电是一种新型绿色环保的发电方式. 可以将太阳能、地热能、工业余热废热等能源转化成电能. 温差发电技术具有结构简单、坚固耐用、无须机械运动部件、无噪声、占地面积小、使用寿命长等优点. 温差发电技术的研究最早开始于 20 世纪 40 年代. 由于其显著的优点，温差发电在航空、军事等领域得到了广泛的应用，例如，我国的玉兔二号月球车就携带了一个基于钚 238 的同位素温差发电机，能够在供热的同时，在月夜照样为探测器提供不低于 2.5W 的电能.

【实验目的】

(1) 学习温差发电原理.
(2) 学习温控表的使用方法与控制温度的原理及方法.
(3) 利用泽贝克效应设计并搭建温差发电系统.
(4) 测量温差电池在不同温差下的伏安特性曲线.

【实验原理】

1821 年，德国物理学家泽贝克发现，两种不同金属所组成的闭合回路中，当两金属接触处的温度不同时，会产生电势，这就是热电效应，也称“泽贝克效应”.

泽贝克效应是一种热能转换为电能的现象，其热电性能用泽贝克系数描述. 泽贝克系数定义如下：

$$\alpha = \lim_{\Delta T \to 0} \frac{\Delta V}{\Delta T} \tag{2.5.1}$$

由式(2.5.1)可知，泽贝克系数的单位是 V/K. 通常情况下泽贝克系数的值非常小，常用的单位是 μV/K. 式中的电势差 ΔV 可正可负，取决于温度梯度的方向和材料的温差电性质.

【实验仪器及材料】

温控表、温度传感器、开关电源、交流变压器、交流固态继电器、温差电池、水冷循环系统、开关、电源指示灯等.

【实验内容】

(1) 参照图 2.5.1 搭建温差发电系统；
(2) 测量并绘制不同类型(或组合)温差电池在同一温差下的伏安特性曲线；
(3) 测量并绘制同一种类型(或组合)温差电池在不同温差下的伏安特性曲线；
(4) 撰写实验研究报告.

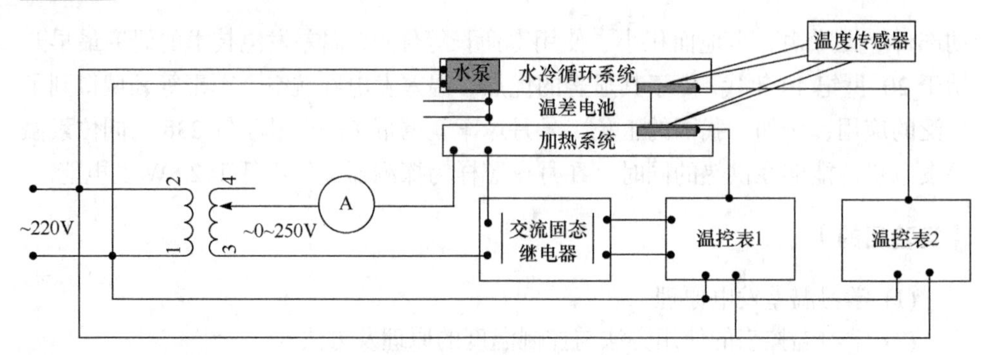

图 2.5.1 系统结构参考示意图

【参考文献】

柳长昕. 2013. 半导体温差发电系统实验研究及其应用[D]. 大连: 大连理工大学.

赵建云, 朱冬生, 周泽广, 等. 2010. 温差发电技术的研究进展及现状[J]. 电源技术, 34(3): 310-313.

周子鹏. 2008. 半导体温差发电装置的研制[D]. 天津: 河北工业大学.

2.5.2 半导体制冷实验研究

半导体制冷器件是根据佩尔捷效应研究而成的元器件，于 1960 年左右才出现，然而其理论基础佩尔捷效应可追溯到 19 世纪. 由于结构简单、耐磨损、使用寿命长、制冷快捷、不使用氟氯昂等空气污染制冷剂，不产生噪声，容易控制等优点，半导体制冷器件的应用在许多科学领域飞速发展，在低温电子学、超导技术、低温外科学、低温电子学等科学以及军事领域具有广泛的应用. 同时在车载冰箱、医用冷冻箱及冷饮机等民用方面也得到了长足的发展.

【实验目的】

(1) 学习半导体制冷原理.

(2) 学习温控表的使用方法以及控制温度的原理和方法.

(3) 利用佩尔捷效应设计并搭建半导体制冷系统.

(4) 用不同半导体制冷片在不同环境下测量制冷温度随时间的变化关系并控制温度.

【实验原理】

半导体制冷器件的工作原理是基于佩尔捷效应,该原理及效应是在 1834 年由佩尔捷首先发现的,可总结为当两种不同的导体 A 和 B 组成的电路且通有直流电时，在接头处除焦耳热以外还会释放出某种其他的热量，而另一个接头处则吸收热量，这种热量称为佩尔捷热，且佩尔捷效应所引起的这种现象是可逆的，改变电流方向时，放热和吸热的接头也随之改变，吸收和放出的热量与电流强度 I(A)成正比，且与两种导体的性质及热端的温度有关，即可得知公式

$$Q_{ab} = I\pi_{ab} \tag{2.5.2}$$

π_{ab}称做导体 A 和 B 之间的相对佩尔捷系数，单位为 V，π_{ab}为正值时，表示吸热，反之为放热，由于吸放热是可逆的，所以$\pi_{ab}=-\pi_{ba}$.

佩尔捷系数的大小取决于构成闭合回路的材料的性质和接点温度，其数值可以由泽贝克系数 α_{ab}(V/K)和接头处的绝对温度 T(K)得出，$\pi_{ab}=\alpha_{ab}T$ 与泽贝克效应相似，佩尔捷系也具有加和性，即

$$Q_{ac} = Q_{ab} + Q_{bc} = \left(\pi_{ab} + \pi_{bc}\right)I \tag{2.5.3}$$

因此绝对佩尔捷系数有

$$\pi_{ab} = \pi_a - \pi_b \tag{2.5.4}$$

金属材料的佩尔捷效应比较微弱，而半导体材料则要强得多，因此实际应用的温差电制冷器件都是由半导体材料制成的.

【实验仪器及材料】

温控表、温度传感器、开关电源、半导体制冷片、直流固态继电器、水冷循环系统、开关、电源指示灯等.

【实验内容】

(1) 参照图 2.5.2 搭建半导体制冷系统.

(2) 测量并绘制不同类型(或组合)半导体制冷片在空气中制冷温度随时间的变化曲线.

(3) 测量并绘制某一种类型(或组合)半导体制冷片在某种液体中制冷温度随时间的变化曲线，并进行温度控制.

(4) 撰写实验研究报告.

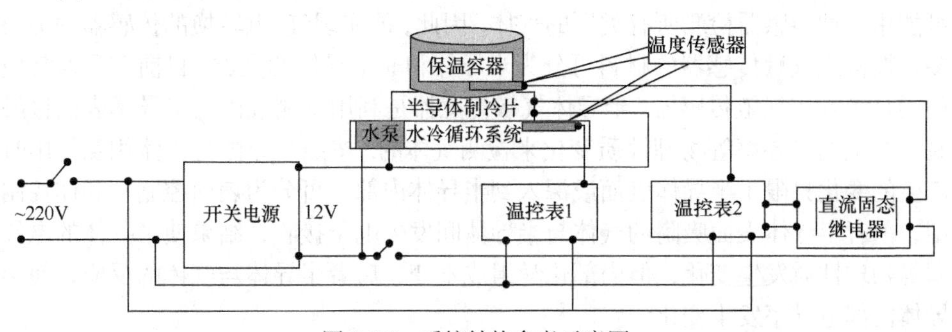

图 2.5.2　系统结构参考示意图

【参考文献】

陈振林, 孙中泉. 1999. 半导体制冷器原理与应用[J]. 微电子技术, 27(5): 63-65.
金刚善. 2004. 太阳能半导体制冷-制热系统的实验研究[D]. 北京: 清华大学.
童汉维. 2010. 半导体制冷器温度控制系统的设计与实现[D]. 武汉: 华中科技大学.

2.6 气敏传感器的制作及其特性研究

随着工业、农业的飞速向前发展，化工生产及装饰材料中经常使用和产生一些易燃易爆、有毒有害气体，这些气体一旦超标、泄漏，将严重影响生产人员以及周围生活居民的身体健康，随着人们的环保意识逐渐增强，对各种有毒有害气体精确测量已经是保护和改善生态居住环境不可缺少的手段，气敏传感器正发挥着极其重要的作用，气敏传感器已广泛应用于生物医学、食品工业、燃料处理和交通安全等诸多领域. 研究和开发这些用于环境监测的气敏传感器，已成为人们日益关心的问题. 因此，研究并开发灵敏度高、响应恢复快的气敏传感器具有重要的意义.

【实验目的】

(1) 学习气敏传感器的工作原理.
(2) 制作气敏传感器.
(3) 测量气敏传感器特性.

【实验原理】

气敏传感器是指能将各种气体信息(成分和浓度等)变成电信号的装置. 可用气敏传感器把各种气体的成分或浓度等参数转换成电阻、电流、电压的变化量，并通过相应测量电路在终端仪器上显示. 由于气体种类繁多，性质各不相同，不可能用一种传感器检测所有类别的气体，因此，能实现气-电转换的传感器种类很多，按构成气敏传感器的材料可分为半导体和非半导体两大类. 目前实际通常使用的是半导体气敏传感器. 半导体气敏传感器是利用待测气体与半导体表面接触时，产生的电导率等物理性质变化来检测气体的. 按照半导体与气体相互作用时产生的变化只限于半导体表面或深入到半导体内部，可分为表面控制型和体控制型，前者半导体表面吸附的气体与半导体间发生电子接收，结果使半导体的电导率等物理性质发生变化，但内部化学组成不变，后者半导体与气体的反应，使半导体内部电导率发生变化.

气敏传感器以陶瓷管为框架，外覆一层敏感膜的材料，利用膜两端的镀金引脚进行测量. 敏感膜的材料最常用的有金属氧化物、高分子聚合物材料和胶体敏感膜等. 金信号电极连接气敏材料的两端,使其等效为一个阻值随外部待测气体浓度变化的电阻. 由于金属氧化物有很高的热稳定性,而且这种传感器仅在半导体表面层产生可逆氧化还原反应，半导体内部化学结构不变，因此，长期使用也可获得较高的稳定性. 器件结构示意图如图 2.6.1 所示，器件实物图如图 2.6.2 所示.

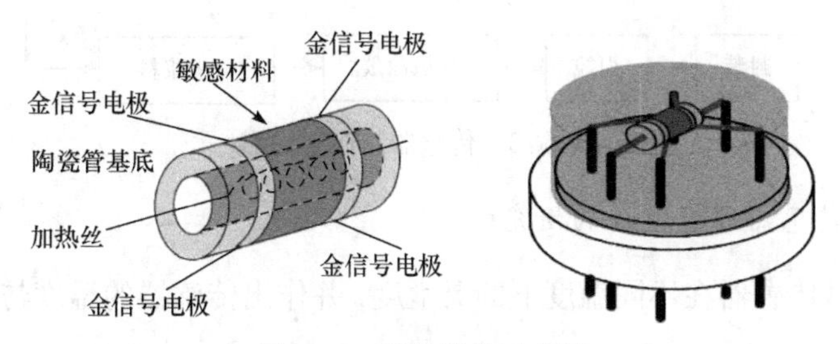

图 2.6.1 器件结构示意图

图 2.6.2 器件实物图

【实验仪器及材料】

马弗炉、恒温磁力搅拌器、恒温干燥箱、气敏传感器测试系统、氧化物粉体、添加剂、去离子水、引线.

【实验内容】

1. 气敏材料的合成

本项目拟利用溶胶-凝胶法、水热法或者电纺等方法合成制备出具有丙酮敏感特性的新型纳米材料，并对其进行表征，优化和确定敏感性能最佳的材料组分、晶体结构和粒径范围.

2. 气敏传感器的制作

利用厚膜技术制作出基于新型纳米材料的对丙酮敏感的气敏传感器. 传感器制作流程图 2.6.3 所示.

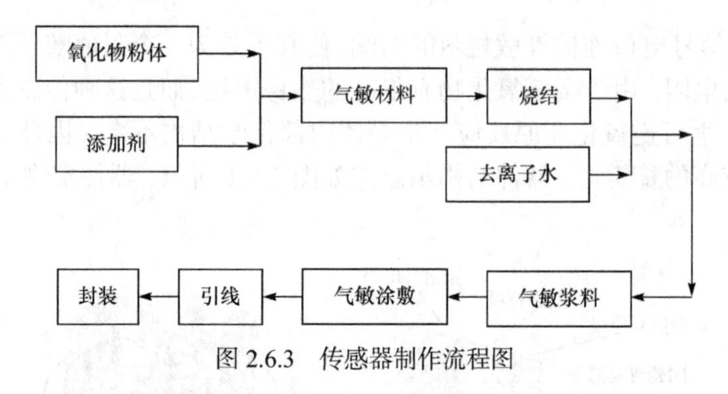

图 2.6.3 传感器制作流程图

3. 气敏传感器温度特性的研究

研究气敏传感器在不同温度下的灵敏度，并作出传感器的温度与灵敏度曲线.

4. 气敏传感器响应恢复时间特性的研究

响应恢复时间特性是气敏传感器的重要特性之一，研究气敏传感器的响应恢复时间，并绘制传感器的响应恢复曲线.

5. 气敏传感器浓度特性的研究

研究气敏传感器在不同气体浓度下的灵敏度，绘制传感器的不同气体浓度与灵敏度曲线.

【参考文献】

孟立凡, 蓝金辉. 2013. 传感器原理与应用[M]. 北京: 电子工业出版社: 261-265.

孟占昆, 潘国峰, 侯庆忠. 2016. 基于 Al 掺杂 ZnO 的丙酮气敏传感器以及紫外光激发对其气敏性能的影响[J]. 传感技术学报, 29(6): 797-801.

王惠生, 杜海英, 王小风, 等. 2017. 氧等离子体处理 ZnO 纳米纤维材料的制备及其对丙酮气敏性能的研究[J]. 传感技术学报, 30(12): 1800-1807.

王亚峰, 宋晓辉. 2009. 新型传感器技术及应用[M]. 北京: 中国计量出版社: 67-73.

张志勇, 王雪文, 翟春雪, 等. 现代传感器原理及应用[M]. 北京: 电子工业出版社: 195-232.

2.7 利用激光诱导等离子体技术测定空气的成分

【实验目的】

(1) 了解激光诱导产生等离子体的特性.

(2) 利用激光诱导等离子体光谱技术测定一个标准大气压下空气成分.

【实验原理】

1. 等离子体特性

等离子体是由大量的自由电子和离子组成，且在整体上表现为近似电中性的电离气体. 它与大家熟悉的物质三态(固态、液态和气态) 一样，是物质存在的又一种聚集态. 所以，人们又把等离子体称为物质的第四态，或称为等离子体态. 等离子体的研究是探索并揭示物质“第四态”——等离子体状态下的性质特点和运行规律的一门学科. 等离子体的研究主要分成高温和低温等离子体两大方面. 高温等离子体主要应用于能源领域的可控核聚变，低温等离子体则是应用于科学技术和许多的工业领域.

人们从科学实验和生产实践中认识到，只要粒子中电子的动能超过原子的电离能时，电子将会脱离原子的束缚而成为自由电子，而原子则因失去电子而成为带正电的离子，这个过程称为电离. 当气体中足够多的原子被电离后，这种电离的气体已不是原来的气体了，而转化成为新的物态——等离子态. 在等离子体内，电子可以脱离原子而完全混乱地运动，就像普通气体中的分子运动一样. 任何由中性粒子组成的普通气体，只要外界供给能量，使其温度升到足够高时，总可以成为等离子体. 对同一种物质来说，处于等离子态时的温度要比处于固态、液态和气态时高.

一般来说，组成等离子体粒子的基本成分是电子、离子和中性原子. 在一次电离的情况下，带负电的粒子(电子)和带正电的粒子(离子)数目相等；在多重电离时，电子数可多于离子数. 但是，不论在哪一种情况下，等离子体在宏观上仍保持电中性. 等离子体在性质上与普通气体有很大的差别，例如，普通气体中的粒子主要进行杂乱的热运动，而在等离子体内，除热运动外，还能产生等离子体振荡，特别在有外磁场存在的情况下，等离子体的运动将受到磁场的影响和支配，这是等离子体与普通气体的重要区别.

2. 等离子体产生

自然界中和实验室中产生等离子体的常用方法包括如下所示.

1) 热致电离产生等离子体

热致电离是产生等离子体的一种简单方法. 任何物质加热到足够高的温度后都能产生电离. 当粒子所具有的动能，在粒子间的碰撞中足以引起相碰粒子中的一个粒子产生电离时，才能得到等离子体. 所以热致电离的机理是碰撞相互作用，不是加热后原子直接产生电离.

2) 气体放电产生等离子体

通过热致电离产生电离度高的等离子体是困难的，所以在工程上和实验室广泛采用的是气体放电方法产生等离子体. 气体放电可分为自持放电和非自持放电两种. 非自持放电靠外界电离因素(如火焰、紫外线、X 射线或放射性等) 的作用，使气体电离而产生导电. 当消除外界电离因素后,放电就停止. 与非自持放电的情况相反，自持放电能持续进行. 因此，利用气体放电产生等离子体时，普遍采用气体自持放电过程，如火花放电、电弧放电和辉光放电等.

3) 激光诱导产生等离子体

当一束高功率的脉冲激光集中照射到样品上时，部分样品将被瞬间气化成高温、高密度的等离子体，通过测量等离子体特征发射光谱而得到样品元素成分的技术被称为激光诱导等离子体光谱(laser induced plasma spectroscopy，LIPS)技术. 这项技术与其他传统的光谱技术(电感耦合等离子体原子发射光谱法、X 射线荧光光谱法、质谱分析法等)相比，具有高灵敏度、对分析样品破坏小、同时分析多种元素、实验装置简单以及可以用于远程、在线测量等优点. 图 2.7.1 表明了激光产生等离子体的示意图.

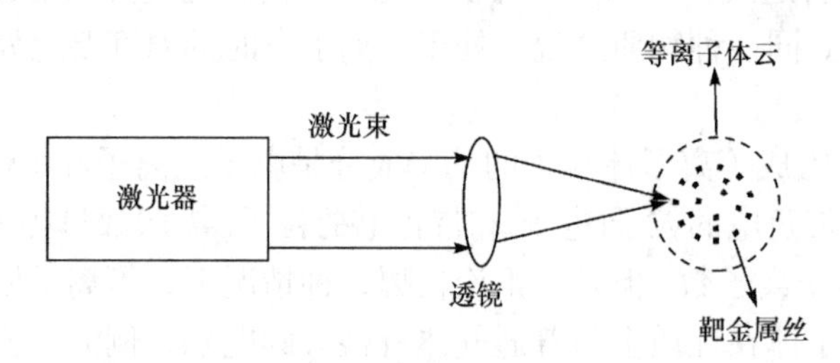

图 2.7.1 激光产生等离子体的示意图

激光诱导等离子体光谱技术的特点使它成为现场快速分析固体、液体和气体成分的一种较为理想方法. 强激光束聚焦到物体表面，少量样品被蒸发同时生成热等离子体，等离子体发出的光包含元素的特征谱线. 通过对等离子体发射线的光谱分析，可以推断出待测样品的组成，并且谱线强度与物质含量有关，因此可以做定量分析.

等离子体内部的粒子间能量分布状态是等离子体的一个重要特性. 我们考察等离子体内部热平衡建立过程,这是一个能量交换过程. 能量交换过程包括粒子间的碰撞与等离子体辐射两个方面. 在热平衡下,因电子碰撞激发的原子数等于激发原子的碰撞消激发数，原子的碰撞电离数等于撞击粒子间的复合数，以及辐射等于吸收. 随着温度的升高，辐射作用将越来越重要，最后成为能量交换的主要形式. 显然，建立等离子体的完全热平衡的要求是很苛刻的，脉冲激光诱导等离子体是瞬态的，建立完全热平衡的可能性较小. 然而激光诱导等离子体具有很高的电子密度，而且在激光脉冲过后处在衰减状态. 因此，在激光激发后很短的时间里，等离子将处于局部热力学平衡(local thermodynamic equilibrium，LTE)状态.

在等离子体中还有一个辐射的再吸收问题，即由一个粒子发射的光可能被其他粒子所吸收. 因此，定义一个等离子体的光学厚度$\sigma(\nu)$，它是频率的函数，其表达式为

$$\sigma(\nu)=\kappa(\nu)\mathrm{d}x \tag{2.7.1}$$

式中，$\kappa(\nu)$为单位长度上的吸收系数，x为发射方向的坐标. 对于均匀等离子体，式(2.7.1)可简化为

$$\sigma(\nu)=\kappa(\nu)l \tag{2.7.2}$$

其中，l为发射层的长度. 在光学薄的情况下，吸收可以忽略. 这就相当于要求等离子体的电子密度

$$N_{\mathrm{e}}\geqslant 1.6\times 10^{12}T_{\mathrm{e}}(\Delta E)_{\max}^{3}(\mathrm{cm}^{-3}) \tag{2.7.3}$$

式中，ΔE是等离子体中原子或离子相邻能级的最大间隔，单位是eV，T_{e}的单位是K. 在光学厚的情况下，LTE 适用的条件是

$$N_{\mathrm{e}}\geqslant 8\times 10^{11}T_{\mathrm{e}}^{1/2}E_{\max}^{3}(\mathrm{cm}^{-3}) \tag{2.7.4}$$

式中，$E_{\max}$是等离子体中原子或离子的最大电离能.

【实验仪器及材料】

激发光光源：本实验中主要用的激光光源是法国(Quantel Inc.) 生产的 Nd:YAG 激光器. Nd:YAG 激光器输出波长为 1064 nm，脉冲宽度为 5 ns，经透镜聚焦后聚焦点的功率密度超过 1GWcm^{-2}. 经过与二倍频晶体非线性作用后，可以得到二倍频 532 nm 和三倍频 355 nm 的输出.

光谱仪和探测器：单色仪或光谱仪作为分光部件，光电倍增管或增强型电荷耦合探测器(ICCD)作为探测仪器. 光谱仪的任务是分光，即将包含多种波长的复合光按波长进行分解. 通过分解，不同波长光强分布便以波长为坐标进行排列. 光谱仪是研究物质对光的吸收和发射、光与物质相互作用的基本设备. 光栅光谱仪具有覆盖波段宽，分辨率高的特点，随着闪耀光栅的出现，成为最常用的光谱仪. 本实验采用的光谱仪为 ANDOR 公司生产的，型号 KY-328i，焦距为 328 mm，配有三种光栅，根据实验要求替换. 三种光栅的刻痕密度分别为 3000 g/mm、1200g/mm、1200g/mm，相应的闪耀波长分别为 500 nm、300 nm、500nm，基本

结构如图 2.7.2 所示. 它由入射狭缝 S1、准直球面反射镜 M1、光栅 G、聚焦球面反射镜 M2 及输出狭缝 S2 构成.

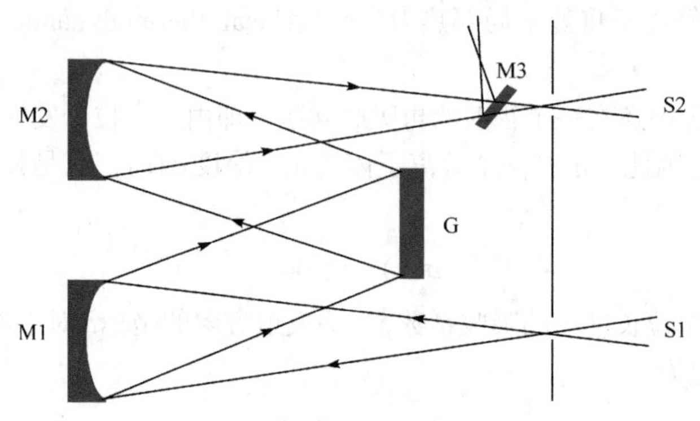

图 2.7.2 光栅光谱仪示意图

实验中, 通过光谱仪所带软件的设置, 根据实验要求选取合适的光栅, 得到光谱测量范围和相应的分辨率, 在光谱仪出口处由 ICCD 等探测器对光谱进行采集. 本实验用于探测的 ICCD 面阵的成像像素数目为 1024×1024. 当选取某一刻痕密度的闪耀光栅时, 光谱仪单次能测到的光谱宽度范围与光栅密度及 ICCD 宽度有关, 用 M 表示

$$M=DX \tag{2.7.5}$$

其中, D 为线色散率的倒数 (单位为 nm/mm), X 为面阵的成像宽度.

线分辨率正比于聚焦成像系统的焦距和角色散率的大小. 对于原子发射光谱, 在定性分析时一般用较窄的狭缝, 目的是提高分辨率, 使邻近的谱线清晰分开. 此外, 如果背景发射太强, 则要适当减少狭缝宽度. 线色散率 D_l 表示波长差为 $\Delta\lambda$ 的两条光谱线在光谱仪的成像平面上两个像之间的距离, 其单位为 mm/nm. 线色散率定义为

$$D_l=\frac{\mathrm{d}l}{\mathrm{d}\lambda}=f\frac{m}{d\cos\beta} \tag{2.7.6}$$

因此, 线色散率 D_l 正比于聚焦成像系统的焦距和角色散率的大小. 线色散率的倒数 $\mathrm{d}\lambda/\mathrm{d}l$, 其单位为 nm/mm, 数值越小, 仪器的色散率越大.

脉冲发生器和数字示波器: 本实验利用脉冲发生器(DG535)来控制激光脉冲和光信号检测之间的延迟时间, 从而达到去除等离子体发出的连续背景光、分辨原子特征谱线的目的. 光电二极管和数字示波器用来标定时间分辨谱的延迟时间和采样门宽. 图 2.7.3 为激光诱导大气等离子体的实验装置示意图.

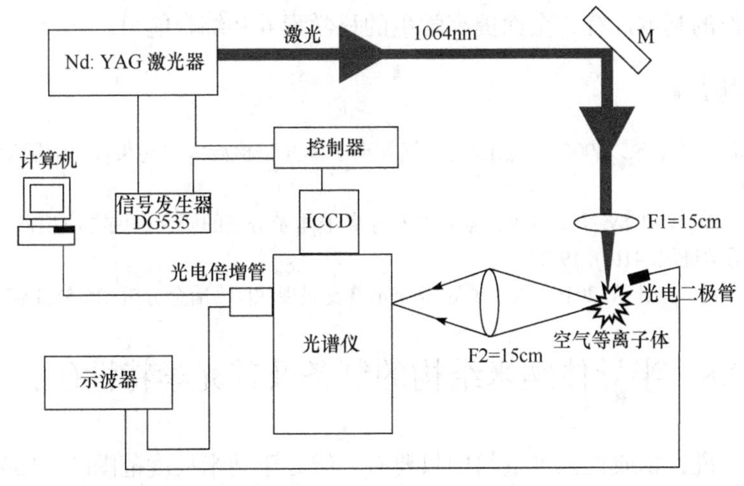

图 2.7.3 激光诱导大气等离子体的实验装置示意图

【实验内容】

(1) 实验采用脉冲激光器. 激光脉冲经透镜聚焦后在焦点处产生空气等离子体.

(2) 为了减少激光光源本身对等离子体辐射信号的干扰，接收等离子体光辐射的角度与激光的入射角垂直. 等离子体的辐射光信号经过同样焦距的收光透镜收集并送入光谱仪的入射狭缝. 光谱仪的出射狭缝与探测器相连.

(3) 激光诱导空气等离子体的光谱经光栅光谱仪，由探测器将光信号转化为电信号并输出至与其相连的计算机数据采集处理系统. 光电二极管和数字示波器用来标定时间分辨谱的延迟时间和采样门宽.

(4) 强激光束聚焦到物体表面，少量样品被蒸发同时生成热等离子体，等离子体发出的光包含元素的特征谱线. 通过对等离子体发射线的光谱分析，推断出待测样品的组成，根据谱线强度与物质含量关系，对样品做定量分析.

(5) 利用激光诱导等离子体光谱技术获得一个标准大气压下的空气成分. 并分析测量过程中得到的实验结果与实际含量存在偏差的原因.

(6) 假设空气全部由氮元素和氧元素组成，利用自由定标模型获得空气中氮元素和氧元素的含量.

(7) 由此验证激光诱导等离子体光谱技术进行定量分析的可行性，为其在等离子体定量分析中的应用奠定基础.

(8) 熟练掌握实验过程后，学生可以利用分析化学的相关理论知识，与实验相结合，将激光诱导光谱技术与物质的内部结构联系起来，将其用于分析化学领域中对无机化合物和有机化合物进行定性鉴定或定量测定. 这个过程能让学生受到科研工作的基本训练，全面提高学生的科学素养和综合能力.

【参考文献】

林兆祥, 陈波, 吴金泉. 2006. 利用激光大气等离子体光谱检测大气污染[J]. 中国激光, 33(s): 398-400.

林丽云, 王声波, 郭大浩, 等. 2004. 激光引发等离子体光谱法的研究进展与应用前景[J]. 激光与光电子学进展, 41(1): 19-24.

沈桂华, 李华昌, 史烨弘. 2016. 激光诱导击穿光谱发展现状[J]. 冶金分析, 36(5): 16-25.

2.8 半导体纳米结构的制备及其光学特性研究

广义上说，物质在三维空间中只要有一维处于纳米尺度范围(1～100nm)内就可称为纳米材料或纳米结构. 真正意义来讲，只有物质物理化学性质显著变化的细小微粒的尺寸在 100nm 以下时，才可称为纳米材料. 由于纳米材料的光学、电学、磁学、力学、热学等很多方面与宏观材料具有显著的不同特性，因此在医学、材料学、电子学、通信等很多学科具有非常广泛而重要的应用价值. 学生通过本实验的学习与研究，可以对前沿学科的发展与相关知识有所了解并产生兴趣，培养学生的科研能力与创新能力.

【实验目的】

(1) 了解并掌握制备纳米材料的制备方法.

(2) 了解测试纳米材料结构及光学特性的测试手段.

【实验原理】

当晶体粒子尺寸进入纳米量级后，其内部会产生量子尺寸效应、表面效应及宏观量子隧道效应等,因此展现出独特的物理、化学、生物等特性. 主要通过 XRD、发光光谱、吸收光谱及电子显微镜等仪器来进行表征和研究. 下面进行简单介绍.

XRD 是测量纳米微粒的常用手段. 它不仅可确定试样物相及含量，还可判断颗粒尺寸大小. 当晶粒度小于 100nm 时，晶粒的细化可引起衍射线变宽，其衍射线半高峰处的宽化度 β(弧度)与晶体粒大小 D 有如下关系：

$$D=0.89\lambda/(\beta\cos\theta) \tag{2.8.1}$$

据式(2.8.1)可以按照最强衍射峰计算不同条件下制备的纳米材料粒径. 还可以从相应的 XRD 的峰强、2θ 衍射角和对应的晶面鉴定纳米晶体的晶相与结构.

发射谱是某一固定波长的激发光作用下荧光强度在不同波长处的分布情况，也就是荧光中不同波长的光成分的相对强度，从而反映分子内部能级结构.

吸收光谱是由分子的价电子吸收辐射能量跃迁到高能级，产生的光谱，与发光光谱相互印证.

【实验仪器及材料】

天平、恒温炉、抽滤器、恒温加热箱、XRD、荧光光谱仪、吸收光谱仪.

乙酸锌、碳酸氢钠、硫酸镁、乙酸铁、乙酸钴、乙酸铝、去离子水、无水乙醇等化学试剂.

【实验内容】

(1) ZnO 纳米晶体的制备.

将等质量的乙酸锌与等质量的碳酸氢钠(各 10g 左右，碳酸氢钠可略多，若太少容易引起纳米材料的团聚)在研钵内充分研磨(半小时左右)，将研磨后的原料放入石英舟内，将石英舟放入加热炉内(不同温度 150～300℃)反应一定时间(1～24h)后制得粗样品，将粗样品在抽滤器内用去离子水反复抽滤(至少三次以上)，以滤洗掉钠盐以及未完全反应物质. 将所得样品放入恒温箱内烘干，即得 ZnO 纳米材料. 也可以在原料内混入少量其他无机金属盐，制备出掺杂的 ZnO 纳米材料.

(2) 通过测量纳米结构的 XRD，确定材料的晶相并估算材料的粒径(详见实验 1.15).

(3) 通过紫外可见分光光度计和紫外可见荧光分光光度计分别测量材料的发光光谱及吸收光谱(详见实验 1.14)，并与宏观材料的光谱进行比较，分析发光光谱中的波峰以及其对应的 ZnO 纳米材料能级结构，并与吸收光谱进行比较分析.

【参考文献】

王志军. 2005. ZnO 量子点中激子的基态特性及表面修饰对光学性质的影响[D]. 长春: 长春光学精密机械与物理研究所.

张立德, 牟季美. 2001. 纳米材料和纳米结构[M]. 北京: 科学出版社.

Özgür Ü, Alivov Y I, Liu C, et al. 2005. A comprehensive review of ZnO materials and devices[J]. Journal of Applied Physics, 98(4): 041301-1- 041301-103.

2.9 传 感 器

按照国际 GB766587 定义，传感器(transducer/sensor)是指感受规定的被测量信息，并按照一定规律变换成为电信号或其他所需形式的信息输出的器件或装置，以满足信息的传输、处理、存储、显示、记录和控制等需求. 传感器通常由敏感元件和转换元件组成. 敏感元件是指传感器中能直接感受(或响应)被测量信息的部分，转换元件是指传感器中能将敏感元件(或响应)的被测量信息转换成适于传输或测量的电信号的部分.

随着科技的发展与进步，时代的需求，传感器主要呈现以下特点：微型化、数字化、智能化、多功能化、系统化、网络化. 随着人工智能的发展，需要越来越多的智能(智慧)机器来完成许多工作，实现自动检测和自动控制是其首要任务. 传感器的存在和发展，让机器拥有了比人类还敏感的触觉、听觉和视觉等感官，适合在各种单调、复杂、危险等不适合人类工作的环境，使人类生活在更加健康、安全的工作与科研环境.

因此，在大学学习生活中，学习传感器相关知识及相关实验是很有必要的. 为此我们开设了传感器系列的 5 个开放性创新实验，学生通过做项目的形式，设计、开发出简单的具有一定功能的智能控制仪器，以后随着科技的发展以及学生的需求，还会进行增减.

2.9.1 温湿度传感器——温湿度计

【实验目的】

(1) 自学温、湿度测量的基本原理.

(2) 自学基于 Arduino 的简单编程.

(3) 设计并制作简易的温湿度计.

【实验原理】

DHT11 数字温湿度传感器是一款含有已校准数字信号输出的温湿度复合传感器. 它应用专用的数字模块采集技术和温湿度传感技术，确保产品具有极高的可靠性与卓越的长期稳定性. DHT11 内部结构框图如图 2.9.1 所示，主要由传感器、可编程 OTP 内存和 8 位单片机 MCU 组成. 传感器包括一个电阻式感湿元件和一个负温度系数热敏电阻器(negative temperature coefficient thermistor，NTC)感温元件，并与高性能 8 位单片机 MCU 相连接. OTP 内存是一块一次性可编程内存，用来存放校准系数. 感湿和测温元件检测到参数后，调用 OTP 中的校准系数，进而得出精准的温度湿度检测值. 因此该产品具有超快响应、抗干扰能力强、性价比高等优点.

DHT11 主要参数如下.

测量相对湿度范围：5%～95% R_H，测量温度范围：−20～60℃.

引脚说明:①VCC：供电 3.3～5.5V DC；②DATA：串行数据，单总线；③NC：悬空；④GND：接地.

DHT11 采用单总线通信协议(一般外接 4.7kΩ 的上拉电阻)，其与单片机通信主要由起始信号、响应信号、数据传输、结束信号组成.

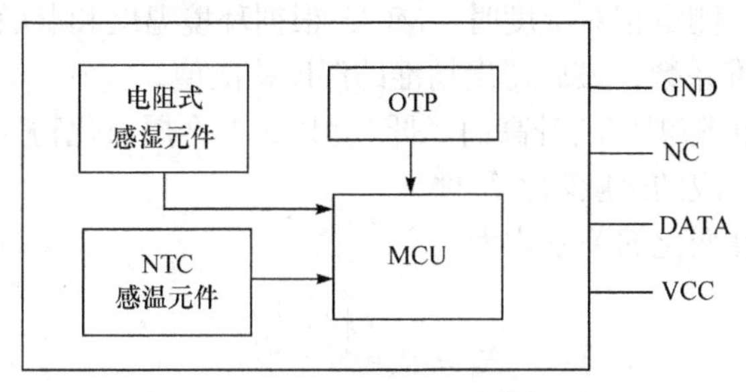

图 2.9.1　DHT11 内部结构框图

(1) 起始信号:起始信号由主机发送，然后释放总线，通知从机(DHT11)准备数据.

(2) 响应信号:从机(DHT11)检测到起始信号后会通知主机准备接收数据.

(3) 数据传输:从机发通知信号后紧接着发送 40bit 数据，16 位湿度数据(高 8 位是湿度的整数部分，低 8 位是湿度的小数部分)；16 位温度数据(高 8 位是温度的整数，低 8 位是温度的小数)；8 位校验和(湿度与温度 4 个字节数据的和).

(4) 结束信号：从机发送完 40bit 数据后会输出低电平作为结束信号.

电阻式湿度传感器是利用湿敏元件的电气特性(电阻值)，随湿度的变化而变化的原理进行湿度测量的传感器. 根据中华人民共和国电子行业标准 SJ/T 1042—93 电子设备用电阻式湿敏元件的规范，定义在室温 25℃条件下，相对湿度改变 1%时，湿敏元件的电阻值相对变化量称为感湿灵敏度

$$S=\frac{\Delta R}{R\Delta U} \tag{2.9.1}$$

S 为湿度系数，$\Delta R/R$ 为湿敏元件电阻值的相对变化量，ΔU 为相对湿度变化量.

在同一湿度条件下，湿敏元件的电阻值还会随温度发生变化，因此温度变化 1℃(K)时，湿敏元件的电阻值相对变化量称为电阻温度系数

$$\alpha=\frac{\Delta R}{R\Delta t}=\frac{\Delta R}{R\Delta T} \tag{2.9.2}$$

α 称为电阻温度，ΔR 为环境温度为 $t(T)$时湿敏元件电阻值 $R_t(R_T)$与室温 25℃下湿敏电阻值 R 的差，$\Delta R=|R_t-R|=|R_T-R|$；$\Delta t(\Delta T)$为环境温度与室温 25℃的温度差，$\Delta t=|t-25|=\Delta T=|T-298.15|$.

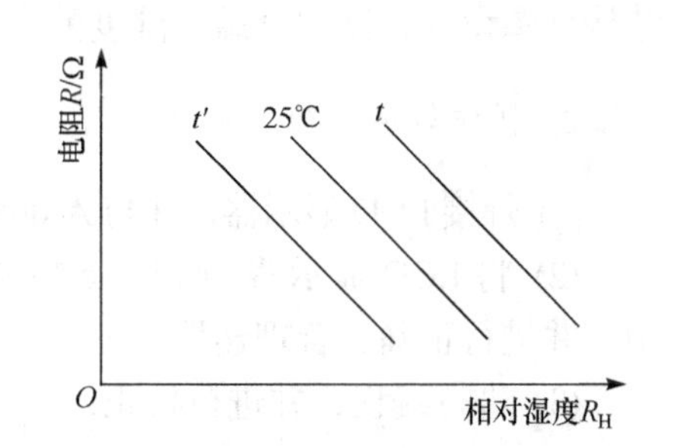

图 2.9.2　湿敏电阻随温度、湿度变化关系

由式(2.9.1)及式(2.9.2)可见，湿敏电阻值 R 既随温度变化也随湿度变化. 如

图 2.9.2 所示. 图 2.9.2 中 t 和 t' 为某一环境温度，可高于或低于 25℃.

在用 DHT11 测量相对湿度时，MCU 根据环境温度和湿敏电阻的阻值调用 OTP 内存中的校准系数，最后得出精准的湿度检测值.

NTC 的电阻值随温度的升高而降低. 是以过渡金属氧化物为主要原材料，采用电子陶瓷工艺制成的热敏陶瓷组件.

电阻值和温度变化的关系式为

$$R_{\mathrm{T}} = R_{\mathrm{N}} \mathrm{e}^{B\left(\frac{1}{T} - \frac{1}{T_{\mathrm{N}}}\right)} \tag{2.9.3}$$

R_{T} 为在温度 T (K)时的 NTC 热敏电阻阻值. R_{N} 为在额定温度 T_{N} (K)时的 NTC 热敏电阻阻值. T_{N} 为规定温度(K)，一般为室温 25℃，即 298.15K. T 为环境温度(K). B 为 NTC 热敏电阻的材料常数，又叫热敏指数. 定义如下：

$$B=\frac{T_{\mathrm{N}} \times T_{\mathrm{b}}}{T_{\mathrm{b}} - T_{\mathrm{N}}} \ln \frac{R_{\mathrm{N}}}{R_{\mathrm{b}}} \tag{2.9.4}$$

式中，R_{b} 为在温度 T_{b} (K)时的 NTC 热敏电阻阻值；R_{N} 为在额定温度 T_{N}(K)时的 NTC 热敏电阻阻值；T_{N} 为规定温度(K)，一般为室温 25℃，即 298.15K；T_{b} 为规定温度(K)，一般为 65℃，即 338.15K.

注 T_{N}、T_{b} 也可规定其他一对温度，但通常对应 25℃与 65℃.

【实验仪器及材料】

焊锡、电烙铁、实验盒、LCD 1602 显示器、空气温湿度传感器 DHT11 及 Arduino 开发基本套件、直流电源、发光二极管、嗡鸣器等.

【实验内容】

1. 基础知识学习，设计实验方案

学习温、湿度测量的基本原理. 初步学习基于 Arduino 的简单编程. 按图 2.9.3 结构框图设计具体测量温、湿度的实验方案.

2. 制作与实现功能

(1) 焊接 LCD 显示器，并与 Arduino 控制器相连接(学习相关资料).

(2) 将 LCD 显示器、Arduino 控制器与 DHT11 传感器以及电源封装在实验盒中，并进行正确、合理连接.

(3) 进行编程，并进行校正.

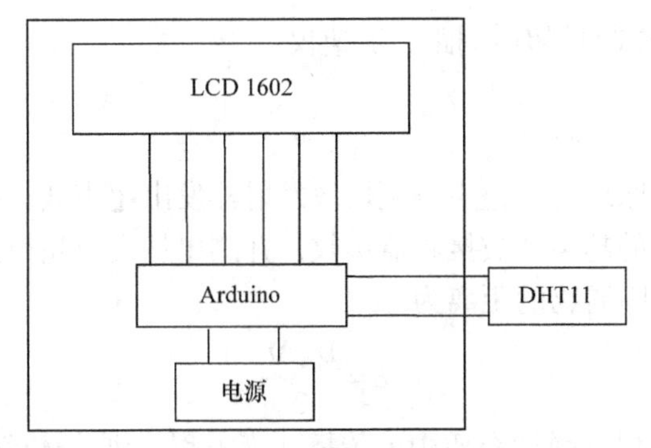

图 2.9.3　温湿度计结构框图

3. 完成实验，撰写实验报告

(1) 多次测量温、湿度并进行修正与改进.

(2) 撰写实验报告.

提示　VCC 与 GND 不要接反，接反容易烧坏. 为了获得稳定的信号，需在 DATA 与 VCC 间接一个 5kΩ 左右的上拉电阻.

【参考文献】

陈建新. 2016. DHT11 数字温湿度传感器在温室控制系统中的应用[J]. 山东工业技术, (18): 120.

倪瑞, 张万达. 2019. 基于 AT89S51 单片机的温湿度监测与控制系统设计[J]. 自动化与仪表, 34(5): 53-55.

王欢, 黄晨. 2013. 高精度无线环境温湿度测量系统设计研究[J]. 电子测量与仪器学报, 27(3): 211-216.

叶钢. 2011. 基于 SHT11 温湿度测量仪的设计[J]. 国外电子测量技术, 30(12): 66-68.

张恩锋. 2019. Arduino 应用于通用技术教学的探索[J]. 教育与装备研究, (10): 67-71.

2.9.2　超声测距、测速实验研究

利用已知声速公式，通过测量声音(超声)信号碰到障碍物返回后，发射与接收信号的时间差来计算障碍物(所测物体)距离发射端的距离，此方法已经广泛地应用于日常生活中. 另外基于多普勒效应的超声测速也在日常生活中广为应用，其原理为：当发射信号端不动，超声信号遇到移动物体后返回信号的频率会发生改变，利用发射信号与返回信号的频率及已知声速即可求出移动物体的速度.

【实验目的】

(1) 自学超声测距、测速的基本原理.

(2) 自学基于 Arduino 的简单编程.

(3) 设计并制作简易超声测距、测速仪.

【实验原理】

超声波测距的原理为：超声测距模块发射器发出超声波，遇到障碍物后会反射回来，反射回来的超声波被接收器接收，并测出从发射超声波到接收超声波的时间，则发射器到障碍物的距离为

$$L=\frac{\upsilon_{声}\Delta t}{2} \tag{2.9.5}$$

由于声波是纵波，根据弹性介质中的传播速度方程，则流体(气体、液体)中的声速公式为

$$\upsilon_{声}=\sqrt{\frac{B}{\rho}} \tag{2.9.6}$$

式中，ρ 为流体密度，B 为气体的容变弹性模量，定义为压强的改变量与体积的相对改变量的比值的负值

$$B=\frac{-\mathrm{d}p}{\mathrm{d}V/V_0} \tag{2.9.7}$$

式中，$\mathrm{d}p$ 为压强的改变量，$\mathrm{d}V$ 为体积的改变量，V_0 为流体初始体积.

在空气中，声波传播过程可以看成是准绝热过程，应用理想气体状态方程以及绝热方程，很容易推出

$$\upsilon_{声}=\sqrt{\frac{\gamma RT}{M_{空气}}} \tag{2.9.8}$$

在空气中成分主要为78.09%的氮气和20.95%的氧气，因此可看成是双原子分子，式(2.9.8)中 γ=1.4 为比热容比；R=8.314J/(mol · K)为气体普适常量；T(K)为热力学开氏温标，标准条件下空气的密度为 1.293kg/m^3，因此空气的摩尔质量 $M_{空气}\approx 2.896\times10^{-2}$kg/mol.

在地球表面比较干燥的情况下，0℃(273.15K)时，空气中的声速 $\upsilon_{声}$ =331.34 m/s，因此公式也可写为

$$\upsilon_{声}=331.34\sqrt{1+\frac{T-T_0}{T_0}}=331.34\sqrt{1+\frac{t}{273.15}} \tag{2.9.9}$$

式中，t 为摄氏温度.

在比较湿润的情况下，空气中水蒸气的含量增大，会使空气的密度以及摩尔质量发生变化，因此应考虑湿度对空气速度的影响，根据绝对湿度的定义：在标准状态下(760mmHg(1mmHg=1.33322×10^{2}Pa))每立方米湿空气中所含水蒸气的质量

$$\alpha = \frac{2.167e}{T}\text{kg/m}^3 \tag{2.9.10}$$

式中，e 为温度 T 时的水气压. 根据绝对湿度定义

$$R_{\text{H}} = \frac{e}{E} \tag{2.9.11}$$

E 为温度 T 时的饱和水气压. 因此通过测量温度，相对湿度以及查找对应温度下的饱和水气压表(也可参照(2.9.9)经验公式)，就可以求出空气中水蒸气的密度 α，进而求出湿空气中的总摩尔质量(22.4L 中空气的质量与水气的质量和)，代入式(2.9.8)中即可求出在一定温度和湿度下的速度公式.

但由于在室温(300K)比较干燥的正常条件下，α 值非常小，故湿度的影响忽略不计，因此一般采用式(2.9.9)计算声速即可.

测速的原理为：在很短的时间间隔(以 1ms 为例)内连续测出障碍物和超声测距模块与障碍物的距离，用距离差与连续两次时间间隔相除即得障碍物的速度

$$\upsilon_{\text{物}} = \frac{L_2 - L_1}{0.001} = 1000(L_2 - L_1) \tag{2.9.12}$$

HC-SR04 超声波测距模块可提供 2～400cm 的非接触式距离感测功能，测距精度可达到 3mm；模块包括超声波发射器、接收器与控制电路. 像智能小车的测距及转向，或是一些项目中，常常会用到. 智能小车测距可以及时发现前方的障碍物，使智能小车可以及时转向，避开障碍物.

(1) 采用 TRIG 触发测距，给最少 10μs 的高电平信号.

(2) 模块自动发送 8 个 40kHz 的方波，自动检测是否有信号返回.

(3) 有信号返回，通过 ECHO 输出一个高电平，高电平持续的时间就是超声波从发射到返回的时间.

【实验仪器及材料】

导线、接线柱、焊锡、电烙铁、实验盒、HC-SR04 超声波测距模块及 Arduino 开发基本套件.

【实验内容】

1. 基础知识学习，设计实验方案

学习超声波测距、测速原理. 学习基于 Arduino 的简单编程. 设计测量物体距离、速度的实验方案. 超声波测距、测速结构示意图如图 2.9.4 所示.

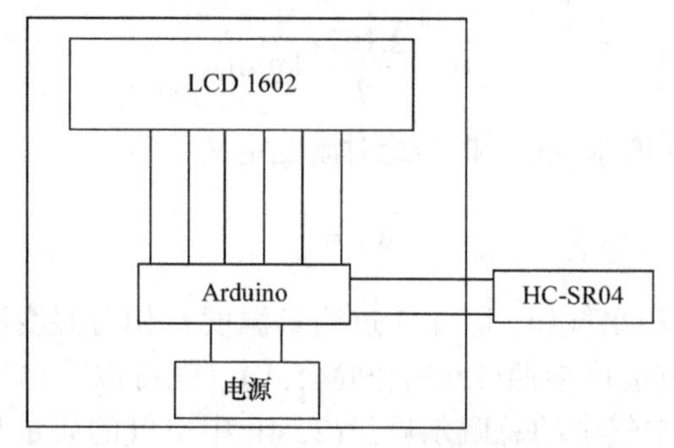

图 2.9.4 超声波测距、测速结构示意图

2. 简单功能制作与实现

(1) 焊接电路板(焊接 LCD 显示器，查阅相关资料).

(2) 电路的连接(LCD 显示器及传感器连接 Arduino 控制器，查阅相关资料).

(3) 进行编程并封装实验盒(自学 Arduino，并查阅资料进行编程，将所有器件封装在实验盒中).

3. 完成实验，撰写实验报告

(1) 测量物体与传感器距离及物理速度并进行修正与改进.

(2) 撰写实验报告.

【参考文献】

李军, 申俊译. 2011. 超声测距模块 HC-SR04 的超声波测距仪设计[J]. 单片机与嵌入式系统应用, (10): 77-78.

刘健文, 郭虎, 李耀东, 等. 2005. 天气分析预报物理量计算基础[M]. 北京: 气象出版社.

王月明, 高松, 陈波. 2019. 不同热湿环境对超声波测量影响[J].传感器与微系统, 38(9): 13-14, 18.

2.9.3 乙醇浓度传感器检测乙醇浓度

目前，乙醇浓度的测量应用广泛，特别是对司机饮酒驾车、醉酒驾车的甄别和检测应用非常广泛. 清洁空气中电导率较低的二氧化锡(SnO_2)是一种典型的气敏材料，常用于制作气敏传感器. 当传感器所处环境中存在酒精蒸气时，传感器的电导率随空气中酒精气体浓度的增加而增大. 使用简单的电路即可将电导率的变化转换为与该气体浓度相对应的输出信号. 对酒精的灵敏度高，可以抵抗汽油、烟雾、水蒸气的干扰.

【实验目的】

(1) 自学乙醇传感器的基本原理.

(2) 自学基于 Arduino 的简单编程.

(3) 设计并制作简易乙醇浓度测试仪.

【实验原理】

MQ-3 乙醇传感器所使用的气敏材料是在清洁空气中电导率较低的 SnO_2. 当传感器所处环境中存在酒精蒸气时，传感器的电导率随空气中酒精气体浓度的增加而增大. 使用简单的电路即可将电导率的变化转换为与该气体浓度相对应的输出信号. MQ-3 半导体传感器对酒精的灵敏度高，可以抵抗汽油、烟雾、水蒸气的干扰. 这种传感器可检测多种浓度酒精气氛，是一款适合多种应用的低成本传感器. MQ-3 乙醇传感器结构图如图 2.9.5 所示，有 3 对引角，其中 H-H 表示加热极，中间有电阻丝，A-A, B-B 为传感器敏感元件的两个极.

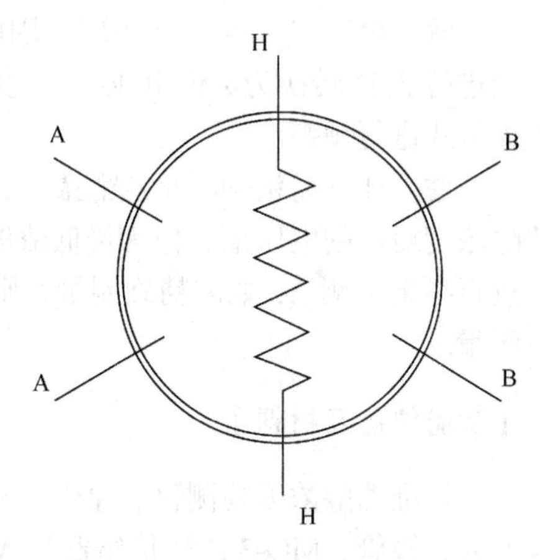

图 2.9.5　MQ-3 乙醇传感器结构图

MQ-3 乙醇传感器接线图如图 2.9.6 所示. MQ-3 乙醇传感器线路由两部分组成：一个是加热回路，即在工作时将气敏传感器的加热极 H-H 加以直流电压 V_H=5V；另一个是信号输出回路，它可以准确地反映传感器电阻值 R_{AB} 的变化. R_{AB} 的变化由与其串联的可调电阻 R_L 上的有效电压 U_{RL} 获得，其关系式为

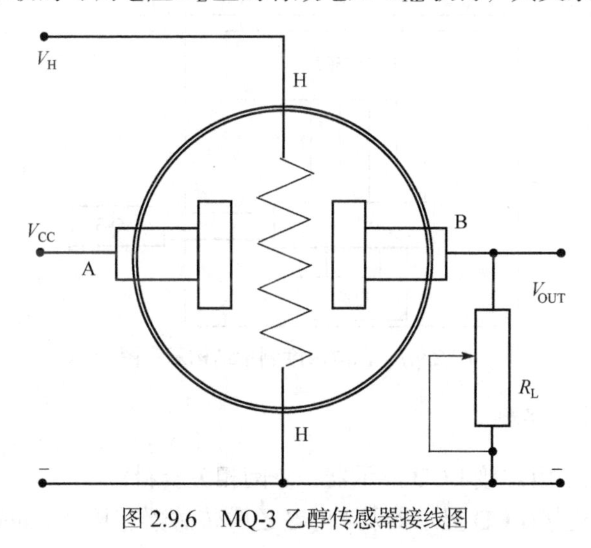

图 2.9.6　MQ-3 乙醇传感器接线图

$$\frac{R_{AB}}{R_L}=\frac{V_{CC}-U_{RL}}{U_{RL}} \tag{2.9.13}$$

工作电压 $V_{CC}\geqslant 10V$，R_L 为可调电阻，其阻值范围 $0.5k\Omega \leqslant R_L \leqslant 200k\Omega$. 加热后，温室环境中的可燃气体浓度增大，传感器内的电阻值 R_{AB} 减小，由分压原理可知输出电压 $V_{OUT}=U_{RL}$ 将增大. 因此输出电压与气体浓度成正比，可在后续电路上进行 A/D 转换为数值电压，当电压高于某一值(某一浓度)时，可通过声、光报警方式进行预警.

注 如不需精确测量乙醇浓度，则可先通过测量空气中的乙醇浓度及饱和乙醇浓度对应的电压值，作为最低浓度和最高浓度，然后按线性关系进行编程即可进行半定量测量. 如需精确测量，则要先通过与标准乙醇浓度计校准后才能进行测量.

【实验仪器及材料】

标准乙醇浓度检测仪、导线、接线柱、焊锡、电烙铁、实验盒、电子嗡鸣器、发光二极管、MQ-3 乙醇传感器及 Arduino 开发基本套件.

【实验内容】

1. 知识学习，设计实验方案

学习乙醇传感器的工作原理. 学习基于 Arduino 的简单编程. 设计简易乙醇浓度测试仪的实验方案. 乙醇浓度测量结构示意图如图 2.9.7 所示.

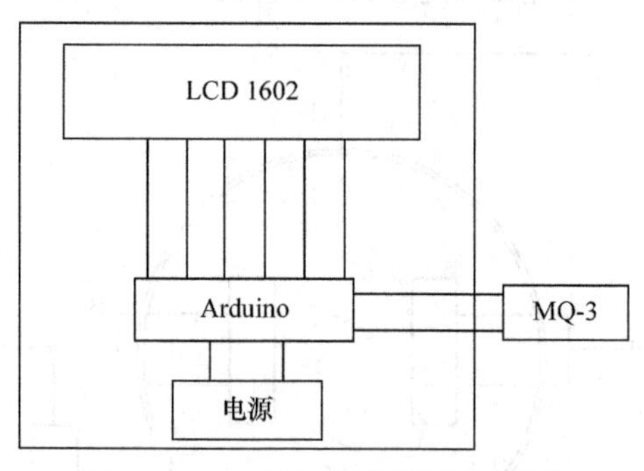

图 2.9.7 乙醇浓度测量结构示意图

2. 功能制作与实现

(1) 焊接电路板(焊接 LCD 显示器，查阅相关资料).

(2) 电路的连接(LCD 显示器及 MQ-3 乙醇传感器连接 Arduino 控制器，查阅相关资料).

(3) 进行编程并封装实验盒(自学Arduino，并查阅资料进行编程，将所有器件封装在实验盒中).

3. 完成实验，撰写实验报告

(1) 测量乙醇浓度，分析实验结果并进行修正与改进.

(2) 撰写实验报告.

【参考文献】

鲍钰胜, 熊大元, 徐少辉, 等. 2019. 基于微加热板的三维 SnO_2 薄膜乙醇传感器[J]. 微纳电子技术, 56(7): 564-569.

何越, 郑如意, 王志军. 2014. 大学物理创新实验气敏传感器(MQ_3)特性研究[J]. 大学物理实验, 27(6): 1-2.

向翠丽, 蒋大地, 邹勇进, 等. 2015. 甲/乙醇气敏传感器的研究进展[J].传感器与微系统, 34(8): 5-8.

郑伟. 2010. 氧化物纳米纤维甲/乙醇气敏传感器的性能研究[D]. 长春: 吉林大学.

2.9.4 红外传感器的应用——人体红外感应仪

随着社会的进步与发展，人们的生活水平和质量有了普遍的提升，人们对智能化家电、仪器的需要越来越高. 红外感应原理是通过热释电红外传感器(pyroelectric infrared radial sensor)感应到动物发出的红外热辐射，经过电路的放大、输出，达到检测动物的目的. 在日常生活中，红外感应灯、红外报警器、红外感应玩具以及在地震等灾难后的红外感应探测器等都具有广泛的应用.

【实验目的】

(1) 自学红外传感器的基本原理.

(2) 自学基于Arduino的简单编程.

(3) 设计并制作简易人体红外感应仪.

【实验原理】

HC-SR501人体红外传感器.

人体都有恒定的体温，一般在37℃，根据维恩位移律

$$\lambda_m = \frac{b}{T} \tag{2.9.14}$$

将 $b=2.898\times10^{-3}$m·K, 人体的正常体温 37℃(T=310.15K)代入式(2.9.14)中，得出 $\lambda_m=9.344\times10^{-6}$m，因此可以认为人体发出的红外线波长范围主要在 9～10μm. HC-SR501人体红外传感器结构图如图2.9.8所示. 人体发射的红外线通过菲涅耳

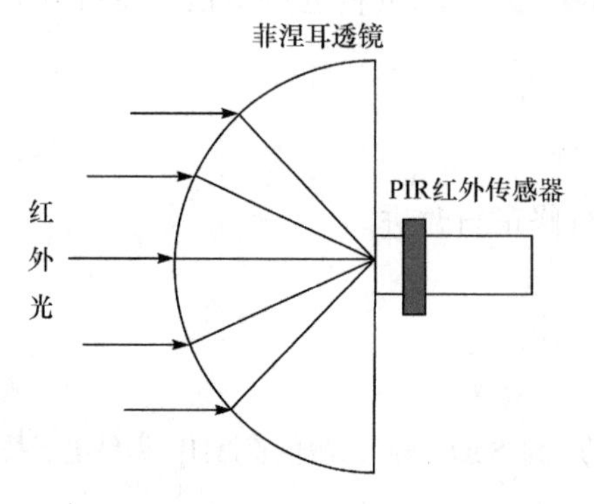

图 2.9.8 HC-SR501 人体红外传感器结构图

透镜增强后聚集到热释电红外传感器(PIR 传感器)上，PIR 传感器主要由红外感应源与后续检测、放大电路组成. 红外感应源通常采用热释电元件，这种元件在接收到人体红外辐射温度发生变化时就会失去电荷平衡，向外释放电荷，后续电路经检测处理后就能产生报警信号.

热释电效应：受到红外辐射时，诸如硫酸三甘肽(TGS)、铌酸锶钡 SBN ($Sr_{1-x}Ba_xNb_2O_6$)等晶体化合物会产生温升，自发极化强度会由于温度的升高发生相应的改变,此时会在垂直于自发极化方向的晶体两外表面间出现微小的压差，受到的红外辐射越强电压差越大. 布儒斯特(Brewster)将此类现象命名为热释电效应，热释电传感器则是利用该种效应对目标物体进行红外检测. 热释电传感器有非常快的响应速度. 热释电传感器只能对移动的人或物体进行检测，把红外信号转换成电信号，热敏元件经过以下三步完成热电转换：

(1) 热释电晶体需要吸收足够的能够使晶体自身温度改变的辐射功率；

(2) 晶体温度改变后，表面电极的电荷也要随之发生改变；

(3) 电荷变化产生电压降.

电荷变化及产生的电流由公式分别表示为

$$\Delta Q = S \cdot P \cdot \Delta T \tag{2.9.15}$$

$$I = \frac{S \cdot P \cdot \Delta T}{\Delta t} \tag{2.9.16}$$

式中，S 表示热释电传感器的检测面积，P 表示热电系数，ΔT 表示热释电传感器温度的变化量. Δt 为使热释电传感器温度变化 ΔT 所需要的时间. 由于产生的电信号较弱，还需要用放大电路对检测到的电信号进行放大和滤波.

菲涅耳透镜：根据菲涅耳原理制成，菲涅耳透镜分为折射式和反射式两种形式，其作用一是聚焦作用，将热释的红外信号折射(反射)在 PIR 传感器上；二是将检测区内分为若干个明区和暗区，使进入检测区的移动物体能以温度变化的形式在 PIR 传感器上产生变化热释红外信号,这样 PIR 传感器就能产生变化电信号,从而使 PIR 传感器灵敏度大大增加.

【实验仪器及材料】

导线、接线柱、焊锡、电烙铁、实验盒、电子嗡鸣器、发光二极管、HC-SR501

人体红外传感器及 Arduino 开发基本套件.

【实验内容】

1. 基础知识学习，设计实验方案

学习人体红外感应原理. 初步学习基于 Arduino 的简单编程. 按图 2.9.9 设计人体红外感应的实验方案.

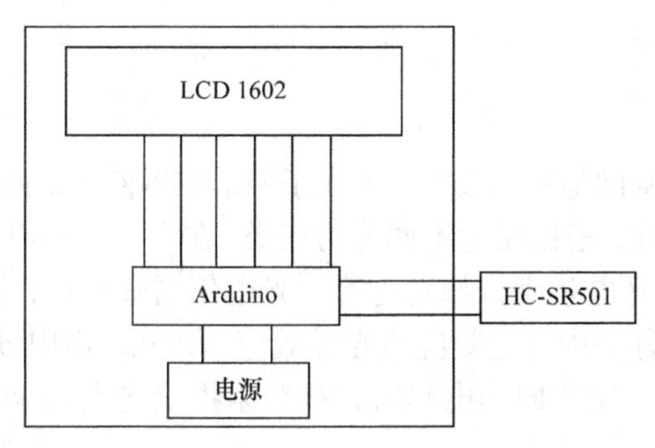

图 2.9.9 人体红外感应仪结构示意图

2. 简单功能制作与实现

(1) 焊接电路板(焊接 LCD 显示器，查阅相关资料).

(2) 电路的连接(LCD 显示器及 HC-SR501 人体红外传感器连接 Arduino 控制器，查阅相关资料).

(3)进行编程并封装实验盒(自学 Arduino，并查阅资料进行编程，将所有器件封装在实验盒中).

3. 独立完成实验，撰写实验报告

(1) 对人体红外感应仪校正与改进.

(2) 撰写实验报告.

【参考文献】

崔学伟. 2019. 基于红外技术的人体位置确定的研究[D]. 青岛: 青岛科技大学.

董海青. 2017. 红外感应防盗声光报警器的设计[J]. 电子制作, (15): 70-71.

王东, 莫先. 2016. 基于 STM32 和 HC-SR501 智能家居的智能照明系统设计[J]. 重庆理工大学学报(自然科学), 30(6): 135-142.

温武, 古鹏. 2010. 红外感应式智能开关控制系统的设计和实现[J]. 科技信息, (14): 218-219.

解晨, 刘建科, 毛晓姝, 等. 2019. 基于热释电红外传感器的车内实时人流量检测系统[J]. 电子设计工程, 27(7): 94-97.

2.9.5 光敏探测器件研究及应用

【实验目的】

(1) 了解光敏探测器件的基本特性.

(2) 了解和掌握使用光敏探测器件测量光照度的原理及方法.

(3) 通过模板设计并组装简易照度计.

【实验原理】

1. 光敏探测器件

光敏传感器的基础是光电效应，即光子照射在器件上，使电路中产生电流或使电导特性发生变化. 根据用途不同分为三类：在光子的作用下使电子从物体表面逸出时，称为外光电效应，如光电管、光电倍增管等；在光子的作用下使物体电阻率改变时，称为内光电效应或光导效应，如光敏电阻(光导管)；在光的作用下，使物体产生一定方向的电势时，称为阻挡层光电效应，如光电池、光电晶体管.

光敏电阻、光电二极管、光电池是目前普遍使用的光电转换器件.

1) 光敏电阻

当光子照射时，物体电阻率改变而引起电阻变化的器件称为光敏电阻或光导管. 一般在光强时电阻小，光弱时电阻大. 若在两端加一电压，则电路中的电流随光强弱而变化，这种现象在非接触式光电控制中十分有用. 光敏电阻具有特性稳定、寿命长等优点，其时间常数一般在毫秒级.

2) 光电二极管

它是一个 pn 结，在反向偏置下，受光子照射时，输出电流正比于入射光通量. 它具有体积小、成本低、作用可靠等特点，常用于低噪声、高频率、稳定性较高的光电控制电路中.

3) 光电池

光电池是一种直接将光能转换为电能的器件. 光电池的主要特性是光谱特性(光电响应与入射光频率的关系)和光照特性(入射光的照度与输出电流或电压的关系). 在光照特性中，其输出开路电压与入射光照度呈指数关系，而输出短路电流与入射光照度呈很好的线性关系.

2. 光敏探测器件特性

1) 伏安特性

光敏传感器在一定的入射光强照度下，光敏元件的电流 I 与所加电压 U 之间的关系称为光敏器件的伏安特性. 光敏电阻类似一个纯电阻，其伏安特性线性良好，在一定照度下，电压越大光电流越大，但必须考虑光敏电阻的最大耗散功率，超过额定电压和最大电流都可能导致光敏电阻的永久性损坏. 光敏二极管的伏安特性和光敏三极管的伏安特性类似，但光敏三极管的光电流比同类型的光敏二极管大好几十倍，零偏压时，光敏二极管有光电流输出，而光敏三极管则无光电流输出. 在一定光照度下硅光电池的伏安特性呈非线性.

2) 光照特性

光敏传感器的光谱灵敏度与入射光强之间的关系称为光照特性，有时光敏传感器的输出电压或电流与入射光强之间的关系也称为光照特性，它也是光敏传感器应用设计时选择参数的重要依据之一. 光敏电阻、光敏三极管的光照特性呈非线性，一般不适合作线性检测元件，硅光电池的开路电压也呈非线性且有饱和现象，但硅光电池的短路电流呈良好的线性，故以硅光电池作测量元件应用时，应该利用短路电流与光照度的良好线性关系. 所谓短路电流是指外接负载电阻远小于硅光电池内阻时的电流，一般负载在20Ω以下时，其短路电流与光照度呈良好的线性，且负载越小，线性关系越好，线性范围越宽. 光敏二极管的光照特性亦呈良好线性，而光敏三极管在大电流时有饱和现象，故一般在作线性检测元件时，可选择光敏二极管而不能用光敏三极管.

【实验仪器及材料】

数字万用表、稳压电源、光电实验箱(含光敏电阻、光电池、光电二极管)、光电控制电路板(用模板自行组装).

光电实验箱：是为研究光电器件的特性而设计的圆形暗箱. 内装有点光源，固定点光源的可移动支架，测量光源与光电器件之间距离的米尺，以及被测的光电器件.

【实验内容】

实验中对应的光照强度均为相对光强，可以通过改变点光源电压或改变点光源到光敏器件之间的距离来调节相对光强.

1. 光敏电阻特性实验

根据所提供仪器自行设计电路，测量光敏电阻的伏安特性曲线和光照特性曲线.

2. 光敏二极管的特性实验

根据所提供仪器自行设计电路，测量光敏二极管的伏安特性曲线和光照特性曲线.

3. 简易照度计设计

光照强度简称照度，是指单位面积上所接收可见光的能量，单位勒克斯(lux或 lx(1lx=1lm/m^2))，用于指示光照的强弱和物体表面积被照明程度的量. 根据简易照度计结构框图(图 2.9.10)，查阅相关芯片资料，搭建简易照度计，学会调试线路并分析观察效果.

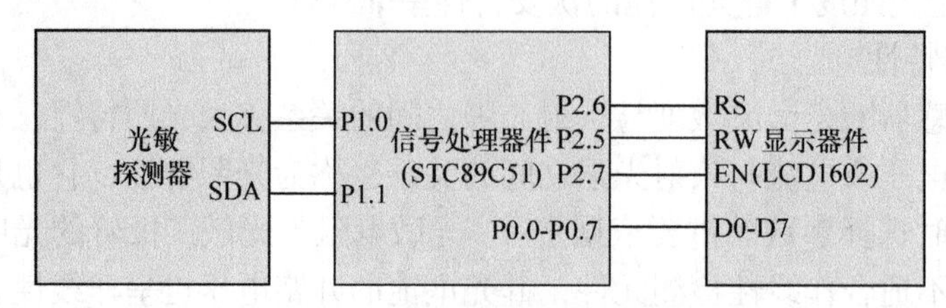

图 2.9.10 简易照度计结构框图

实验仪器：BH1750 模块、51 单片机最小开发系统、LCD1602 显示器、万用板、杜邦线、排针、排母等.

【思考与讨论】

(1) 验证光照强度与距离的平方成反比(把实验装置近似为点光源).

(2) 哪一种光敏探测器更适合做照度计？为什么？

【参考文献】

高英明, 张环月, 邹念育, 等. 2012. 一种多功能照度计的设计[J]. 计算机系统应用, 21(3): 252-255.

侯文辉. 2007. 高精度照度计的设计[D]. 大连: 大连理工大学.

罗志远, 张涛, 许骏. 2019. 基于 STM32 的多通道照度计的设计[J]. 传感技术学报, 32(4): 618-624.

苏黎明, 刘爱华. 2010. 自制简易数字照度计[J]. 实验技术与管理, 27(3): 57-60.

许艳. 2002. 照度计的特性及测量误差的定量评价[J]. 现代计量测试, 10(3): 34-36.

【附录 1：LCD1602 字符型液晶显示模块】

LCD1602 字符型液晶显示模块是一种专门用于显示字母、数字、符号等点阵式 LCD，目前常用 16×2 行的模块.

LCD1602 分为带背光和不带背光两种，基控制器大部分为 HD44780，带背光的比不带背光的厚，是否带背光在应用中并无差别，两者尺寸差别如图 2.9.11 所示.

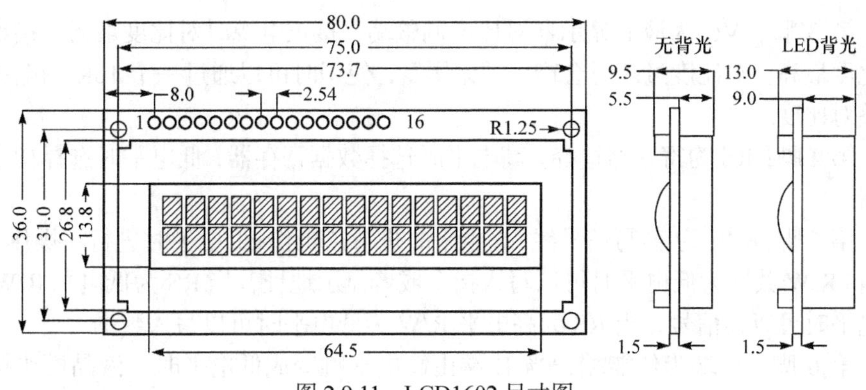

图 2.9.11 LCD1602 尺寸图

1. LCD1602 主要技术参数

显示容量:16×2 个字符.
芯片工作电压:4.5～5.5V.
工作电流:2.0mA(5.0V).
模块最佳工作电压:5.0V.
字符尺寸:2.95×4.35(W×H)mm.

2. 引脚功能说明

LCD1602 采用标准的 14 脚(无背光)或 16 脚(带背光)接口，各引脚接口说明如表 2.9.1 所示.

表 2.9.1 LCD1602 引脚说明表

编号	符号	引脚说明	编号	符号	引脚说明
1	VSS	电源地	9	D2	数据
2	VDD	电源正极	10	D3	数据
3	VL	液晶显示偏压	11	D4	数据
4	RS	数据/命令选择	12	D5	数据
5	R/W	读/写选择	13	D6	数据
6	E	使能信号	14	D7	数据
7	D0	数据	15	BLA	背光源正极
8	D1	数据	16	BLK	背光源负极

第 1 脚：VSS 为电源地.
第 2 脚：VDD 接 5V 正电源.

第 3 脚：VL 为液晶显示器对比度调整端，接正电源时对比度最弱，接地时对比度最高，对比度过高时会产生“鬼影”，使用时可以通过一个 10K 的电势器调整对比度.

第 4 脚：RS 为寄存器选择，高电平时选择数据寄存器，低电平时选择指令寄存器.

第 5 脚：R/W 为读/写信号线，高电平时进行读操作，低电平时进行写操作. 当 RS 和 R/W 共同为低电平时可以写入指令或者显示地址，当 RS 为低电平 R/W 为高电平时可以读信号，当 RS 为高电平 R/W 为低电平时可以写入数据.

第 6 脚：E 端为使能端，当 E 端由高电平跳变成低电平时，液晶模块执行命令.

第 7～14 脚：D0～D7 为 8 位双向数据线.

第 15 脚：背光源正极.

第 16 脚：背光源负极.

【附录 2：STC89C51 单片机】

STC89C51 单片机是宏晶科技推出的新一代高速、低功耗、超强抗干扰的单片机，指令代码完全兼容传统 8051 单片机，12 时钟/机器周期和 6 时钟/机器周期可以任意选择.

1. STC89C51 单片机主要特性

(1) 增强型 8051 单片机，6 时钟/机器周期和 12 时钟/机器周期可以任意选择，指令代码完全兼容传统 8051.

(2) 工作电压：5.5～3.3V(5V 单片机)；3.8～2.0V(3V 单片机).

(3) 工作频率范围：0～40MHz，相当于普通 8051 的 0～80MHz，实际工作频率可达 48MHz.

(4) 用户应用程序空间为 8K 字节.

(5) 片上集成 512 字节 RAM.

(6) 通用 I/O 口(32 个)，复位后为：P1/P2/P3/P4 是准双向口/弱上拉，P0 口是漏极开路输出，作为总线扩展用时，不用加上拉电阻，作为 I/O 口用时，需加上拉电阻.

(7) ISP(在系统可编程)/IAP(在应用可编程)，无须专用编程器，无须专用仿真器，可通过串口(RxD/P3.0,TxD/P3.1)直接下载用户程序，数秒即可完成.

(8) 具有 EEPROM 功能.

(9) 具有看门狗功能.

(10) 共 3 个 16 位定时器/计数器. 即定时器 T0、T1、T2.

(11) 外部中断 4 路，下降沿中断或低电平触发电路，Power Down 模式可由外部中断低电平触发中断方式唤醒.

(12) 通用异步串行口(UART)，还可用定时器软件实现多个 UART.

(13) 工作温度范围：–40～+85℃(工业级)；0～75℃(商业级).

(14) PDIP 封装.

2. 引脚功能说明

STC89C51 单片机引脚图如图 2.9.12 所示. 各引脚功能如下.

VCC(40 引脚)：电源电压.

VSS(20 引脚)：接地.

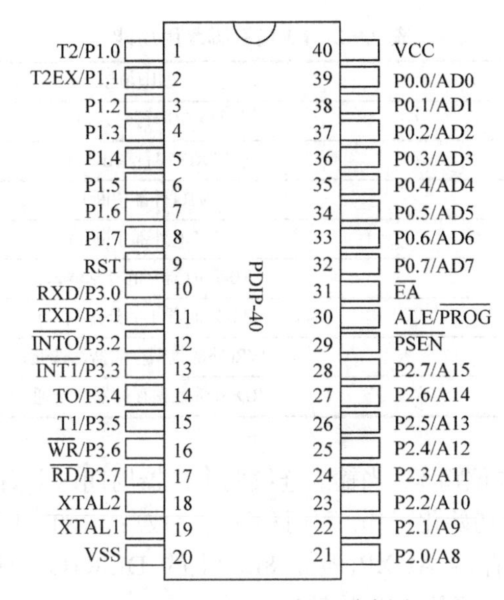

图 2.9.12 STC89C51 引脚图

P0 端口(P0.0～P0.7，39～32 引脚)：P0 口是一个漏极开路的 8 位双向 I/O 口. 作为输出端口，每个引脚能驱动 8 个 TTL 负载，对端口 P0 写入“1”时，可以作为高阻抗输入. 在访问外部程序和数据存储器时，P0 口也可以提供低 8 位地址和 8 位数据的复用总线. 此时，P0 口内部上拉电阻有效. 在 Flash ROM 编程时，P0 端口接收指令字节；而在校验程序时，则输出指令字节. 验证时，要求外接上拉电阻.

P1 端口(P1.0～P1.7，1～8 引脚)：P1 口是一个带内部上拉电阻的 8 位双向 I/O 口. P1 的输出缓冲器可驱动(吸收或者输出电流方式)4 个 TTL 输入. 对端口写入 1 时，通过内部的上拉电阻把端口拉到高电势，这时可用作输入口. P1 口作输入口使用时，因为有内部上拉电阻，那些被外部拉低的引脚会输出一个电流.

P2 端口(P2.0～P2.7，21～28 引脚)：P2 口是一个带内部上拉电阻的 8 位双向 I/O 端口. P2 的输出缓冲器可以驱动(吸收或输出电流方式)4 个 TTL 输入. 对端口写入 1 时，通过内部的上拉电阻把端口拉到高电平，这时可用作输入口. P2 作为输入口使用时，因为有内部的上拉电阻，那些被外部信号拉低的引脚会输出一个电流.

P3 端口(P3.0～P3.7, 10～17 引脚): P3 是一个带内部上拉电阻的 8 位双向 I/O 端口. P3 的输出缓冲器可驱动(吸收或输出电流方式)4 个 TTL 输入. 对端口写入 1 时，通过内部的上拉电阻把端口拉到高电势，这时可用作输入口. P3 作输入口使用时，因为有内部的上拉电阻，那些被外部信号拉低的引脚会输入一个电流.

在对 Flash ROM 编程或程序校验时, P3 还接收一些控制信号. P3 口除作为一般 I/O 口外，还有其他一些复用功能，如表 2.9.2 所示.

表 2.9.2 P3 口引脚复用功能

引脚号	复用功能
P3.0	RXD(串行输入口)
P3.1	TXD(串行输出口)
P3.2	INT0(外部中断 0)
P3.3	INT1(外部中断 1)
P3.4	T0(定时器 0 的外部输入)
P3.5	T1(定时器 1 的外部输入)
P3.6	WR(外部数据存储器写选通)
P3.7	RD(外部数据存储器读选通)

RST(9 引脚)：复位输入. 当输入连续两个机器周期以上高电平时为有效，用来完成单片机的复位初始化操作. 看门狗计时完成后, RST 引脚输出 96 个晶振周期的高电平. 特殊寄存器 AUXR(地址 8EH)上的 DISRTO 位可以使此功能无效. DISRTO 默认状态下，复位高电平有效.

ALE / $\overline{\text{PROG}}$ (30 引脚)：地址锁存控制信号(ALE)是访问外部程序存储器时，锁存低 8 位地址的输出脉冲. 在 Flash 编程时，此引脚也用作编程输入脉冲.

在一般情况下，ALE 以晶振六分之一的固定频率输出脉冲，可用来作为外部定时器或时钟使用. 然而，特别强调，在每次访问外部数据存储器时，ALE 脉冲将会跳过.

如果需要, 通过将地址位 8EH 的 SFR 的第 0 位置“1”, ALE 操作将无效. 这一位置“1”，ALE 仅在执行 MOVX 或 MOV 指令时有效. 否则，ALE 将被微弱拉高. 这个 ALE 使能标志位(地址位 8EH 的 SFR 的第 0 位)的设置对微控制器处于外部执行模式下无效.

$\overline{\text{PSEN}}$ (29 引脚)：外部程序存储器选通信号是外部程序存储器选通信号. 当

AT89C51 从外部程序存储器执行外部代码时，$\overline{\text{PSEN}}$ 在每个机器周期被激活两次，而访问外部数据存储器时，$\overline{\text{PSEN}}$ 将不被激活.

$\overline{\text{EA}}$ (31 引脚)：访问外部程序存储器控制信号. 为使能从 0000H 到 FFFFH 的外部程序存储器读取指令，$\overline{\text{EA}}$ 必须接 GND. 注意加密方式 1 时，$\overline{\text{EA}}$ 将内部锁定位 RESET. 为了执行内部程序指令，$\overline{\text{EA}}$ 应该接 VCC. 在 Flash 编程期间，$\overline{\text{EA}}$ 也接收 12V 电压.

XTAL1(19 引脚)：振荡器反相放大器和内部时钟发生电路的输入端.

XTAL2(18 引脚)：振荡器反相放大器的输入端.

【附录 3：Arduino 电路板】

Arduino 是一款便捷灵活、方便上手的开源电子原型平台，包含硬件(各种型号的 Arduino 板)和软件(Arduino IDE)，由一个欧洲开发团队于 2005 年冬季开发. 它构建于开放原始码 simple I/O 界面版，并且具有使用类似 Java、C 语言的 Processing/Wiring 开发环境，主要包含两部分：硬件部分是可以用来做电路连接的 Arduino 电路板；另外一个则是 Arduino IDE，计算机中的程序开发环境，需要在 IDE 中编写程序代码，将程序上传到 Arduino 电路板后，程序便会告诉 Arduino 电路板要做些什么了.

Arduino 能通过各种各样的传感器来感知环境，通过控制灯光、马达和其他的装置来反馈、影响环境. 板子上的微控制器可以通过 Arduino 的编程语言来编写程序，编译成二进制文件，烧录进微控制器. 对 Arduino 的编程是通过 Arduino 编程语言(基于 Wiring)和 Arduino 开发环境(基于 Processing)来实现的. 基于 Arduino 的项目，可以只包含 Arduino，也可以包含 Arduino 和其他一些在 PC 上运行的软件，他们之间进行通信(比如 Flash, Processing, MaxMSP)来实现.

Arduino 的特性如下.

(1) 跨平台——Arduino 软件可以运行在 Windows、Macintosh OSX 和 Linux 操作系统.

(2) 简易的编程环境——初学者很容易就能学会使用 Arduino 编程环境，同时它又能为高级用户提供足够多的高级应用.

(3) 软件开源并可扩展——Arduino 软件是开源的，对于有经验的程序员可以对其进行扩展. Arduino 编程语言可以通过 C++库进行扩展，如果有人想去了解技术上的细节，可以跳过 Arduino 语言而直接使用 AVR C 编程语言(因为 Arduino 语言实际上是基于 AVR C 的).

(4) 硬件开源并可扩展——Arduino 板基于 ATMEL 的 ATmega8 和 ATMEGA168/328 单片机. Arduino 基于 Creative Commons 许可协议，所以有经验的电路设计师能够根据需求设计自己的模块，可以对其扩展或改进，甚至对于一些相对没有什么经验的用户，也可以通过制作试验板来理解 Arduino.

常用 Arduino 模块简介.

ATmega8 是 ATMEL 公司在 2002 年第一季度推出的一款新型 AVR 高档单片机. 在 AVR 家族中，ATmega8 是一种非常特殊的单片机，它的芯片内部集成了较大容量的存储器和丰富强大的硬件接口电路，具备 AVR 高档单片机 MEGE 系列的全部性能和特点. 但由于采用了小引脚封装(为 DIP 28 和 TQFP/MLF32)，所以其价格仅与低档单片机相当，再加上 AVR 单片机的系统内可编程特性，使得无须购买昂贵的仿真器和编程器也可进行单片机嵌入式系统的设计和开发，同时也为单片机的初学者提供了非常方便和简捷的学习开发环境. ATmega8 芯片引脚图如图 2.9.13 所示，各引脚功能如表 2.9.3 所示，以 ATmega8 芯片为核心的 Arduino 板图如图 2.9.14 所示.

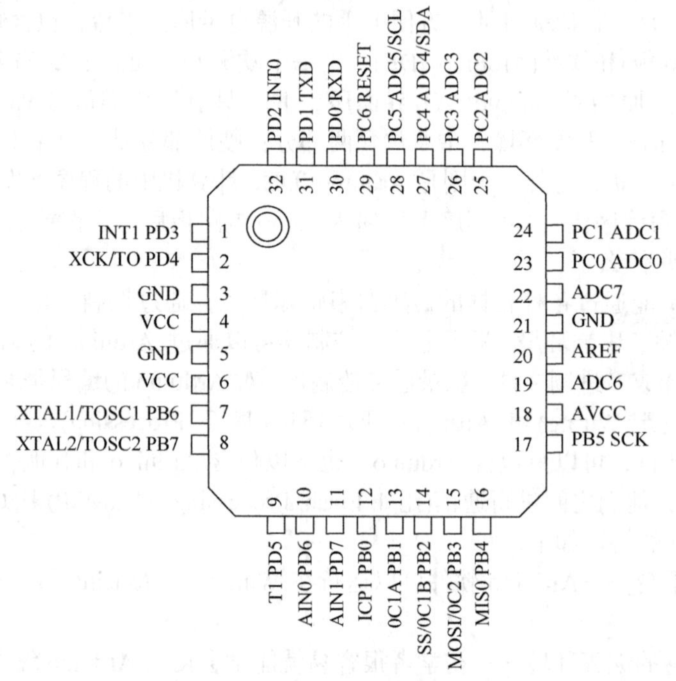

图 2.9.13　ATmega8 芯片引脚图

表 2.9.3　ATmega8 芯片引脚功能

引脚号	功能/复用功能
PB7	XTAL2(芯片时钟振荡器引脚 2) TOSC2(定时振荡器引脚 2)
PB6	XTAL1(芯片时钟振荡器引脚 1 或外部时钟输入)TOSC1(定时振荡器引脚 1)
PB5	SCK(SPI 总线的主机时钟输入)
PB4	MIS0(SPI 总线的主机输入/从机输出信号)
PB3	M0SI(SPI 总线的主机输出/从机输入信号) 0C2 (T/C2 输出比较匹配输出)
PB2	SS(SPI 总线主从选择)0C1B(T/C1 输出比较匹配 B 输出)

续表

引脚号	功能/复用功能
PB1	0C1A (T/C1 输出比较匹配 A 输出)
PB0	ICP1 (T/C1 输入捕获引脚)
PC6	RESET (复位引脚)
PC5	ADC5(ADC 输入通道 5) SCL(两线串行总线时钟线)
PC4	ADC4(ADC 输入通道 4) SDA(两线串行总线数据输入/输出线)
PC3	ADC3(ADC 输入通道 3)
PC2	ADC2(ADC 输入通道 2)
PC1	ADC1(ADC 输入通道 1)
PC0	ADC0(ADC 输入通道 0)
PD7	AIN1(模拟比较器负输入)
PD6	AIN0(模拟比较器正输入)
PD5	T1(T/C1 外部计数器输入)
PD4	XCK(USART 外部时钟输入/输出) T0(T/C0 外部计数器输入)
PD3	INT1(外部中断 1 输入)
PD2	INT0(外部中断 0 输入)
PD1	TXD(USART 输出引脚)
PD0	RXD(USART 输入引脚)

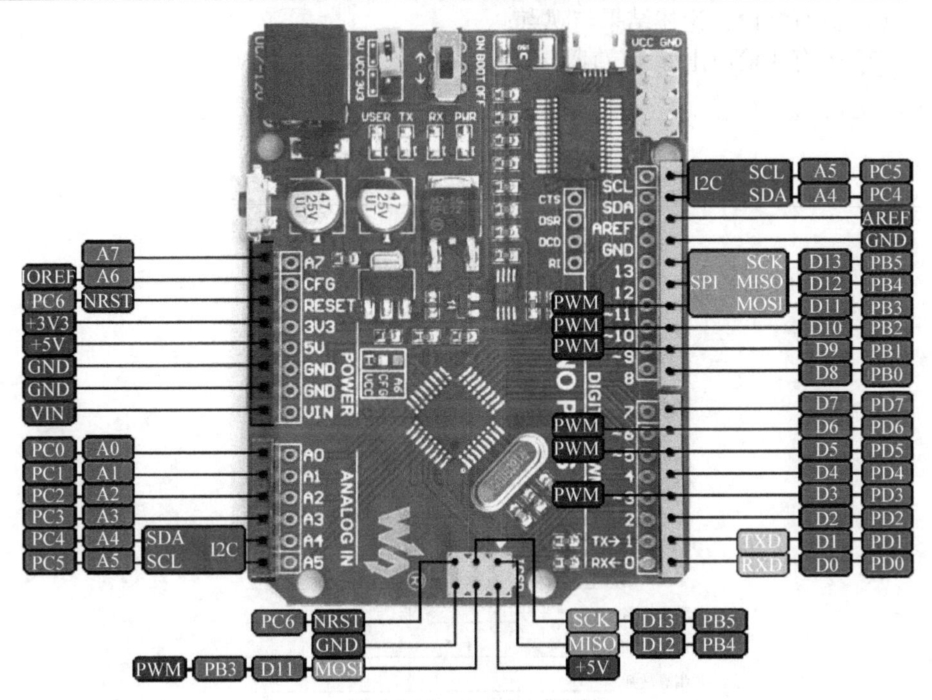

图 2.9.14 Arduino 板图

附　录

附录 1　开放性创新实验报告建议要求及模板

开放性创新实验报告建议要求如下：

(1) 需有中、英文题目，摘要及关键词；

(2) 需有绪论或引言，介绍实验项目相关的历史背景、发展状况及目的意义；

(3) 需有实验原理及实验设计思路；

(4) 需有实验详细过程及原始数据列表；

(5) 对获得数据画图(Origin、MATLAB)，对相应图表进行分析，并对一些图像进行拟合；

(6) 需有结论，论述结果与观点；

(7) 需有 3 篇以上参考文献.

吉林大学

开放性创新实验报告

项目名称________________________________

项目编号________________________________

英　　文________________________________

学生姓名________学号________专业________________

学生姓名________学号________专业________________

学生姓名________学号________专业________________

起止日期________________________________

指导教师________________________________

图 1　开放性创新实验报告封面

未经本文作者的书面授权，依法收存和保管本文书面版本、电子版本的任何单位和个人，均不得对本文的全部或部分内容进行任何形式的复制、修改、发行、出租、改编等有碍作者著作权的商业性使用（但纯学术性使用不在此限）。否则，应承担侵权的法律责任。

原创性声明

本人郑重声明：所呈交报告，是本人在指导教师的指导下，独立进行研究工作所取得的成果。除文中已经注明引用的内容外，本论文不包含任何其他个人或集体已经发表或撰写过的作品成果。对本文的研究做出重要贡献的个人和集体，均已在文中以明确方式标明。本人完全意识到本声明的法律结果由本人承担。

报告作者签名：

指导教师签名：

日期：　　年　　月　　日

图 2　版权声明

摘要

关键词：

Abstract

Keywords:

图 3　中英文摘要

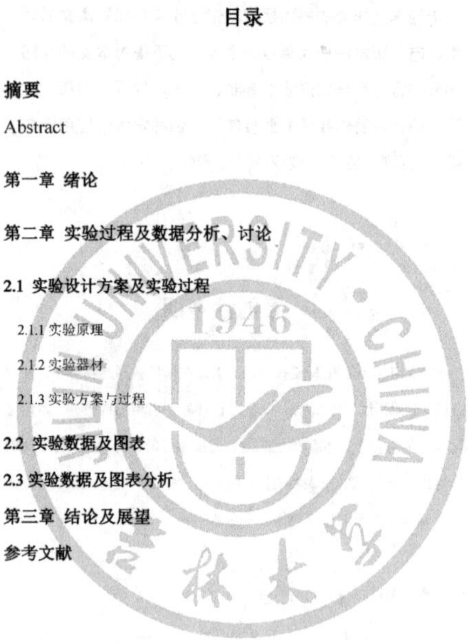

目录

摘要

Abstract

第一章 绪论

第二章 实验过程及数据分析、讨论

2.1 实验设计方案及实验过程

2.1.1 实验原理

2.1.2 实验器材

2.1.3 实验方案与过程

2.2 实验数据及图表

2.3 实验数据及图表分析

第三章 结论及展望

参考文献

图 4 目录

吉林大学开放性创新实验报告模板如图 1～图 4 所示，包括开放性创新实验报告封面、版权声明、中英文摘要、目录.

附录 2 物理学常用常量

物理常量	符号	单位	供计算用值
真空中光速	c	m/s	3.00×10^{8}
引力常量	G_0	$m^3/(s^2 \cdot kg)$	6.67×10^{-11}
阿伏伽德罗(Avogadro)常量	N_A	mol^{-1}	6.02×10^{23}
普适气体常量	R	J/(mol · K)	8.31
玻尔兹曼常量	k	J/K	1.38×10^{-23}
理想气体摩尔体积	V_m	m^3/mol	22.4×10^{-3}
基本电荷(元电荷)	e	C	-1.602×10^{-19}
原子质量单位	u	kg	1.66×10^{-27}
电子静止质量	m_e	kg	9.11×10^{-31}
电子荷质比	e/m_e	C/ kg	-1.76×10^{11}
质子静止质量	m_p	kg	1.673×10^{-27}
中子静止质量	m_n	kg	1.675×10^{-27}
法拉第常量	F	C/mol	96500

续表

物理常量	符号	单位	供计算用值
真空电容率	ε_0	F/m	8.85×10^{-12}
真空磁导率	μ_0	H/m	$4\pi\times10^{-7}$
电子磁矩	μ_e	J/T	9.28×10^{-24}
质子磁矩	μ_p	J/T	1.41×10^{-23}
玻尔半径	α_0	m	5.29×10^{-11}
玻尔磁子	μ_B	J/T	9.27×10^{-24}
核磁子	μ_N	J/T	5.05×10^{-27}
普朗克常量	h	J · s	6.63×10^{-34}

附录 3 国际单位制及国际单位制词头

国际单位制(法语: Système International d'Unités 符号: SI), 源自公制或米制, 采用十进制进位系统, 1799 年被法国最早作为度量衡单位. 基本单位的定义则始于 1889 年(第一届国际计量大会), 1948 年第九届国际计量大会决定建立一种简单而科学的, 供所有米制公约国均能使用的实用单位制. 通过对物理量进行分析发现, 只要定义几个物理量作为基本量(称为基本单位), 就可以导出其他物理量, 称为导出量(其单位称为导出单位). 1954 年第十届国际计量大会决定使用时间单位秒(s)、长度单位米(m)、质量单位千克(kg)、电流单位安培(A)、热力学温度单位开氏度(°K)、发光强度单位坎德垃(cd) 6 个单位作为"实用单位制"的基本单位. 1960 年第十一届国际计量大会决定将"实用单位制"改名为国际单位制(International system of units, SI). 承认平面角和立体角的相应单位弧度和球面度是 SI 中独立类单位, 称为 SI 辅助单位. 弧度(rad)是一个圆内两条半径在圆周上截取的弧长与半径相等时, 它们所夹的平面角的大小. 球面角(sr)是一个立体角, 其顶点位于球心, 而它在球面上所截取的面积等于以球半径为边长的正方形面积.

1967 年第十三届国际计量大会决定将热力学温度单位改为开尔文(K). 1971 年第十四届国际计量大会决定增加物质的量作为国际单位制的基本, 单位为摩尔(mol). 目前共有 7 个基本国际单位, 见表 1.

表 1 基本国际单位制及辅助单位

名称	常用表示符号	单位的名称	单位的符号
时间	t	秒	s
长度	L	米	m
质量	m	千克	kg
电流	I	安(培)	A

续表

名称	常用表示符号	单位的名称	单位的符号
热力学温度	T	开(尔文)	K
物质的量	$n(\mu)$	摩(尔)	mol
发光强度	$I(P)$	坎(德拉)	cd
平面角	$\theta(\psi)$	弧度	rad
立体角	Ω	球面角	sr

注：1. 最后两行为辅助单位，无量纲，1995年第二十届国际计量大会作出决议，把这两个辅助单位归入导出单位. 2. 单位的名称一列中，括号中的字，在不致引起混淆、误解的情况下，可省略，为该物理量的中文简称.

2018年第二十六届国际计量大会对国际单位的7个基本单位进行了重新的定义，其中，千克、安培、开尔文和摩尔的定义基于新的物理概念，米、秒和坎德拉的定义表述进行了重新修订，并于2019年5月20日(世界计量日)实行新的国际单位制. 新定义的SI基本单位中，千克、安培、开尔文和摩尔，分别由物理常量普朗克常量h、基本电荷e、玻尔兹曼常量k_B和阿伏伽德罗常量N_A定义；米、秒和坎德拉的定义仍由真空光速c、铯133原子基态的超精细能级跃迁频率$\Delta\nu_{Cs}$和发光效率K_{cd}定义，如表2所示. 自此，新修订后的7个SI基本单位的定义全部建立在恒定不变的常数上，7个基本国际单位全部完成了量子化的定义.

表2 导出7个基本国际单位定义的7个常数

定义常数	符号	数值	单位
铯133原子基态超精细能级跃迁频率	$\Delta\nu(^{133}Cs)_{hfs}$	9.192631770×10^{9}	$Hz = s^{-1}$
真空中的光速	c	2.99792458×10^{8}	m/s
普朗克常量	h	6.62607015×10^{-34}	$J\cdot s = kg\cdot m^2/s$
基本电荷	e	$1.602176634\times10^{-19}$	$C = A\cdot s$
玻尔兹曼常量	k	1.380649×10^{-23}	$J\cdot K = kg\cdot m^2/(s^2\cdot K)$
阿伏伽德罗常量	N_A	6.02214076×10^{23}	mol^{-1}
540×10^{12} Hz的单色辐射的发光效率	K_{cd}	683	$cd\cdot sr/W = cd\cdot sr/(kg\cdot m^2\cdot s^{-3})$

根据2018年第二十六届国际计量大会的“1号决议”，7个基本国际单位重新定义的中英文描述见表3.

表 3　七个基本国际单位重新定义的中英文描述

SI 名称	单位	符号	中文描述	英文原文
时间 time	秒 second	s	当铯的频率 $\Delta\nu_{Cs}$，即铯 133 原子基态的超精细能级跃迁频率以单位 Hz，即 s^{-1} 表示时，取固定数值为 9192631770 来定义秒.	It is defined by taking the fixed numerical value of the caesium frequency $\Delta\nu_{Cs}$, the unperturbed ground-state hyperfine transition frequency of the caesium-133 atom, to be 9192631770 when expressed in the unit Hz，which is equal to s^{-1}.
长度 length	米 metre	m	当真空中光的速度 c 以单位 m/s 表示时，取固定数值 299792458 来定义米，秒用 $\Delta\nu_{Cs}$ 定义.	It is defined by taking the fixed numerical value of the speed of light in vacuum c to be 299792 458 when expressed in the unit m/s，where the second is defined in terms of the caesium frequency $\Delta\nu_{Cs}$.
质量 mass	千克 kilogram	kg	当普朗克常量 h 以单位 J·s，即 kg·m²/s 表示时，取固定数值 6.62607015×10^{-34} 来定义千克，米和秒用 c 和 $\Delta\nu_{Cs}$ 定义.	It is defined by taking the fixed numerical value of the Planck constant h to be 6.62607015×10^{-34} when expressed in the unit J·s，which is equal to kg·m²/s，where the metre and the second are defined in terms of c and $\Delta\nu_{Cs}$.
电流 electric current	安(培) ampère	A	当基本电荷 e 以单位 C，即 A·s 表示时，取固定数值 $1.602176634\times10^{-19}$ 来定义安培，秒用 $\Delta\nu_{Cs}$ 定义.	It is defined by taking the fixed numerical value of the elementary charge e to be $1.602176634\times10^{-19}$ when expressed in the unit C，which is equal to A·s，where the second is defined in terms of $\Delta\nu_{Cs}$.
热力学温度 thermo-dynamic temperature	开(尔文) kelvin	K	当玻尔兹曼常量 k_B 以单位 J/K，即 kg·m²/(s²·K)表示时，取固定数值 1.380649×10^{-23} 来定义开尔文，千克、米和秒用 h，c 和 $\Delta\nu_{Cs}$ 定义.	It is defined by taking the fixed numerical value of the Boltzmann constant k_B to be 1.380649×10^{-23} when expressed in the unit J/K, which is equal to kg·m²/(s²·K), where the kilogram，metre and second are defined in terms of h，c and $\Delta\nu_{Cs}$.
物质的量 amount of substance	摩(尔) mole	mol	1 摩尔精确包含 6.02214076×10^{23} 个基本粒子. 该数为以单位 mol^{-1} 表示的阿伏伽德罗常量 N_A 的固定数值，称阿伏伽德罗量. 一系统物质的量，符号 n，是该系统包含的特定基本粒子数量的量度. 基本粒子可以是原子、分子、离子、电子，其他任意粒子或粒子的特定组合.	One mole contains exactly 6.02214076×10^{23} elementary entities. This number is the fixed numerical value of the Avogadro constant，N_A，when expressed in the unit mol^{-1} and is called the Avogadro number. The amount of substance，symbol n，of a system is a measure of the number of specified elementary entities. An elementary entity may be an atom，a molecule，an ion，anelectron，any other particle or specified group of particles.
指定方向的发光强度 luminous intensity in a given direction	坎(德拉) candela	cd	当频率为 540×10^{12} Hz 的单色辐射的发光效率以单位 lm/W，即 cd·sr/W 或 cd·sr/(kg·m²·s⁻³)表示时，取固定数值 683 来定义坎德拉，千克、米、秒分别用 h, c 和 $\Delta\nu_{Cs}$ 定义.	It is defined by taking the fixed numerical value of the luminous efficacy of monochromatic radiation of frequency 540×10^{12} Hz，K_{cd} to be 683 when expressed in the unit lm/W，which is equal to cd·sr/W, or cd·sr/(kg·m²·s⁻³), where the kilogram，metre and second are defined in terms of h，c and $\Delta\nu_{Cs}$.

物理学研究与描述的范围非常广(从微观的原子、电子甚至夸克等到已观测到的宇宙以及科学家们估算的宇宙). 时间、长度、面积、体积、质量和能量等物理量就是我们对物理世界的真实描述. 这些物理量的数量级跨越很大，因此我们通

常会用国际单位及其前缀来进行表示，这些前缀即为数量级，用来表示单位的倍数和分数，称为国际单位制词头，如表 4 所示.

表 4　国际单位制词头

数值	英文	中文简称	符号
10^{24}	Yotta	尧	Y
10^{21}	Zetta	泽	Z
10^{18}	Exa	艾	E
10^{15}	Peta	拍	P
10^{12}	Tera	太	T
10^{9}	Giga	吉	G
10^{6}	Mega	兆	M
10^{3}	kilo	千	k
10^{2}	hecta	百	h
10^{1}	deca	十	da
10^{-1}	deci	分	d
10^{-2}	centi	厘	c
10^{-3}	milli	毫	m
10^{-6}	micro	微	μ
10^{-9}	nano	纳	n
10^{-12}	pico	皮	p
10^{-15}	femto	飞	f
10^{-18}	atto	阿	a
10^{-21}	zepto	仄	z
10^{-24}	yocto	幺	y

注：埃米(Ångstrom 或 ANG)不是国际单位，是一个历史上习用的单位. 但它是晶体学、原子物理、超显微结构等常用的长度单位，译为"埃"，符号为 Å，$1Å=10^{-10}$m，即十分之一纳米.

附录 4　历年诺贝尔物理学奖一览表

年份	获奖者	国籍	获奖原因
1901 年	威廉 · 康拉德 · 伦琴	德国	发现不寻常的射线，之后以他的名字命名(即 X 射线，又称伦琴射线，并用伦琴作为辐射量的单位)
1902 年	亨得里克 · 安顿 · 洛伦兹	荷兰	关于磁场对辐射现象影响的研究(即塞曼效应)
	彼得 · 塞曼	荷兰	
1903 年	安东尼 · 亨利 · 贝克勒尔	法国	发现天然放射性
	皮埃尔 · 居里	法国	对亨利·贝克勒教授所发现的放射性现象的共同研究
	玛丽 · 居里	法国	

续表

年份	获奖者	国籍	获奖原因
1904年	约翰·斯特拉特·瑞利勋爵	英国	对那些重要的气体的密度的测定,以及由这些研究而发现氩 对氢气、氧气、氮气等气体密度的测量，并因测量氮气而发现氩
1905年	菲利普·莱纳德	德国	关于阴极射线的研究
1906年	约瑟夫·汤姆孙	英国	对气体导电的理论和实验研究
1907年	阿尔伯特·迈克耳孙	美国	精密光学仪器，以及借助它们所做的光谱学和计量学研究
1908年	加布里埃尔·李普曼	法国	利用干涉现象来重现色彩于照片上的方法
1909年	吉利埃尔摩·马可尼	意大利	对无线电报的发展的贡献
	卡尔·费迪南德·布劳恩	德国	
1910年	范德华	荷兰	关于气体和液体的状态方程的研究
1911年	威廉·维恩	德国	发现那些影响热辐射的定律
1912年	尼尔斯·古斯塔夫·达伦	瑞典	发明用于控制灯塔和浮标中气体蓄积器的自动调节阀
1913年	海克·卡末林·昂内斯	荷兰	他在低温下物体性质的研究，尤其是液态氦的制成”(超导体的发现)
1914年	马克斯·冯·劳厄	德国	发现晶体中的X射线衍射现象
1915年	威廉·亨利·布拉格	英国	用X射线对晶体结构的研究
	威廉·劳伦斯·布拉格	英国	
1916年	未颁奖		
1917年	查尔斯·格洛弗·巴克拉	英国	发现元素的特征伦琴辐
1918年	马克斯·普朗克	德国	对量子的发现而推动物理学的发展
1919年	约翰尼斯·斯塔克	德国	发现极隧射线的多普勒效应以及电场作用下谱线的分裂现象
1920年	夏尔·爱德华·纪尧姆	瑞士	推动物理学的精密测量的有关镍钢合金的反常现象的发现
1921年	阿尔伯特·爱因斯坦	德国	理论物理学的成就，特别是光电效应定律的发现
1922年	尼尔斯·玻尔	丹麦	原子结构以及由原子发射出的辐射的研究
1923年	罗伯特·安德鲁·密立根	美国	关于基本电荷以及光电效应的工作
1924年	曼内·西格巴恩	瑞典	在X射线光谱学领域的发现和研究
1925年	詹姆斯·弗兰克	德国	发现支配原子和电子碰撞的定律
	古斯塔夫·路德维希·赫兹	德国	
1926年	让·佩兰	法国	研究物质不连续结构和发现沉积平衡
1927年	阿瑟·康普顿	美国	发现康普顿效应
	查尔斯·威耳逊	英国	通过水蒸气的凝结来显示带电荷的粒子的轨迹的方法
1928年	欧文·理查森	英国	对热离子现象的研究，发现理查森定律
1929年	路易·德布罗意	法国	发现电子的波动性
1930年	钱德拉塞卡拉·文卡塔·拉曼	印度	对光散射的研究，以及发现拉曼效应
1931年	未颁奖		
1932年	维尔纳·海森伯	德国	创立量子力学，以及由此导致的氢的同素异形体的发现
1933年	埃尔温·薛定谔	奥地利	发现了原子理论的新的多产的形式
	保罗·狄拉克	英国	量子力学的基本方程——薛定谔方程和狄拉克方程
1934年	未颁奖		
1935年	詹姆斯·查德威克	英国	发现中子
1936年	维克托·弗朗西斯·赫斯	奥地利	发现宇宙辐射
	卡尔·戴维·安德森	美国	发现正电子
1937年	克林顿·约瑟夫·戴维孙	美国	关于电子被晶体衍射的现象的实验发现
	乔治·佩吉特·汤姆孙	英国	

续表

年份	获奖者	国籍	获奖原因
1938年	恩里科 · 费米	意大利	证明了可由中子辐照而产生的新放射性元素的存在,以及有关慢中子引发的核反应的发现
1939年	欧内斯特 · 劳伦斯	美国	对回旋加速器的发明和发展,并以此获得有关人工放射性元素的研究成果
1940年	未颁奖		
1941年	未颁奖		
1942年	未颁奖		
1943年	奥托 · 施特恩	美国	对分子束方法的发展以及有关质子磁矩的研究发现
1944年	伊西多 · 艾萨克 · 拉比	美国	用共振方法记录原子核的磁属性
1945年	沃尔夫冈 · 泡利	奥地利	发现不相容原理，也称泡利原理
1946年	珀西 · 布里奇曼	美国	发明获得超高压的装置，并在高压物理学领域作出发现
1947年	爱德华 · 维克托 · 阿普尔顿	英国	对高层大气的物理学的研究,特别是对所谓阿普顿层的发现
1948年	帕特里克 · 布莱克特	英国	改进威尔逊云雾室方法和由此在核物理和宇宙射线领域的发现
1949年	汤川秀树	日本	以核作用力的理论为基础预言了介子的存在
1950年	塞西尔 · 弗兰克 · 鲍威尔	英国	发展研究核过程的照相方法,以及基于该方法的有关介子的研究发现
1951年	约翰 · 道格拉斯 · 科克罗夫特	英国	在用人工加速原子产生原子核嬗变方面的开创性工作
	欧内斯特 · 沃尔顿	爱尔兰	
1952年	费利克斯 · 布洛赫	美国	发展出用于核磁精密测量的新方法,并凭此所得的研究成果
	爱德华 · 米尔斯 · 珀塞尔	美国	
1953年	弗里茨 · 塞尔尼克	荷兰	对相衬法的证实，特别是发明相衬显微镜
1954年	马克斯 · 玻恩	英国	在量子力学领域的基础研究,特别是他对波函数的统计解释
	瓦尔特 · 博特	德国	符合法，以及以此方法所获得的研究成果
1955年	威利斯 · 尤金 · 兰姆	美国	氢光谱的精细结构的研究成果
	波利卡普 · 库施	美国	精确地测定出电子磁矩
1956年	威廉 · 布拉德福德 · 肖克利	美国	对半导体的研究和发现晶体管效应
	约翰 · 巴丁	美国	
	沃尔特 · 豪泽 · 布喇顿	美国	
1957年	杨振宁	中国①	对所谓的宇称不守恒定律的敏锐地研究,该定律导致了有关基本粒子的许多重大发现
	李政道	美籍华人	
1958年	帕维尔 · 阿列克谢耶维奇 · 切连科夫	苏联	发现并解释切连科夫辐射
	伊利亚 · 弗兰克	苏联	
	伊戈尔 · 叶夫根耶维奇 · 塔姆	苏联	
1959年	埃米利奥 · 吉诺 · 塞格雷	美国	发现反质子
	欧文 · 张伯伦	美国	
1960年	唐纳德 · 格拉泽	美国	发明气泡室
1961年	罗伯特 · 霍夫施塔特	美国	关于对原子核中的电子散射的先驱性研究,并由此得到的关于核子结构的研究发现
	鲁道夫 · 路德维希 · 穆斯堡尔	德国	有关 γ 射线共振吸收现象的研究以及与穆斯堡尔效应相关的研究发现

① 杨振宇于2017年恢复中国国籍.

续表

年份	获奖者	国籍	获奖原因
1962年	列夫·达维多维奇·朗道	苏联	关于凝聚态物质的开创性理论，特别是液氦
1963年	耶诺·帕尔·维格纳	美国	对原子核和基本粒子理论的贡献，特别是对基础的对称性原理的发现和应用
	玛丽亚·格佩特-迈耶	美国	发现原子核的壳层结构
	J. H. D. 詹森	德国	
1964年	查尔斯·汤斯	美国	在量子电子学领域的基础研究成果，该成果导致了基于微波激射器和激光原理制成的振荡器和放大器
	尼古拉·根纳季耶维奇·巴索夫	苏联	
	亚历山大·普罗霍罗夫	苏联	
1965年	朝永振一郎	日本	在量子电动力学方面的基础性工作，这些工作对粒子物理学产生深远影响
	朱利安·施温格	美国	
	理查德·菲利普·费曼	美国	
1966年	阿尔弗雷德·卡斯特勒	法国	发现和发展了研究原子中赫兹共振的光学方法
1967年	汉斯·阿尔布雷希特·贝特	美国	对核反应理论的贡献，特别是关于恒星中能源的产生的研究发现
1968年	路易斯·沃尔特·阿尔瓦雷茨	美国	对粒子物理学的决定性贡献，特别是发展了氢气泡室技术和数据分析方法，从而发现了一大批共振态
1969年	默里·盖尔曼	美国	对基本粒子的分类及其相互作用的研究发现
1970年	汉尼斯·奥洛夫·哥斯达·阿尔文	瑞典	磁流体动力学的基础研究和发现，及其在等离子体物理学富有成果的应用
	路易·奈耳	法国	关于反铁磁性和铁磁性的基础研究和发现以及在固体物理学方面的重要应用
1971年	伽博·丹尼斯	英国	发明并发展全息照相法
1972年	约翰·巴丁	美国	联合创立了超导微观理论，即BCS理论
	利昂·库珀	美国	
	约翰·罗伯特·施里弗	美国	
1973年	江崎玲于奈	日本	发现半导体和超导体的隧道效应
	伊瓦尔·贾埃弗	挪威	
	布赖恩·戴维·约瑟夫森	英国	理论上预测出通过隧道势垒的超电流的性质，特别是那些通常被称为约瑟夫森效应的现象
1974年	马丁·赖尔	英国	在射电天体物理学的开创性研究：赖尔的发明和观测，特别是合成孔径技术；休伊什在发现脉冲星方面的关键性角色
	安东尼·休伊什	英国	
1975年	奥格·尼尔斯·玻尔	丹麦	发现原子核中集体运动和粒子运动之间的联系，并且根据这种联系发展了有关原子核结构的理论
	本·罗伊·莫特森	丹麦	
	利奥·詹姆斯·雷恩沃特	美国	
1976年	伯顿·里克特	美国	在发现新的重基本粒子方面的开创性工作(共同发现了J粒子)
	丁肇中	美国	
1977年	菲利普·沃伦·安德森	美国	对磁性和无序体系电子结构的基础性理论研究
	内维尔·莫特	英国	
	约翰·凡扶累克	美国	
1978年	彼得·列昂尼多维奇·卡皮查	苏联	低温物理领域的基本发明和发现
	阿尔诺·艾伦·彭齐亚斯	美国	发现宇宙微波背景辐射
	罗伯特·伍德罗·威尔逊	美国	

续表

年份	获奖者	国籍	获奖原因
1979年	谢尔登·李·格拉肖	美国	关于基本粒子间弱相互作用和电磁相互作用的统一理论,包括对弱中性流的预言在内的贡献
	阿卜杜勒·萨拉姆	巴基斯坦	
	史蒂文·温伯格	美国	
1980年	詹姆斯·沃森·克罗宁	美国	发现中性K介子衰变时存在对称破坏
	瓦尔·洛格斯登·菲奇	美国	
1981年	凯·西格巴恩	瑞典	对开发高分辨率电子光谱仪的贡献
	尼古拉斯·布隆伯根	美国	对开发激光光谱仪的贡献
	阿瑟·肖洛	美国	
1982年	肯尼斯·威尔逊	美国	对与相转变有关的临界现象理论的贡献
1983年	苏布拉马尼扬·钱德拉塞卡	美国	有关恒星结构及其演化的重要物理过程的理论研究
	威廉·福勒	美国	对宇宙中形成化学元素的核反应的理论和实验研究
1984年	卡洛·鲁比亚	意大利	对导致发现弱相互作用传递者，场粒子W和Z的大型项目的决定性贡献
	西蒙·范德梅尔	荷兰	
1985年	克劳斯·冯·克利青	德国	发现量子霍尔效应
1986年	恩斯特·鲁斯卡	德国	电子光学的基础工作和设计了第一台电子显微镜
	格尔德·宾宁	德国	研制扫描隧道显微镜
	海因里希·罗雷尔	瑞士	
1987年	约翰内斯·贝德诺尔茨	德国	在发现陶瓷材料的超导性方面的突破
	卡尔·米勒	瑞士	
1988年	利昂·莱德曼	美国	中微子束方式,以及通过发现子中微子证明了轻子的对偶结构
	梅尔文·施瓦茨	美国	
	施泰因贝格尔	美国	
1989年	诺曼·拉姆齐	美国	发明分离振荡场方法及其在氢激微波和其他原子钟中的应用
	汉斯·格奥尔格·德默尔特	美国	发展离子陷阱技术
	沃尔夫冈·保罗	德国	
1990年	杰尔姆·弗里德曼	美国	有关电子在质子和被绑定的中子上的深度非弹性散射的开创性研究,这些研究对粒子物理学的夸克模型的发展有必不可少的重要性
	亨利·肯德尔	美国	
	理查·泰勒	加拿大	
1991年	皮埃尔-吉勒·德热纳	法国	发现研究简单系统中有序现象的方法可以被推广到比较复杂的物质形式，特别是推广到液晶和聚合物的研究中
1992年	乔治·夏帕克	法国	发明并发展了粒子探测器，特别是多丝正比室
1993年	拉塞尔·赫尔斯	美国	发现新一类脉冲星，该发现开发了研究引力的新的可能性
	约瑟夫·泰勒	美国	
1994年	伯特伦·布罗克豪斯	加拿大	对中子频谱学的发展,以及对用于凝聚态物质研究的中子散射技术的开创性研究
	克利福德·沙尔	美国	对中子衍射技术的发展,以及对用于凝聚态物质研究的中子散射技术的开创性研究
1995年	马丁·佩尔	美国	发现τ轻子，以及对轻子物理学的开创性实验研究
	弗雷德里克·莱因斯	美国	发现中微子，以及对轻子物理学的开创性实验研究
1996年	戴维·李	美国	发现了在氦-3里的超流动性
	道格拉斯·奥谢罗夫	美国	
	罗伯特·理查森	美国	

续表

年份	获奖者	国籍	获奖原因
1997年	朱棣文	美籍华人	发展了用激光冷却和捕获原子的方法
	克洛德·科昂-唐努德日	法国	
	威廉·菲利普斯	美国	
1998年	罗伯特·劳夫林	美国	发现了电子在强磁场中的分数量子化的霍尔效应
	施特默	德国	
	崔琦	美籍华人	
1999年	杰拉德·特·胡夫特	荷兰	阐明物理学中弱电相互作用的量子结构
	马丁纽斯·韦尔特曼	荷兰	
2000年	若雷斯·阿尔费罗夫	俄罗斯	发展了用于高速电子学和光电子学的半导体异质结构
	赫伯特·克勒默	德国	
	杰克·基尔比	美国	在发明集成电路中所做的贡献
2001年	埃里克·康奈尔	美国	在碱性原子稀薄气体的玻色-爱因斯坦凝聚态方面取得的成就，以及凝聚态物质属性质的早期基础性研究
	卡尔·威曼	美国	
	沃尔夫冈·克特勒	德国	
2002年	雷蒙德·戴维斯	美国	在天体物理学领域做出的先驱性贡献，尤其是探测宇宙中微子
	小柴昌俊	日本	
	里卡尔多·贾科尼	美国	在天体物理学领域做出的先驱性贡献，这些研究导致了宇宙X射线源的发现
2003年	阿列克谢·阿布里科索夫	俄罗斯	对超导体和超流体理论做出的先驱性贡献
	维塔利·金兹堡	俄罗斯	
	安东尼·莱格特	英国	
2004年	戴维·格罗斯	美国	发现强相互作用理论中的渐近自由
	戴维·普利策	美国	
	弗朗克·韦尔切克	美国	
2005年	罗伊·格劳伯	美国	对光学相干的量子理论的贡献
	约翰·霍尔	美国	对包括光频梳技术在内的，基于激光的精密光谱学发展做出的贡献
	特奥多尔·亨施	德国	
2006年	约翰·马瑟	美国	发现宇宙微波背景辐射的黑体形式和各向异性
	乔治·斯穆特	美国	
2007年	艾尔伯·费尔	法国	发现巨磁阻效应
	彼得·格林贝格	德国	
2008年	小林诚	日本	发现对称性破缺的来源，并预测了至少三大类夸克在自然界中的存在
	益川敏英	日本	
	南部阳一郎	美国	发现亚原子物理学的自发对称性破缺机理
2009年	高锟	英国	光学通信领域光在纤维中传输方面的突破性成就
	威拉德·博伊尔	美国	发明半导体成像器件电荷耦合器件
	乔治·史密斯	美国	
2010年	安德烈·海姆	荷兰	在二维石墨烯材料的开创性实验
	康斯坦丁·诺沃肖洛夫	英/俄	
2011年	布莱恩·施密特	澳大利亚	透过观测遥距超新星而发现宇宙加速膨胀
	亚当·里斯	美国	
	索尔·珀尔马特	美国	

续表

年份	获奖者	国籍	获奖原因
2012 年	塞尔日 · 阿罗什	法国	能够量度和操控个体量子系统的突破性实验手法
	大卫 · 维因兰德	美国	
2013 年	彼得 · 希格斯	英国	对希格斯玻色子的预测
	弗朗索瓦 · 恩格勒	比利时	
2014 年	赤崎勇	日本	发明高亮度蓝色发光二极管
	天野浩	日本	
	中村修二	美国	
2015 年	梶田隆章	日本	发现中微子振荡现象，表明中微子拥有质量
	阿瑟 · 麦克唐纳	加拿大	
2016 年	戴维 · 索利斯	英国/美国	发现了物质的拓扑相变和拓扑相
	迈克尔 · 科斯特利茨	英国/美国	
	邓肯 · 霍尔丹	英国	
2017 年	基普 · S · 索恩	美国	在 LIGO 探测器和引力波观测方面的决定性贡献
	巴里 · 巴里什	美国	
	雷纳 · 韦斯	美国	
2018 年	亚瑟 · 阿斯金	美国	在激光物理领域的突破性发明
	杰哈 · 莫罗	法国	
	唐娜 · 斯特里克兰	加拿大	
2019 年	詹姆斯 · 皮布尔斯	美国	詹姆斯 · 皮布尔斯的理论发现有助于理解宇宙在大爆炸后如何演化，而米歇尔 · 马约尔、迪迪埃 · 奎洛兹则在探索系外行星的过程中发现了地球的邻居
	米歇尔 · 马约尔	瑞士	
	迪迪埃 · 奎洛兹	瑞士	
2020 年	罗杰 · 彭罗斯	英国	罗杰 · 彭罗斯发现黑洞的形成是对广义相对论的有力预测，莱因哈德 · 根泽尔和安德里亚 · 格兹，在银河系中心发现了一个超大质量的致密天体
	莱因哈德 · 根泽尔	德国	
	安德里亚 · 格兹	美国	

注：1916 年(由于第一次世界大战)、1931 年(由于候选人贡献不足)、1934 年(由于候选人贡献不足)、1940～1942 年(由于第二次世界大战)诺贝尔物理学奖未授奖.